高等院校互联网+新形态创新系列教材·计算机系列

Java 面向对象程序设计

(第 2 版)(微课版)

邢国波　杨朝晖　郭　庆　主　编

徐遵义　副主编

清華大学出版社

北　京

内 容 简 介

Java是一种面向对象的程序设计语言，具有平台无关、安全、多线程、分布式网络编程的特点，是目前最流行的程序设计语言之一。本书通过对面向对象知识及案例的介绍，能够让读者从面向过程的思路转向面向对象的思路。全书共分为13章，前6章主要介绍Java的特点及开发环境的安装和配置，Java的基本语法，面向对象的设计思路和类、对象、继承、接口、多态等的用法，以及异常处理。从第7章开始的后续几章分别以专题的方式介绍常用类库、流与文件操作、泛型、图形界面、多线程、网络编程、JDBC数据库编程等知识。对泛型和网络编程部分的讲解细致，图文结合，借助案例教学使读者能够达到学以致用的目的。各章设有"本章要点""学习目标""案例实训"等模块，内容讲解过程穿插小实例，结构清晰，易学易懂。

为了方便学习，本书配套微视频、源代码、习题解答等资源，读者可扫描书中或前言末尾左侧二维码观看或下载；针对教师，本书另赠精美PPT课件、教学大纲和参考试卷等资源，教师可扫描前言末尾右侧二维码获取。

本书内容丰富，案例贴合实际，适合作为普通高等院校计算机相关专业学生学习Java和面向对象程序设计的教材，也可以作为其他学习Java的初、中级人员的教程。

图书在版编目(CIP)数据

Java面向对象程序设计 : 微课版 / 邢国波, 杨朝晖, 郭庆主编. -- 2版.
北京 : 清华大学出版社, 2025. 3. -- (高等院校互联网+新形态创新系列教材).
ISBN 978-7-302-68252-3

Ⅰ. TP312.8

中国国家版本馆CIP数据核字第2025W2T523号

责任编辑：桑任松　闻祥军
封面设计：李　坤
责任校对：李玉茹
责任印制：刘海龙
出版发行：清华大学出版社
　　网　　址：https://www.tup.com.cn, https://www.wqxuetang.com
　　地　　址：北京清华大学学研大厦A座　　**邮　　编**：100084
　　社 总 机：010-83470000　　**邮　　购**：010-62786544
　　投稿与读者服务：010-62776969, c-service@tup.tsinghua.edu.cn
　　质量反馈：010-62772015, zhiliang@tup.tsinghua.edu.cn
　　课件下载：https://www.tup.com.cn, 010-62791865
印 装 者：北京同文印刷有限责任公司
经　　销：全国新华书店
开　　本：185mm×260mm　　**印　张**：21.75　　**字　数**：505千字
版　　次：2019年6月第1版　2025年3月第2版　　**印　次**：2025年3月第1次印刷
定　　价：66.00元

产品编号：101575-01

前　言

本书体现了党的二十大报告对培养卓越工程师，培养大国工匠和高技能人才，培育创新文化，涵养优良学风，营造创新氛围，增强自主创新能力的要求。通过学习 Java 开发环境、开发工具包等知识，学生能够认识到国内自主技术研发的重要性，从而激发创新意识，为国产开发平台注入新的活力。通过教授循环语句等内容，学校能够培养学生精益求精、一丝不苟的大国工匠精神；通过引导学生设计和实现相关算法，学校能够塑造学生的文化自信，培养其民族自豪感和社会责任感；通过学习继承等概念，学校能够培养学生拥有“青出于蓝，而胜于蓝”的钻研精神，成为为民族复兴和国家崛起而奋斗的社会主义接班人。

Java 作为一种面向对象的编程语言，在基本类型变量定义、表达式、语句定义方面与其他高级编程语言差别不大，其核心是对面向对象的支持，帮助读者从思想上真正理解并掌握面向对象的思路，用面向对象的思路解决问题是本书重点介绍的内容。本书第 3～5 章介绍面向对象的技术。通过一个计算圆的面积的例子，分别演示了用面向过程和面向对象的思路来设计程序，让读者体会面向对象思路的特点，然后通过银行存/取款程序来加深对面向对象的理解。同时，在介绍抽象类和接口时使用同一个例子，能够让读者体会到抽象类和接口的区别，并详细介绍了什么情况下应该使用抽象类，什么情况下应该使用接口，让读者理解面向接口编程的优点。

贴近实战是本书的一大特点。在介绍了文件操作和图形界面技术后，通过一个记事本的例子将文件操作和图形界面结合起来，同时引入了日期计算功能，这个例子可以在现实中用来记录自己的日记。在介绍了多线程和网络编程后，分别基于 TCP 和 UDP 协议设计了一个图形界面的双人聊天程序，该程序稍加改动即可实现多人在线聊天。在介绍了泛型类、泛型接口和泛型方法的定义和使用方法后，通过一个单链表的例子，演示了用泛型来实现单链表的技术，这个例子稍加改动即可实现双向链表，同时，将来在学习数据结构的过程中，此例将非常容易实现各种算法。

读者在学习本书的过程中可以分为三个阶段：第一个阶段的学习内容包括第 1、2 章，这是 Java 的基本语法部分，主要介绍 Java 开发环境的安装配置，以及变量、常量、表达式和基本语句。没有 C 语言基础的学生需要仔细阅读这一部分，已经有 C 语言基础的学生可以快速浏览，只注意与 C 语言不同的地方即可。第二个阶段的学习内容是本书的重点，包括第 3～6 章，是面向对象的知识和异常处理，包括类与对象、继承、多态、接口、抽象类等面向对象的知识。第三个阶段的学习内容包括第 7～13 章，属于专题类型的内容，包括核心类库，以及字符串、集合常用类、文件操作的类、图形界面编程、多线程、泛型、网络编程、JDBC 数据库编程等，读者可以根据需要单独学习某一章。

本书由山东建筑大学计算机学院邢国波副教授、杨朝晖和郭庆任主编，由徐遵义任副主编。同时，复旦大学计算机学院的邢惠锋博士参与了全书的文字校验工作，在此对为本书付出努力的同人表示感谢。

本书的编者都是从事多年 Java 和面向对象教学的一线教师，编者还曾任上市软件公司软件开发工程师和系统分析师。他们在 Java 和面向对象的教学与开发工作中深有体会，对哪些地方不好理解、哪些地方容易出错等都很清楚，在编写本书的过程中，都已将这些经验融入书中。

由于编者水平有限，书中难免存在疏漏和不足，恳请读者给予批评、指正，从而使本书得以改进和完善。

编　者

读者资源下载

教师资源服务

目 录

第 1 章 Java 概述

本章要点

(1) Java 的工作机制、开发环境的搭建及环境变量的配置;
(2) Java 程序结构、第一个 Java 程序的编写、运行及简单错误的处理。

学习目标

(1) 理解 JVM、JRE、JDK 的概念;
(2) 掌握 JDK 的安装步骤;
(3) 掌握环境变量的配置方法;
(4) 掌握 Java 程序的编写、编译、运行;
(5) 学会编写第一个 Java 程序，掌握 Java 程序的结构。

1.1 编程语言简介

1-1 编程语言及 Java 语言简介

程序是计算机要执行的指令集合。编程语言(programming language，又称程序设计语言)是用来定义计算机程序的形式语言，是程序员用来向计算机发出指令的程序代码，描述计算机处理数据、解决问题的过程。目前，编程语言有机器语言、汇编语言和高级编程语言三种类型。

(1) 机器语言是计算机内部能接受的由二进制代码构成的机器指令，难以记忆和识别，依赖具体机种，局限性很大。

(2) 汇编语言的实质和机器语言是相同的，都是直接对硬件操作，它的指令采用英文缩写的标识符，更容易识别和记忆。

(3) 和汇编语言相比，高级编程语言将许多相关的机器指令合成单条指令，编码采用人类可以识别和理解的类自然语言，可读性、可移植性大幅增强，比较适合大规模软件开发。目前，常见的高级编程语言有 C、C++、C#、Java、Python 等。

下面是一个用 Java 语言编写的简单程序范例：

```
public class Test {
    public static void main(String[] args) {
        System.out.println("Hello World!");
        System.out.println("你好!");
    }
}
```

采用高级编程语言编写的程序不能直接被计算机识别，必须转换成机器语言才可以被执行。根据转换方式，高级程序语言可分为两类。

(1) 解释型程序语言。它的执行方式类似于日常生活中的“同声翻译”，应用程序源代码由相应的语言解释器“翻译”成目标代码(机器语言)同步执行，每执行一次需要翻译一次，因此效率比较低，而且不能生成可独立执行的可执行文件，应用程序的执行过程不能脱离其解释器。但这种方式比较灵活，可以动态地调整、修改应用程序。

(2) 编译型程序语言。它的执行方式是先将程序源代码编译成可以脱离编码环境独立执行的目标代码(机器语言)，再由机器来运行该目标代码，使用方便，效率较高。但应用程序源代码修改后，需要重新编译生成新的目标文件，才能被计算机执行。

Java 是半编译半解释型编程语言，它把扩展名为.java 的源程序文件翻译成扩展名为.class 的字节码文件。该字节码文件可以在所有操作系统平台上运行，实现了“一次编译，随处运行”的跨平台运行目的。

1.2 Java 简介

Java 是一种简单的、面向对象的、分布式的、解释执行的、健壮的、安全的、结构中立的、可移植的、高效率的、多线程的、动态的和跨平台的编程语言。

Java 语言能够跨平台，是因为 Java 程序需要在 JVM 上运行，JVM 是 Java Virtual

Machine(Java 虚拟机)的缩写，它是通过软件来实现的能够运行 Java 字节码程序的虚拟计算机。Java 虚拟机定义有自己的一套指令集、寄存器、栈、垃圾回收堆和存储方法区等。Java 虚拟机负责把字节码解释成实际的处理器指令。操作系统不同，对应的 Java 虚拟机也不同。正是因为有了不同操作系统的 Java 虚拟机，才使得编译后的 Java 程序能够跨平台运行。

编译后的 Java 程序要在操作系统上运行，还需要在系统上安装 JRE。JRE 是 Java Runtime Environment(Java 运行环境)的缩写，它是运行 Java 程序所必需的环境的集合，包含 JVM 标准实现及 Java 核心类库。如果只是要运行编译后的 Java 程序，仅安装 JRE 即可。

如果要使用 Java 语言开发软件，还需要在系统上安装 JDK。JDK 是 Java Development Kit(Java 语言的软件开发工具包)的缩写。JDK 是整个 Java 开发的核心，它包含了 Java 的运行环境(JRE)和 Java 开发管理工具。常用的 Java 开发管理工具包括编译器(javac.exe)、运行命令(java.exe)、打包工具(jar.exe)、小程序浏览器(appletviewer.exe)、文档生成器(javadoc.exe)等。

至今，Java 已形成了庞大的体系，拥有三个平台标准：适用于桌面系统的 Java 平台标准版(Java Platform Standard Edition，Java SE)、适用于创建服务器应用程序和服务的 Java 平台企业版(Java Platform Enterprise Edition，Java EE)、适用于小型设备和智能卡的 Java 平台 Micro 版(Java Platform Micro Edition，Java ME)。

(1) 标准版(Java SE)：标准版本主要用于开发桌面应用程序，其核心编程为图形用户界面的编程、工具包程序的编写及数据库程序的编写，它以简单方便的特点赢得广大市场。

(2) 企业版(Java EE)：企业版主要用于开发和部署服务器端应用程序，基于 Java SE 的基础上构建，提供 Web 服务、组件模型、线程管理和通信 API，能够开发和部署可移植、健壮、可伸缩且安全的服务器端 Java 应用程序。

(3) 微型版(Java ME)：该版本主要用于开发移动设备和嵌入式设备(如手机、嵌入式机顶盒等)上运行的应用程序，专注于消费品和各种嵌入式设备的网络应用平台的开发，主要涉及的领域为手机等移动设备，目前已逐渐被淘汰。

1.3 搭建 Java 开发环境

使用 Windows 中自带的记事本程序和免费的 JDK，即可进行 Java 应用程序的开发。正确下载和安装 JDK，是编写 Java 代码的第一步。

1-2 搭建 Java 开发环境

1.3.1 下载 JDK

JDK 目前由美国的 Oracle 公司负责更新。在浏览器中输入如下网址 http://www.oracle.com/technetwork/java/index.html 即可下载。界面如图 1-1 所示。

截至 2023 年 6 月，最新的 JDK 版本是 Java SE 20，但是一般选择下载相对比较稳定的版本，如 Java SE 8，该版本比较成熟稳定，与其他开发工具(如 Tomcat 等)的结合性好，其他版本的下载安装方法类似。Java SE 8 的下载界面如图 1-2 所示。

单击 DOWNLOAD 按钮，根据个人操作系统的不同选择 JDK 版本，如图 1-3 所示。

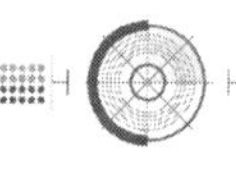

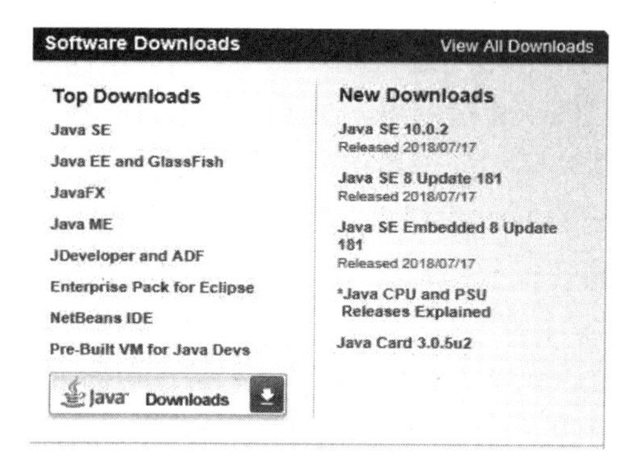

图 1-1　下载 JDK 的界面

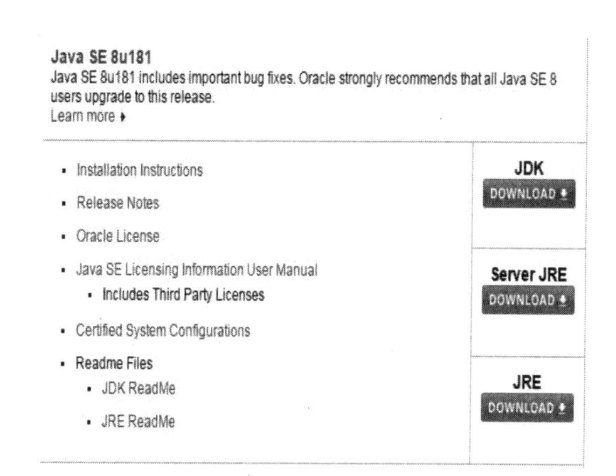

图 1-2　下载 Java SE 的界面

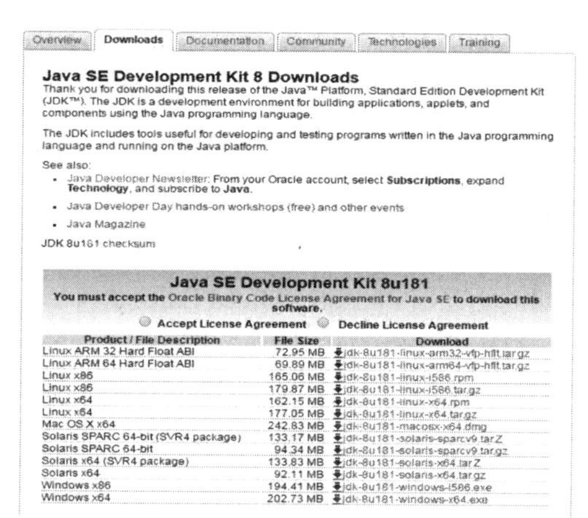

图 1-3　Downloads 界面

1.3.2　安装 JDK

在 Windows 操作系统上安装 JDK 的过程如下。

(1) 双击本地硬盘中刚刚下载的 JDK 安装文件，出现如图 1-4 所示的界面。

(2) 单击“下一步”按钮，出现选择安装路径的对话框，如图 1-5 所示。

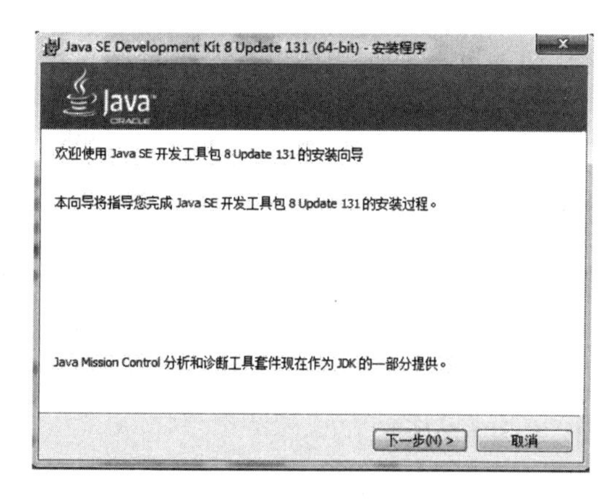

图 1-4　打开 JDK 安装文件

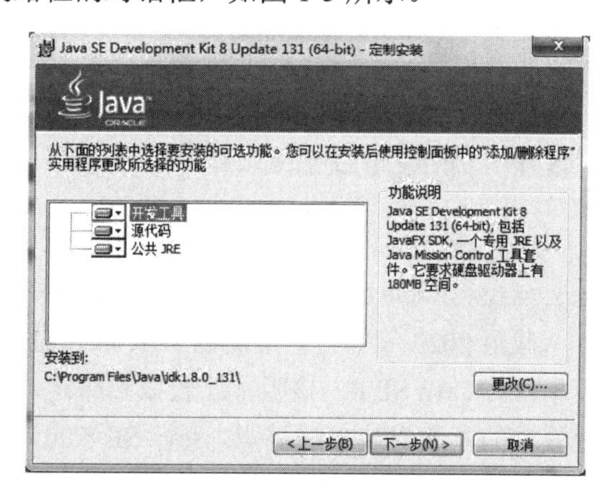

图 1-5　安装路径设置对话框

在该对话框中，可以选择 JDK 程序的安装路径，系统默认的路径是 C:\Program File\Java\jdk1.8.0_131。可以使用默认路径，也可以修改成自己希望保存的路径，路径名中最好不要有空格，避免后期使用过程中出现错误。例如，可以单击“更改”按钮，将路径改为 C:\JDK1.8\，JDK 的所有程序就会被安装到 C:\JDK1.8 目录下。JDK 安装完后的目录结构如图 1-6 所示。主要目录介绍如下。

◎ bin 目录：包含所有 JDK 提供的实用程序。

◎ include 目录：包含一些支持 Java native 方法的 C/C++头文件。

◎ jre 目录：包含 Java 运行环境所需的所有文件，这个目录中所包含的 Java 运行环境是 JDK 私有的，它只为 JDK 的实用程序提供支持。因为编译时，系统找的是 jdk 下的 jre，而不是最外层的 jre。

◎ lib 目录：包含 Java 开发环境所需的类库文件，它们以 jar 文件的形式保存。

(3) 选择安装 JRE 的路径。单击“下一步”按钮即可，如图 1-7 所示。

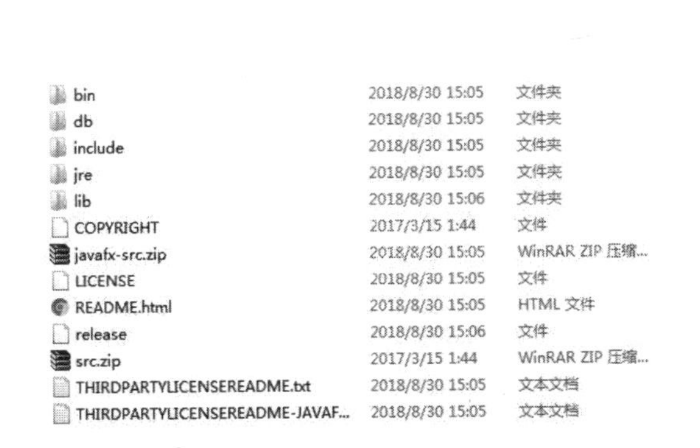

图 1-6　JDK 安装后的文件夹

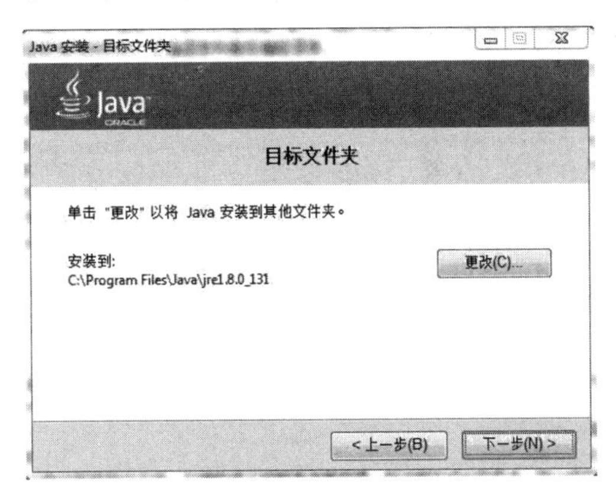

图 1-7　JRE 安装

1.3.3　配置环境变量

JDK 环境安装成功后，要配置 3 个重要的环境变量：Path、classpath 和 java_home。

1. Path

Path 变量里存放的是操作系统可执行文件(*.exe、*.bat 等，如 java.exe、javac.exe)所在的路径。

当在命令行窗口中输入一个命令时，Windows 会在机器中沿着环境变量 Path 存储的路径寻找 exe 可执行文件。

Java 的编译器 javac.exe 和运行器 java.exe 存放在 JDK 安装目录的 bin 目录下，需要把 bin 目录路径加到 Path 环境变量。在命令行窗口中使用 bin 目录里的命令(如 javac、java)时，Windows 会根据 Path 里存储的路径自动在 bin 目录下寻找 javac.exe、java.exe 等文件。

Path 环境变量的配置过程如下。

(1) 在 Windows 操作系统的桌面中右击“计算机”图标，在弹出的快捷菜单中选择“属性”命令，在打开的窗口中单击“高级系统设置”按钮，如图 1-8 所示。打开“系统属性”对话框，在“高级”选项卡中单击“环境变量”按钮，如图 1-9 所示。

图 1-8　单击“高级系统设置”按钮

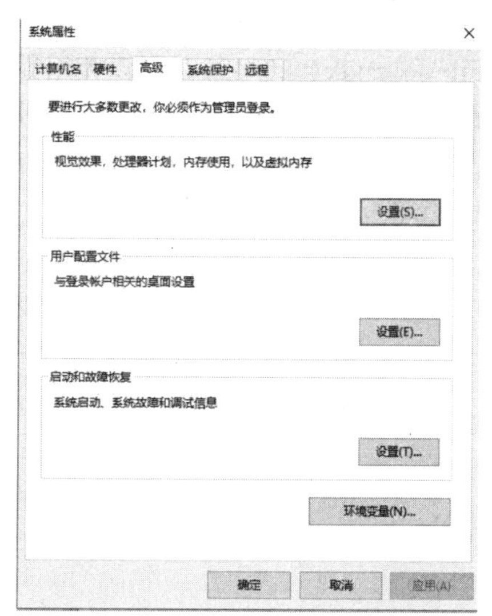

图 1-9　“系统属性”对话框

(2) 打开“环境变量”对话框，找到 Path，然后在最前面添加 java.exe 所在的目录。例如，刚才设置的 JDK 安装主目录为 C:\JDK1.8，因此，需要在 Path 变量的值的行首增加“C:\JDK1.8\bin;”。注意，环境变量对应有多个值时，各个值之间用“;”隔开。Path 变量设置过程如图 1-10 和图 1-11 所示。

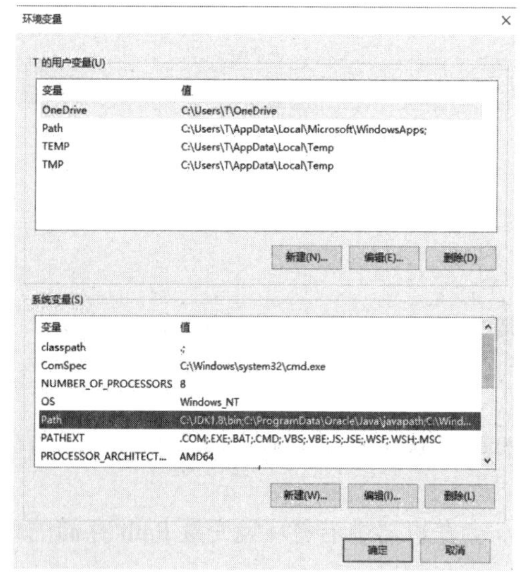

图 1-10　“环境变量”对话框

图 1-11　配置 Path 变量

2. classpath

环境变量 classpath 里填写的是字节码文件所在的目录，如果字节码文件表示的类有包，则 classpath 应该填写包所在的目录，JVM 运行时，要到 classpath 设置的目录中去寻找需要执行的包和类。

一般需要新建一个 classpath 变量。在“系统变量(S)”对话框中单击“新建”按钮，打开“新建系统变量”对话框，输入变量名 classpath，如果要把编译后的程序发布到 d:\myjava 下，则 classpath 变量的值为“d:\myjava;”，也可以设为“.;d:\myjava;”。其中，“.”代表当前目录，即把编译后的程序放在当前目录或 d:\myjava 下，中间用分号隔开。如果还有别的目录也写上，用分号隔开。单击“确定”按钮保存。classpath 参数设置如图 1-12 所示。

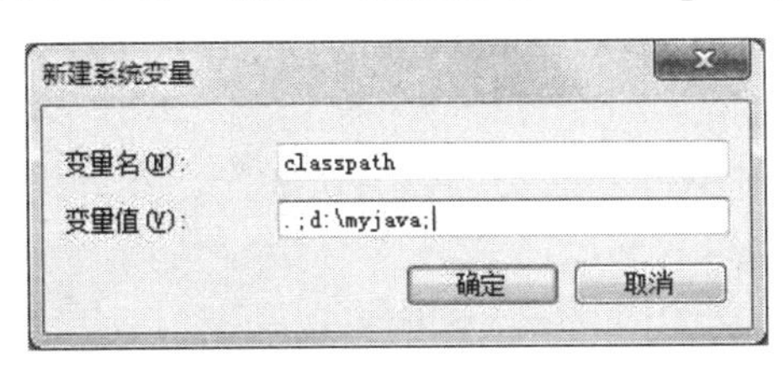

图 1-12　配置 classpath 变量的对话框

3. java_home

环境变量 java_home 里存放的是 JDK 安装路径，在 Eclipse 等集成开发环境中会通过 java_home 找到并使用安装好的 JDK。java_home 变量一般需要新建，根据前面 JDK 的实际安装路径，其值应设为“C:\JDK1.8”，配置方法与 Path、classpath 一样。

1.3.4　测试

环境搭建好后，进入命令行窗口。在当前路径下输入命令 javac，如图 1-13 所示。如果正常出现 javac 的用法参数帮助文档，则说明 JDK 开发环境搭建成功，环境变量配置正确。

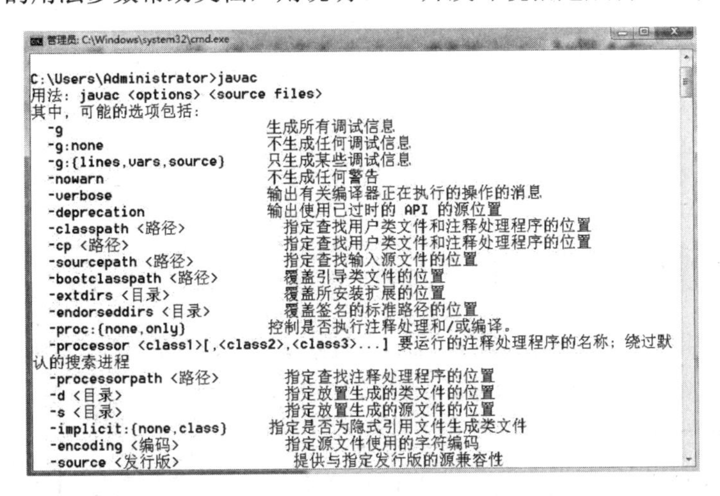

图 1-13　测试界面

1.4　第一个 Java 程序

不同的 Java 程序运行在不同的环境中，习惯上将运行环境相同的 Java 程序归为一类，基于此可以分三类：Java Application(Java 应用程序)、Applet (小程序)、Servlet 程序。

1-3 Java 程序的开发过程

◎　Java Application：是能够独立运行的 Java 程序。

◎ Applet：是在嵌入网页文件中运行的小程序，用于增强网页的人机交互、动画显示、声音播放等功能(目前已被其他技术代替，实际开发中基本不再使用)。

◎ Servlet：是 Java Servlet 的简称，即用 Java 编写的服务器端程序，主要功能在于交互式地浏览和修改数据，生成动态 Web 内容，一般用于 Java EE 中。

本书中学习和使用的都是 Java Application。现在学习第一个完整而简单的 Java 应用程序。

【例 1-1】输出字符串“Welcome to Java World!”。具体代码如下：

```
public class FirstWelcomeApp{
    public static void main(String[] args){
         System.out.println("Welcome to Java World!");
    }
}
```

该程序的功能是在屏幕上显示运行结果：

```
Welcome to Java World!
```

需要注意下列几个方面。

(1) 源程序文件的扩展名必须是.java，除类和方法的定义语句外的每条语句以分号结束。

(2) 每个 Java 源文件中可以含多个类，但是最多有一个公共类(public 类)，文件名必须与 public 修饰的类名相同。例 1-1 的源程序名应为 FirstWelcomeApp.java。

(3) Java 源程序中的字母区分大小写。

(4) Java 应用程序的执行入口是 main()方法，它的书写格式是固定的：

```
public static void main(String[] args){
    ...
}
```

1.5 Java 程序的运行

一个 Java 程序要经过编辑源程序、编译生成字节码文件和运行字节码文件三个步骤。编译和运行过程如图 1-14 所示。

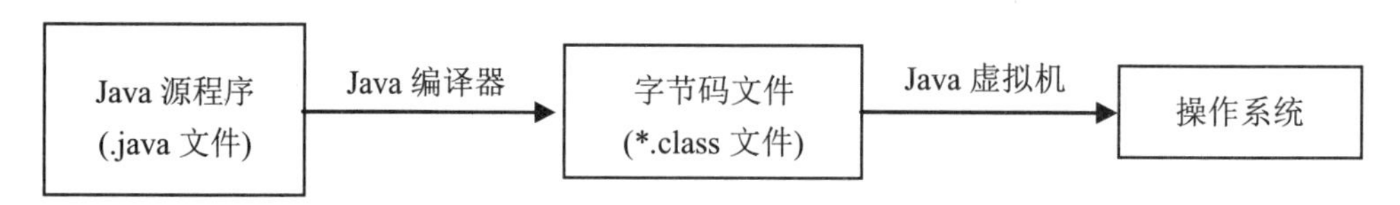

图 1-14 Java 程序的编译和运行过程

1. 编辑源程序

Java 的源程序是纯文本文件，可以用任何一种纯文本文件编辑器来编辑，例如 Windows 的记事本等。目前，业内最常用的、免费的是集成开发环境 Eclipse。学习初期，推荐使用记事本来编辑，有助于基础知识的理解和记忆。

2. 编译生成字节码文件

Java 编译器(javac.exe)可以将 Java 源代码(文件扩展名是.java)转换为字节码文件(文件扩展名是.class)。

若要编译生成字节码文件，可在命令行窗口中输入以下命令：

```
javac javafilename.java
```

其中，javafilename 是源程序文件的文件名，其扩展名.java 不能省略。如果编译正确，将在该命令的下一行出现 DOS 的提示符；如果有错误发生，将显示错误信息。

如果没有语法错误，编译器会生成扩展名为.class 的字节码文件，编译后的.class 文件个数与定义的类个数相同，字节码文件可在任何具有 JVM 的平台上运行。

3. 运行字节码文件

运行字节码文件需要启动 Java 解释器(java.exe)以执行程序。

在命令提示符窗口中输入如下命令行：

```
java  [包名].类名
```

要求被执行类中必须有 main()方法，也就是说，java 命令后面是 main()方法所在的类的类名。

需要注意的是，这里的类名不是编译产生的文件全名，需要去掉扩展名.class。下面两种写法运行的结果是不同的：

```
java FirstWelcomeApp
java FirstWelcomeApp.class
```

后者将无法正确执行并给出错误提示：Can't find class FirstWelcomeApp.class.class。因为解释器会将输入的整个名字作为类名，自动加上.class 扩展名搜索类库。

4. 常见错误

(1) 使用 javac 命令编译生成字节码文件时，常会出现如下错误提示：“java 不是内部或外部命令，也不是可运行程序或批处理文件。”产生该错误提示的原因，是没有设置环境变量 Path。

(2) 程序能够正常编译后，常会出现如下错误提示：Can't find class 或者 Exception in thread "main" java.lang.NoClassDefFoundError。因为系统找不到相应的类文件，所以会产生这个错误。常见的原因如下：

◎ 没有设置 classpath 环境变量，或者设置有误。

◎ 执行编译运行命令时 javac、java 等命令后的参数不正确。javac 命令后面跟的参数是文件名，java 命令后面跟的参数是类名(该类必须包含 main()方法)。Java 要求文件名和类名严格对应，包括字母的大小写也要完全一致。

◎ main()方法的声明有误。main()方法是程序的入口，该方法的声明需要严格遵循规定格式。如果 main()方法声明中有大小写错误，那么也会造成该错误。

本章小结

本章介绍了 JDK 安装等基础知识，知识点相对比较零散，要求学生能够了解 JDK、JRE 等概念，掌握 JDK 的安装、环境变量的配置和 Java 程序的结构，学会编写第一个简单的 Java 程序，能查找和分析一些简单错误。

本章中以下几点容易出错。

(1) 初学者因为对环境变量 Path、classpath 的理解和设置不熟悉，经常会出现一些程序编译运行错误。

(2) 第一个程序的编写、编译、运行过程出错。例如，main()方法定义有错误，文件名和类名混淆，编译和运行时不知道 javac 后面跟文件名，java 后面跟 main()方法所在的类的类名等。

(3) 对 JVM、JDK、JRE 三个概念的理解不透彻。

习题

一、问答题

1. Java 有哪些特点？
2. 编译 Java Application 程序的命令是什么？运行命令是什么？
3. Java 程序分哪几类？各有什么特点？

二、编程题

编写一个文件名为 FirstProgram 的 Java Application，功能是输出“Hello,EveryOne!”，写出编译和运行文件的命令和编译器产生的文件名。

第2章 Java语言基础

本章要点

(1) 变量的定义；
(2) 运算符的灵活使用；
(3) 程序三种基本结构(顺序结构、选择结构、循环结构)的使用；
(4) 数组的定义及使用。

学习目标

(1) 掌握变量、常量、表达式的概念，数据类型及变量的定义方法；
(2) 掌握常用运算符的使用；
(3) 掌握程序的顺序结构、选择结构和循环结构的使用；
(4) 掌握数组的定义及使用方法；
(5) 掌握基本的输入与输出方法。

2.1 标识符

2.1.1 标识符概述

2-1 变量定义和标识符

Java 中的标识符是用来标记包、类、接口、对象、方法、变量等名称的字符序列。标识符以字母、下划线(_)、美元符号($)开头，后面可以跟任意数目的字母、数字、下划线和美元符号，如 myName、My_name、Points、$points、_sys_ta。

标识符的命名规则如下：

◎ Java 中标识符不能以数字开头。

◎ Java 对字母大小写敏感，例如 every 和 EVERY 代表不同的标识符。

◎ 不能和关键字相同。注意，标识符不能是关键字，但是可以包含关键字作为标识符的一部分。例如，thisone 是一个有效标识符，但 this 却不是，因为 this 是一个 Java 关键字。

◎ 不能含有空格、@、#等非法字符。例如，identifier、_user、$value、工资、Count1 为合法标识符；#user、1count、value@为非法标识符。

Java 程序开发中，所有标识符的命名要见文知义，可以是中文、拼音、英文，尽量不要使用没有含义的字符，这样才具有良好的可读性。一些常规命名约定如下。

(1) 类名、接口名的命名。如果用拼音或英文，则每个词的首字母大写，其他字母小写。例如，可以将类名定义为 MyFirstJava、Player、Teacher、YuɑnXing("圆形"的拼音)。

(2) 变量、方法的命名。第一个单词全小写，从第二个单词开始以后每个单词首字母大写，其他字母小写。例如，方法名的定义 getName()。尽量少用下划线。

(3) 常量的命名。每个单词所有字母全部大写，单词之间用"_"连接。例如，final int MAX_SCORE=100。

(4) 包名的命名。包名中所有字母全部小写。例如，包的创建语句：package com.shunshi.corejava.day01。

2.1.2 关键字

Java 关键字是为编译器保留的、具有特定含义的标识符，不能作为变量、类或方法等的名称。所有的关键字都是小写的，若大写，则不是关键字。常用的关键字如下。

◎ 用于数据类型的关键字：byte、short、int、long、float、double、char、boolean。

◎ 用于流程控制语句的关键字：if...else、switch...case...default、do...while、for、break、continue。

◎ 方法、类型、变量的修饰关键字：private、public、protected、final、static、abstract、synchronized。

◎ 异常处理关键字：try...catch...finally、throw、throws。

◎ 对象相关关键字：new、extends、implements、class、instanceof、this、super。

◎ 方法相关关键字：return、void。

◎　包相关关键字：package、import。

◎　其他关键字：false、true、null。

注意

(1) true、false 和 null 为小写，而不是像 C++语言中那样为大写。

(2) 无 sizeof 运算符，因为所有数据类型的长度是固定的，与平台无关；而 C 语言中数据类型的长度根据不同的平台而变化，两者不同。

(3) goto 和 const 不是 Java 编程语言中使用的关键字。

(4) 虽然 Java 没有 sizeof、goto 和 const 等关键字，但是它们也不能作为变量名。

2.1.3　分隔符

Java 语言中的分号“;”、花括号“{ }”、圆括号“()”、空格、圆点“.”都具有特殊的分隔作用，因此统称为分隔符。

(1)　分号用于每个 Java 语句的结尾。Java 程序允许一行书写多个语句，每个语句之间以分号隔开即可。也可以一个语句跨多行，只要在结束的地方使用分号即可。例如：

```
String name = "Mary";
int age = 18;
```

(2)　花括号用于定义一个代码块，例如，类体和方法体的定义等。

(3)　方括号一般用于访问数组元素。方括号紧跟在数组变量名后，方括号里指定希望访问的数组元素的索引。例如：

```
a[3] = 19;  //给 a 数组的第 4 个元素赋值为 19
```

(4)　圆括号的用处比较多，具体如下。

①　定义方法时，用圆括号来包含所有的形参变量。例如：

```
static int getMax(int num1,int num2,int num3);  //求三个 int 型数值中的最大者
```

②　方法调用时用来传实参。例如：

```
int max = getMax(18,56,98);
```

③　改变运算优先级别，保证圆括号部分优先计算。例如：

```
int num = 10*(5+6);
```

④　可以作为强制类型转换的运算符。例如：

```
double a = 5.6;
int b = (int)a;
```

(5)　空格用于分隔一条语句中不同的部分。例如：

```
public static void main(String args[])
```

(6)　圆点是类或对象及其成员(包括属性变量、方法等)之间的分隔符，起到调用方法和变量的作用。

2.1.4 注释

注释用于解释程序中某些代码的作用和功能。使用注释可以提高程序的可读性，也可以暂时屏蔽某些程序语句，方便查找程序错误。

在 Java 中，根据用途不同，注释分为单行注释、多行注释、文档注释三类。

(1) 单行注释是在注释内容前面加双斜线(//)，表示从此处开始，直到行尾都是注释。Java 编译器会忽略掉这部分信息，对该语句不编译。例如：

```
int a = 20;    //定义一个整型
```

(2) 多行注释是在注释内容前面以单斜线加一个星形标记(/*)开头，并在注释内容末尾以一个星形标记加单斜线(*/)结束，当注释内容超过一行时一般使用这种方法。例如：

```
/* getMax(int a, int b)是为了求两个 int 变量 a 和 b 的最大值，
该方法返回一个 int 型数 */
```

(3) 文档注释以“/**”标志开始，以“*/”标志结束。使用 javadoc.exe 工具可以将类中的文档注释内容提取出来，形成 HTML 格式的帮助文档。关于类的文档注释说明应写在类的定义之前，方法的文档注释说明应写在方法的定义之前。

2.2 数据类型

程序中使用的文字、音频、视频等信息在计算机里是用数值形式存储的。这些数值大小不同，在计算机内存中分配的字节数和存储方式也不同。内存管理系统可以根据数据类型(整数、小数或者字符等)的不同分配存储空间，分配的空间只能用来存储该类型数据。

2-2 数据类型

Java 的数据类型可以分为两类：基本数据类型(简单数据类型)和引用数据类型(复合数据类型)。

(1) 基本数据类型是不可再分割、可直接使用的类型，可以直接使用这些基本数据类型，也可以利用它们构造数组及自定义数据类型。Java 中存在 8 种基本数据类型。

◎ 整型：表示数值为有符号数字，包括 byte、short、int 和 long。

◎ 浮点型：表示带小数位的数字，包括 float 和 double。

◎ 布尔型：取值是 true/false，包括 boolean。

◎ 字符型：表示字符集中的符号，包括 char。

(2) 引用数据类型是由若干个相关的基本数据类型的数据组合形成的复杂数据类型。

2.2.1 整数类型

整数类型(简称整型)用来表示整数值。整型数据可分为 byte、short、int 和 long 4 种，分别存储 8 位、16 位、32 位和 64 位的二进制整数，区别在于数据在内存中占用的空间大小和代表的数值的范围不同。详细说明见表 2-1。

表 2-1 整数类型

类型名称	关 键 字	占用空间/字节	取值范围	默 认 值
字节型	byte	1(8 位)	-2^7～2^7-1(即-128～127)	0
短整型	short	2(16 位)	-2^{15}～2^{15}-1(即-32768～32767)	0
整型	int	4(32 位)	-2^{31}～2^{31}-1(即-2147483648～2147483647)	0
长整型	long	8(64 位)	-2^{63}～2^{63}-1(即-9223372036854775808～-9223372036854775807)	0

1. int 型

常量：如 480、56、8888 等。
变量的定义格式：int 变量名[=值];
例如：

```
int a;
int b=56000,c=380,d=0x800,e=0800;
```

2. long 型

常量：如 480L、56L、8888L 等。
变量的定义格式：long 变量名[=值];
例如：

```
long a;
long b=56000L,c=380L;
```

3. byte 型

byte 没有常量的表示法。
变量的定义格式：byte 变量名[=值];
例如：

```
byte a=33,c=56;
```

4. short 型

short 没有常量的表示法。
变量的定义格式：short 变量名[=值];
例如：

```
short a;
short b=560,c=380;
```

【例 2-1】 计算光在指定的天数中传播的距离(以千米为单位)。具体代码如下：

```
public class Test1 {
    public static void main(String[] args) {
        int lightspeed = 300000;    //定义光速变量:光一秒传播的距离为 30 万千米
```

```
        int days = 100;  //100 天
        long distance = lightspeed*3600*24*days;
        System.out.println("光"+days+"天传播距离为"+distance+"千米");
    }
}
```

说明如下。

(1) Java 中的整数是有符号数，即有正、负值之分。

(2) 程序中的整数数值默认是 int 类型，如果需要书写 long 型的值，则需要在数值后面添加字母 L 或 l，即大小写均可。

(3) 程序中默认整数是十进制数字。八进制数字以数字 0 开头，例如 016、034 等；十六进制数字以数字 0 和字母 x(不区分大小写)开头，例如 0xaf、0X12 等。

2.2.2 浮点数据类型

浮点数据类型用来表示非整数的小数数值。Java 有两种浮点类型：单精度浮点数和双精度浮点数。关键字 float 表示单精度(32 位)浮点数，而关键字 double 则表示双精度(64 位)浮点数。详细说明参见表 2-2。

表 2-2 浮点类型

类 型 名	关 键 字	占用空间/字节	取值范围
单精度	float	4(32 位)	1.4E−45～3.4E+38，−1.4E−45～−3.4E+38
双精度	double	8(64 位)	−1.7E+308～1.7E+308

1. float 型

常量：如 1.2F、100.33f、2e8F(2 乘以 10 的 8 次方)。

变量的定义格式为：float 变量名[=值];

例如：

```
float a=1.2F,b=200.35f,c=2.3e7F;  //c是2.3×10⁷
```

注意

float 型要在数字尾部加 F 或 f。

2. double 型

常量：如 1.2、100.33D、2e8d(2 乘以 10 的 8 次方)。

变量的定义格式为：double 变量名[=值];

例如：

```
double a=1.2D,b=200.35,c=2.3e7D;  //c是2.3×10⁷
```

注意

double 型通常要在数字尾部加 D 或 d，也可以省略。

2.2.3 布尔数据类型

Java中布尔数据类型(boolean)用来表示逻辑值：true(真)或false(假)。

布尔常量：true、false。

布尔型变量的定义格式：boolean 变量名[=值];

例如：

```
boolean a;
a = false;              //定义布尔型数据a为false
boolean b = true;       //定义布尔型数据b为true
```

说明

布尔型占用空间取决于Java虚拟机(JVM)，Java不允许在整数类型和boolean类型之间进行转换。

2.2.4 字符型

字符型(char)用来存储如字母、数字、标点符号及其他单引号引起来的单个unicode(一种常用的字符编码格式)字符，例如'a'、'B'等。字符型在内存中占2个字节，在内存中是用数字来表示的，数字就是该字符的unicode编码，没有符号位，因而取值范围是0～65535。

字符常量：如'b'、'B'、'大'、'？'，等等。

字符型变量的定义格式为：char 变量名[=值];

例如：

```
char  a='b';  //定义一个初值为'b'的字符型变量a
char  b='中',c='X';
```

也可以使用整数来表示字符，例如：

```
char  x=97;  //相当于x='a'，字符a的unicode码是97
```

2.2.5 转义字符

有些字符不能通过键盘输入，例如回车、换行、制表符等；还有的字符有特殊含义，例如单引号、双引号等。要表示这些字符，需要使用转义字符。

Java转义字符以反斜杠(\)开头，可以将其后的字符转变为另外的含义，详情参见表2-3。

表2-3 转义字符

转义字符	含 义
\ddd	表示1～3位八进制数据所表示的字符
\uxxxx	表示1～4位十六进制数据所表示的字符
\"	表示双引号
\'	表示单引号

续表

转义字符	含　义
\\	表示反斜杠
\r	表示回车
\n	表示换行
\f	表示走纸换页
\t	表示横向跳格
\b	表示退格

例如：

```
char ch1 = '\r';            //ch1 保存的是回车符
char ch2 = '\'';            //ch2 保存的是单引号字符
char ch3 = '\u0041';        //ch3 保存的是字符 A，A 的 unicode 编码是 65
```

2.2.6 各类型数据间的相互转换

在数值处理这部分，计算机和现实的逻辑不太一样。对于现实来说，1 和 1.0 没有什么区别；但是对于计算机来说，1 是整数类型，而 1.0 是小数类型，在内存中的存储方式及占用的空间都不一样。因此，进行数据类型转换在计算机内部是必需的。

Java 语言中的数据类型转换有两种：自动类型转换和强制类型转换。

1. 自动类型转换

自动类型转换是指从低级到高级由编译器自动完成的类型转换，不需要在程序中编写代码。转换规则如下：

◎ byte→short→int→long→float→double。

◎ char→int→long→float→double。

例如：

```
byte b = 4;
int x = b;  //正确，int 比 byte 高级，自动把 b 的值转换为 int，再赋值给 x
```

2. 强制类型转换

强制类型转换是强制编译器进行的类型转换形式，必须在程序中编写代码。

强制类型转换格式为：(类型名)变量名;

例如：

```
double money = 76.69;
int balance = (int)money;  //将 double 型变量 money 转换为整型值
```

如果 money 的值为 76.69，那么执行强制类型转换后 balance 的值为 76。注意，money 的值不改变，仍为 76.69。

当把占位数较长的数据转换成占位数较短的数据时，可能会使数据超出较短数据类型的取值范围，造成“溢出”，从而导致数值不准确。

【例 2-2】整型数据和字符型数据之间的强制类型转换。具体代码如下：

```
public class TestTypeConvert {
    public static void main(String args[]) {
        int i = 65;
        char ch1 = (char)i;                //把 65 当作字符来看，对应的是 A
        char ch2 = '刘';
        System.out.println("ch1="+ch1 );    //ch1=A
        System.out.println("ch2="+ch2);     //ch2=刘
        System.out.println("ch2 的 unicode 码是:"+(int)ch2); //unicode 码是 21016
        double a = 99.56;
        int b = (byte)a;                   //舍弃了.56，变成了 99
        System.out.println("b="+b);         //b=99
        System.out.println((byte)1000);     //溢出了，转换不准确，变成-24
    }
}
```

2.3 运算符

Java 提供了丰富的运算符操作，运算符与运算数据组成表达式来完成相应的运算。Java 有 6 大类运算符：赋值运算符、算术运算符、关系运算符、逻辑运算符、条件运算符、位运算符。运算符的详细说明见表 2-4。

2-3 运算符

表 2-4 运算符

运 算 符	描 述	示 例
算术运算符	算术运算符使用数字操作数。这些运算符主要用于数学计算	+、−、*、%等
关系运算符	关系运算符用于测试两个操作数之间的关系。使用关系运算符的表达式的结果为 boolean 型	==、>=、<=等
逻辑运算符	逻辑运算符用于 boolean 操作数	&&、‖、!
条件运算符	条件运算符是用三个操作数组成表达式的三元运算符，可以替代某种类型的 if…else 语句	?:
赋值运算符	赋值运算符用于将值赋给变量	=、*=、/=、+=、−=
位运算符	位运算符是对二进制位进行运算	&、|、^、<<、>>、>>>

按操作数的数目，可以把运算符分为一元运算符和二元运算符。一元运算符一次只能对一个操作数进行操作，二元运算符一次可以对两个操作数进行操作。

2.3.1 赋值运算符

赋值运算符是将运算符右边的表达式进行运算后，将结果赋值给左边的元素，是具有右结合性的二元运算符。

1. 简单赋值运算符

简单赋值运算符以符号“=”表示，将右方表达式的运算结果赋值给左方操作数。例如：

```
int a = 100;         //将数值 100 赋值给变量 a
int b = a+10;        //将 a 的值加上 10 后变为 110，然后把 110 赋值给变量 b
```

表达式左边操作数必须是一个变量，右边可以是任何表达式，包括变量(如 number)、常量(如 123)、有效表达式(如 55*66)。

2. 复合赋值运算符

复合赋值运算符的两边是一个整体。详细说明见表 2-5。

表 2-5　复合运算符

运 算 符	用　法	等 价 于
+=	op1+=op2	op1=op1+op2
-=	op1-=op2	op1=op1-op2
*=	op1*=op2	op1=op1*op2
/=	op1/=op2	op1=op1/op2
%=	op1%=op2	op1=op1%op2

例如：

```
int a=3;
int b += a;      //相当于 int b = b+a;
int c -= a;      //相当于 int c = c-a;
```

2.3.2　算术运算符

算术运算符用于基本算术运算，例如加、减、乘、除等，操作数类型是整数型或浮点型。

1. 一元算术运算符

Java 中常见的一元运算符见表 2-6。

表 2-6　一元运算符

运 算 符	实际操作	例　子	功　能
+	正号	+x	维持 x 值不变
-	负号	-x	对 x 取负
++	加 1	x++，++x	将 x 的值加 1 后再放回变量 x
--	减 1	x--，--x	将 x 的值减 1 后再放回变量 x

++、--运算符位于操作数前，是对前置运算变量先操作后引用，例如：

```
int a=20, b;
b = ++a;  //先把 a 的值加 1 变成 21，然后把 a 的值 21 赋给 b，所以 a=21，b=21
```

++、--运算符位于操作数后，是对前置运算变量先引用后操作，例如：

```
int a=20, b;
b = a++;  //先把 a 的值 20 赋给 b，然后把 a 的值加 1，所以 a=21，b=20
```

自增和自减运算符只能用于操作变量，不能直接用于操作数值或常量，类似 5++、8--等写法是错误的。

2. 二元运算符

二元运算符不改变操作数的值，但返回运算符右边表达式的值赋给等号左边的变量。Java 中常见的二元运算符见表 2-7。

表 2-7　二元运算符

运 算 符	实际操作	例　子	功　能
+	加运算	a+b	求 a 与 b 相加的和
-	减运算	a-b	求 a 与 b 相减的差
*	乘运算	a*b	求 a 与 b 相乘的积
/	除运算	a/b	求 a 除以 b 的商
%	取模运算	a%b	求 a 除以 b 的余数

需要注意如下几点。

(1) 对于除号“/”，整数除和小数除是有区别的：整数之间做除法时，只保留整数部分而舍弃小数部分，不进位。例如，整数除 12/10=1，而不是 1.2。如果是小数除，则 37.2/10=3.72。

(2) 求余运算符“%”可用于求整数或小数的余数，返回被除数除以除数的余数，符号与被除数符号一致。例如：

```
int a=10,b=4;
System.out.println("a%b="+a%b);  //a%b=2
```

(3) Java 对加运算符进行了扩展，“+”运算符除两个数相加功能外，还能将字符串与其他的数据类型连成一个新的字符串，条件是表达式中至少有一个字符串。例如，System.out.println("x"+123)的运算结果输出字符串“x123”。

2.3.3　关系运算符

关系运算符是用于比较两个数值之间大小关系的二元运算符，多用在条件表达式中。例如大于、等于、不等于，返回布尔值(true 或 false)。Java 中常见的关系运算符见表 2-8。

表 2-8　关系运算符

运算符	实际操作	功能介绍	范例 (int a= 10, b= 20;)
==	等于	检查两个操作数的值是否相等，如果检查结果为相等，返回值就为 true，否则返回值为 false	boolean result=(a==b); //result 的值是 false
!=	不等于	检查两个操作数的值是否相等，如果检查结果为不相等，返回值就为 true，否则返回值为 false	boolean result=(a!=b); //result 的值是 true

续表

运算符	实际操作	功能介绍	范例 (int a= 10, b= 20;)
>	大于	检查左边的操作数是否大于右边的操作数，如果检查结果为是，返回值就为 true，否则返回值为 false	boolean result=(a>b); //result 的值是 false
<	小于	检查左边的操作数是否小于右边的操作数，如果检查结果为是，返回值就为 true，否则返回值为 false	boolean result=(a<b); //result 的值是 true
>=	大于或等于	检查左边的操作数是否大于或等于右边的操作数，如果检查结果为是，返回值就为 true，否则返回值为 false	boolean result=(a>=b); //result 的值是 false
<=	小于或等于	检查左边的操作数是否小于或等于右边的操作数，如果检查结果为是，返回值就为 true，否则返回值为 false	boolean result=(a<=b); //result 的值是 true

例如：

```
int a=3,b=5;
boolean c=(a>b);    //c=false
```

需要注意下列几个方面。

(1) 等于运算符(==)不要与赋值运算符(=)混淆，避免关系运算变成赋值运算。

(2) >、<、>=、<=只支持左右两边操作数是数值类型的运算。

(3) ==、!=两边的操作数既可以是数值类型，也可以是引用类型。

2.3.4 逻辑运算符

逻辑运算符主要用于对布尔型数据进行逻辑运算，返回值是布尔类型。逻辑运算符有!(非)、&(与)、&&(短路与)、|(或)、||(短路或)、^(异或)。Java 中的逻辑运算符见表 2-9。

表 2-9 逻辑运算符

运 算 符	实际操作	范 例	功能介绍
!	非	!a	对布尔数据取非
&	与	a&b	对布尔数据 a,b 进行与运算
|	或	a|b	对布尔数据 a,b 进行或运算
^	异或	a^b	对布尔数据 a,b 进行异或运算
&&	短路与	a&&b	对布尔数据 a,b 进行短路与运算
||	短路或	a||b	对布尔数据 a,b 进行短路或运算

逻辑运算符的运算规则如下。

(1) !(非运算)的运算规则是：若操作数的值为真(true)，则返回假(false)；若操作数的值为假(false)，则返回真(true)。用符号“!”标识。例如：

```
boolean a = !(200>100);     //a 的值为 false
```

(2) &(与运算)的运算规则是：判断左右两个表达式，当左右两个表达式全部为真(true)时返回真(true)，否则返回假(false)。即使左边的等式是 false，也仍然会继续判断右边的等式，在判断完两边的等式之后再输出结果。

例如，boolean x=false，则表达式(23>25)&(x=25>23)结果为 false，x 的值为 true。

(3) &&(短路与运算)的运算规则是：若&&左边表达式的值为 false，则不再对运算符右边的表达式进行运算，表达式的结果为 false。

例如，boolean x=false，则表达式(23>25)&&(x=25>23)结果为 false，x 的值仍为 false。

(4) |(或运算)的运算规则是：当两个表达式全部为假(false)时返回假(false)，否则返回真(true)。例如：

```
int a=100,b=200;
boolean m=(++a<5)|(++b<5);
System.out.println("a="+a+", b="+b+", m="+m);
```

运行结果为：a=101，b=201，m=false。

(5) || (短路或运算)的运算规则是：若||左边表达式的值为 true，则不再对运算符右边的表达式进行运算，表达式的结果为 true。

例如，boolean x=true，则表达式(25>23)||(x=23>25)结果为 true，x 的值为 true。

2.3.5 条件运算符

条件运算符是三元运算符，语法格式如下：

```
布尔表达式 ？ 表达式1 ：表达式2
```

运算过程：如果布尔表达式的值为 true，就返回表达式 1 的值，否则返回表达式 2 的值。

【例 2-3】根据 score 的值判断成绩是否及格。具体代码如下：

```
public class ConditionDemo {
    public static void main(String[] args) {
       int score1=68,score2=50;
       String result1=score1>=60?"及格":"不及格";    //结果为“及格”
       String result2=score2>=60?"及格":"不及格";    //结果为“不及格”
    }
}
```

2.3.6 位运算符

Java 的位运算符用来对所有的二进制位做运算。位运算符的基本运算见表 2-10。

表 2-10 位运算符

运算符	名称	举例	功能
~	按位取反	~a	对 a 的二进制每位取反，即 0 变成 1，1 变成 0
&	与	a&b	对 a 和 b 二进制数按位进行与运算，即对应位全都是 1，则结果为 1，否则为 0
|	或	a|b	对 a 和 b 二进制数按位进行或运算，即对应位全都是 0，则结果为 0，否则为 1

续表

运 算 符	名 称	举 例	功 能
^	异或	a^b	对 a 和 b 二进制数按位进行异或运算，即对应位相同，则结果为 0，否则为 1
<<	算术左移	a<<b	对 a 左移 b 位，低位用 0 填充(右补 0)
>>	算术右移	a>>b	对 a 右移 b 位，高位用原高位填充(即左补原符号位)
>>>	逻辑右移	a>>>b	对 a 右移 b 位，高位用 0 填充(左补 0)

1. 按位与运算符(&)

按位与运算是指参与运算的两个值，如果两个对应位都为 1，则该位的运算结果为 1，否则为 0。即：0&0=0，0&1=0，1&0=0，1&1=1。

例如：a=125，b=198，则 a&b=68。

a：　0111　1101

b：　1100　0110

a&b：0100　0100

2. 按位或运算符(|)

按位或运算是指参与运算的两个值，如果两个对应位都是 0，则该位的运算结果为 0，否则为 1。即：0|0=0，0|1=1，1|0=1，1|1=1。

例如：a=125，b=198，则 a|b=255。

a：　0111　1101

b：　1100　0110

a|b：1111　1111

3. 按位异或运算符(^)

按位异或运算是指参与运算的两个数值，如果对应位相同则输出 0，否则为 1。即：0^0=0，0^1=1，1^0=1，1^1=0。

例如：a=125，b=198，则 a^b=187。

a：　0111　1101

b：　1100　0110

a^b：1011　1011

4. 按位取反运算符(~)

按位取反运算是按位取反生成与输入位相反的值。若输入 0，则输出 1；若输入 1，则输出 0。即：~0=1，~1=0。

例如：a=125，则~a= -126。

a：　0111　1101

~ a：1000　0010

5. 左移位运算符(<<)

左移位运算符“<<”执行一个左移位。做左移位运算时，右边的空位补 0。在不产生

溢出的情况下，数据左移 1 位相当于乘以 2。

例如：a=125，则 b=a<<1 后，b 的值为 250。

6. 右移位运算符(>>与>>>)

算术右移运算符“>>”执行一个右移位(带符号)，左边按原数的符号位补 0 或 1。

例如：a=125，则 b=a>>1 后，b 的值为 62。

a：　0111　　1101

a>>1：　0011　　1110

逻辑右移运算符“>>>”右移后左边留下空位中一律填入 0，执行不带符号的移位。

例如：a=201，则 a>>>1 运算结果是 100。

a：1100　　1001

a>>>1：0110　　0100

【例 2-4】下面的代码综合使用了各种位运算符。

```
public class BitDemo {
  public static void main(String[] args) {
     int a =125, b=198;
     System.out.println("a & b = " + (a & b)+ ";"+ "  a | b = " + (a|b));
     System.out.println("a ^ b = " + (a ^ b)+ ";"+"  ~a = " + (~a));
     System.out.println("a << 2 = " + (a << 2)+ ";"+"  a >> 2  = "+ (a >> 2));
  }
}
```

结果为：

```
a & b = 68;  a | b = 255
a ^ b = 187;  ~a = -126
a << 2 = 500;  a >> 2  = 31
```

2.3.7 运算符的优先级

表达式通常由多个运算符和操作数组成。优先级的规则决定了在任何给定表达式中各运算符的计算顺序。各运算符的优先级见表 2-11。

表 2-11　运算符的优先级

优先顺序	运 算 符
高	括号，如 () 和 []
↑	一元运算符，如 +(正号)、-(负号)、++、- -和 !
	算术运算符，如 *、/、%、+(加号) 和 -(减号)
	关系运算符，如 >、>=、<、<=、== 和 !=
	逻辑运算符，如 &、^、|、&&、||
低	条件运算符和赋值运算符，如 ?: 、=、*=、/=、+= 和 -=

2.4 Java 程序的流程控制语句

设计程序时经常需要根据逻辑判断的结果完成不同的操作，或者重复某个操作，从而实现特定的功能，这就是流程控制。流程控制是提供控制程序步骤的基本手段。

2-4 顺序语句和条件语句

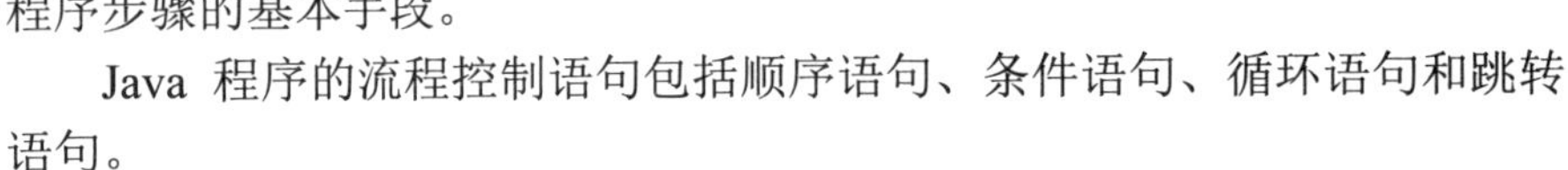

Java 程序的流程控制语句包括顺序语句、条件语句、循环语句和跳转语句。

2.4.1 顺序语句

顺序语句是指程序从上到下、从左到右依次执行。

【例 2-5】下面的代码按照编写顺序执行。

```
public class OrderDemo{
    public static void main(String args[]){
        int x=125,y=5,z=0;
        z=x/y;
        System.out.println("整除的结果为: "+z);
    }
}
```

2.4.2 条件语句

条件语句是在若干条件中选择其中一个条件执行相应的语句块。Java 程序有两种条件语句：if 语句和 switch 语句。

1. if 语句

if 语句用于告诉程序在某个条件成立的情况下执行某个语句，而在另一种情况下去执行另外的语句，可分为 if 条件语句、if...else 语句和 if...else if 多分支语句。

1) if 条件语句

使用 if 条件语句可选择是否要执行紧跟在条件之后的那个语句。关键字 if 之后是布尔表达式，如果该表达式返回 true，就执行其后的语句；若为 false，则不执行 if 后的语句。if 条件语句的流程控制如图 2-1 所示。

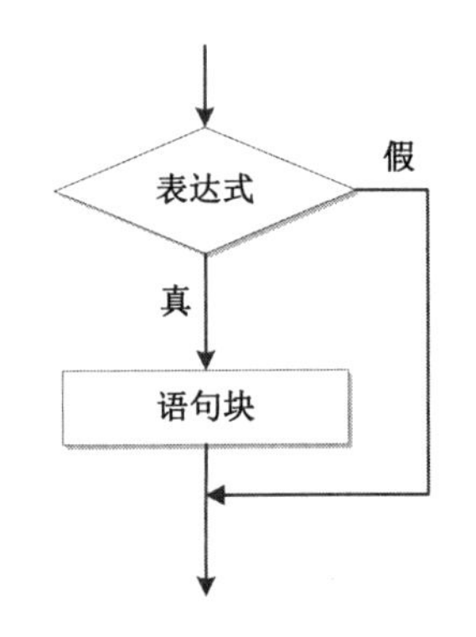

图 2-1 if 语句的流程控制

if 语句的语法格式如下：

```
if (布尔表达式) {
    语句块
}
```

例如：

```
if(score>=60) {
    System.out.println("该考生成绩为合格。");
}
```

如果 if 后只有一条语句，则可以不加花括号“{}”。

例如：

```
if(score>=60) System.out.println("该考生成绩为合格。");
```

但为了代码的可读性，建议所有的 if 语句后都加上相应的花括号“{}”。

2) if...else 语句

if…else 语句是条件语句中最常用的一种形式，针对某种条件有选择地做出处理：如果满足某种条件，就执行 if 语句块中的代码，否则执行 else 语句块中的代码。if…else 语句的流程控制如图 2-2 所示。

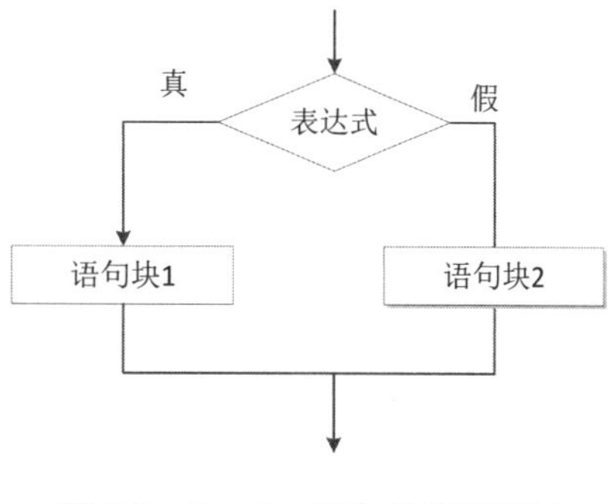

图 2-2 if…else 语句的流程控制

if…else 语句的语法格式如下：

```
if (布尔表达式) {
    //语句块 1
} else {
    //语句块 2
}
```

【例 2-6】判断物理、英语成绩是否及格。具体代码如下：

```
import java.util.Scanner;
public class ScoreLevel {
    public static void main(String[] args) {
        Scanner sc = new Scanner(System.in);
        System.out.println("请输入物理成绩：");
        int physics = sc.nextInt();
        System.out.println("请输入英语成绩：");
        int english = sc.nextInt();
        if (physics >= 60) {     //if 判断语句判断 physics 是否大于或等于 60
            System.out.println("物理及格");
        } else {                 //if 条件不成立
            System.out.println("物理不及格");
        }
        if (english >= 60) {     //if 判断语句判断 english 是否大于或等于 60
            System.out.println("英语及格");
        } else {                 //if 条件不成立
            System.out.println("英语不及格");
        }
    }
}
```

3) if…else if 多分支语句

if…else if 多分支语句又称多重 if…else 结构，用于针对多种可能情况执行不同的语句块。if…else if 语句的语法格式如下：

```
if (布尔表达式 1) {
    //语句序列或语句块 1
} else if (布尔表达式 2){
    //语句序列或语句块 2
} else {
```

```
    //语句序列或语句块 3
}
```

【例 2-7】根据键盘输入的成绩判断成绩档次。具体代码如下：

```
import java.util.Scanner;
public class ScoreDegree {
    public static void main(String[] args) {
        Scanner sc = new Scanner(System.in);
        System.out.println("请输入成绩：");
        Scanner scan = new Scanner(System.in);
        int score = scan.nextInt();
        if (score < 60) {
            System.out.println("该生成绩为不及格");
        } else if (score < 70) {
            System.out.println("该生成绩为及格");
        } else if (score < 80) {
            System.out.println("该生成绩为中等");
        } else if (score < 90) {
            System.out.println("该生成绩为良好");
        } else {
            System.out.println("该生成绩为优秀");
        }
    }
}
```

2. switch 语句

switch 语句是多选一的语句，可以代替多个 if...else 语句组成的分支语句，比 if...else 语句更为清晰简洁。

语法格式如下：

```
switch (表达式) {
    case 常量值 1:
         语句块 1;
         break;
         ...
    case 常量值 n:
         语句块 n;
         break;
    default:
         语句;
         break;
}
```

switch 语句执行过程如下：switch 语句首先计算表达式的值，然后从前往后顺序比较每一个 case 后的常量值。如果表达式的值和某个 case 后面的常量值相同，则执行 case 语句后的若干个语句，直到遇到 break 语句，跳出 switch 语句。如果 case 语句中没有 break 语句，将继续执行后面的 case 中若干个语句，直到遇到 break 语句为止。如果 switch 语句中表达式的值不与任何 case 的常量值相同，则 switch 不做任何处理，直接执行 default 语句。default 语句可以省略。

注意

(1) switch 后面括号中表达式的值只能是字符型(char)和整型(int)表达式，在 JDK 1.7 的版本后也可以使用字符串。

(2) 同一个 switch 语句，case 的常量值 1 ~ n 必须是整型或字符型(JDK 1.7 之后可以使用字符串)，且互不相同。

(3) 通常在每一种 case 情况后都应使用 break 语句，否则遇到第一个相等的 case 常量后，该语句之后、break 之前的所有语句都会被执行(包括 default 后面的语句)。

(4) 每个 case 分支里可以是一条或多条语句，不必使用复合语句。

【例 2-8】用键盘输入 5 分制成绩，将该成绩转化为对应的等级：5 分对应等级 A，4 分对应等级 B，3 分对应等级 C，其他则是等级 D。具体代码如下：

```
import java.util.Scanner;
public class ScoreDegreeofSwitch {
    public static void main(String[] args) {
        Scanner sc = new Scanner(System.in);
        System.out.println("请输入成绩：");
        Scanner scan = new Scanner(System.in);
        int score = scan.nextInt();
        String grade = "";
        switch (score) {
        case 5:
            grade = "A";
            break;
            //break 跳出 switch，如无 break，会直接进入下一个 case 语句
        case 4:
            grade = "B";
            break;
        case 3:
            grade = "C";
            break;
        default:
            grade = "D";
            break;
        }
        System.out.println("grade="+grade);
    }
}
```

2.4.3 循环语句

2-5 循环语句

循环语句是指根据循环初始条件和终止要求重复执行循环体内的操作，即使用条件表达式来控制一段程序的重复执行，被反复执行的这段程序称为“循环体”。

一个循环语句一般包括以下 4 个部分。

(1) 初始化部分：用来设置循环的一些初始条件。

(2) 循环体部分：重复执行的一段程序，可以是一条语句，也可以是一个语句块。

(3) 循环条件变更部分：在本次循环结束后、下一次循环开始前执行的语句。

(4) 终止部分：一般为布尔表达式，每一次循环都要对该表达式求值，检查是否满足循环终止条件。

Java 有三种循环语句：while 循环、do…while 循环和 for 循环。循环语句的执行流程如图 2-3 所示。

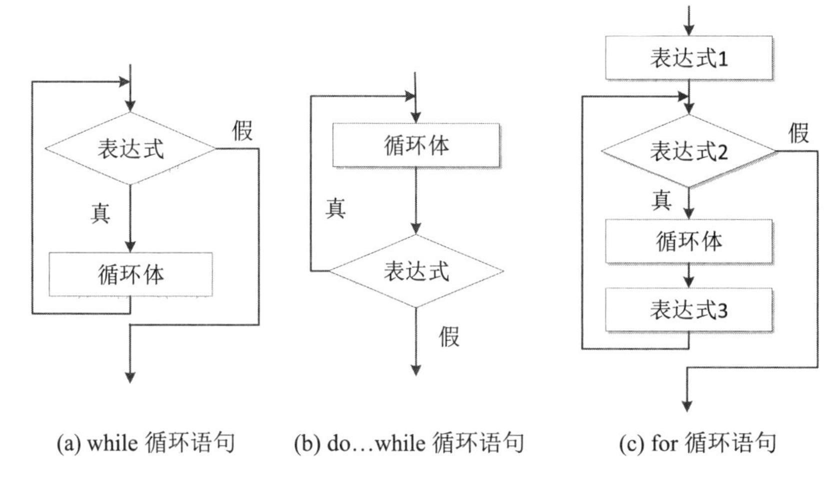

(a) while 循环语句　(b) do…while 循环语句　(c) for 循环语句

图 2-3　三种循环语句结构

1. while 循环语句

while 循环语句是通过循环条件来控制是否要继续反复执行循环体。其语法格式如下：

```
while (循环条件) {
    //循环体
}
```

while 语句的执行过程如下：先判断循环条件是否满足，当循环条件为真时就执行花括号中的循环体语句，当循环条件为假时则直接跳转到循环体外，执行循环体外的后续语句。每执行完一次循环体，都会重新计算一次条件表达式的值，当循环条件为真时继续执行循环体，直到条件表达式返回的结果为假时结束循环。

【例 2-9】编程完成功能：求 1～10000 的和。具体代码如下：

```
public class GetSum {
    public static void main(String[] args) {
        int x = 1;        //定义初值
        int sum = 0;      //定义求和变量，用于存储相加后的结果
        while (x <= 10000) {
            sum += x;     //循环相加
            x++;
        }
        System.out.println(sum);
    }
}
```

2. do…while 循环语句

前面学到的 while 循环语句先判断条件是否成立再执行循环体，而 do…while 循环语句则先执行一次循环体后，再判断条件是否成立。do…while 循环语句的语法格式如下：

```
do {
    //循环体
} while(循环条件);
```

【例 2-10】while 和 do…while 两种循环方式的比较。具体代码如下：

```
public class Cycle {
    public static void main(String[] args) {
        int a = 1, b = 1;
        //while 循环语句，先判断 a 是否小于 1，再决定是否运行 a++
        while (a < 1) {
            a++;
        }
        //do...while 循环语句，先运行 b++，再判断 b 是否小于 1
        do {
            b++;
        } while (b <1);
        System.out.println("a="+a+",b="+b);
    }
}
```

while 与 do…while 循环语句的区别如下。

(1) 执行顺序不同。do…while 循环将条件放在循环体后面，先执行再判断；while 循环是先判断再执行，所以 a=1。

(2) 执行次数不同。当初始循环条件就不满足时，while 循环一次都不执行，do…while 循环在任何情况下都至少会执行一次，所以 b=2。

3. for 循环语句

for 循环语句可以用来重复执行某条语句，直到某个条件得到满足。for 循环语句的语法格式如下：

```
for(表达式 1;表达式 2;表达式 3){
    //循环体
}
```

表达式 1 的作用是给循环控制变量赋初值；表达式 2 为指定终止循环条件，每次循环时判断循环是否继续，直到结果为 false 时循环结束；表达式 3 为循环体结束后的操作表达式，负责修改循环变量，从而改变循环条件。三个表达式用英文分号分隔。

for 循环语句中，循环控制变量的数据类型是有序类型，常用的有整型、字符型、布尔型。循环控制变量初值和终值通常是与循环控制变量数据类型相一致的一个常量，也可以是表达式。循环次数由循环控制变量的初值和终值决定。

for 语句的执行过程如下。

(1) 将表达式 1 的值赋给循环控制变量作为初值。

(2) 通过表达式 2 判断循环控制变量的值是否超出终值，没有超出终值的就转到第 3 步，超出终值的则转到第 6 步。

(3) 执行循环体。

(4) 根据表达式 3 修改循环控制变量。

(5) 返回第 2 步。

(6) 结束循环。

【例 2-11】用 for 循环语句求 10 以内所有偶数的乘积。具体代码如下：

```
public class CirculateFor {
    public static void main(String args[]) {
         int sum = 1;
         for (int i = 2; i <= 10; i += 2) {
             sum *= i;
         }
         System.out.println(sum);
    }
}
```

注意，do...while、while、for 循环语句的用法各不相同，需要根据实际情况来决定选择哪种语句。在编写程序的过程中，即使出现一个字符错误，也有可能让整个程序无法正确运行，因而必须坚持一丝不苟、精益求精的精神，既要保证程序的正确性，又要让程序执行效率更高。

2.4.4 跳转语句

2-6 跳转语句

跳转语句用来实现循环执行过程中的流程转移。Java 语言提供三种跳转语句：break 语句、continue 语句和 return 语句。

1. break 语句

break 语句用于强行终止 break 所在循环，转去执行当前循环后的第一条语句。其语法格式如下：

```
break;
```

特点：多重循环时，break 语句只能使循环从本层的循环跳出来。假设代码中有两个循环嵌套，break 语句用在内层循环，则只能跳出内层循环，程序转移到本层循环的下一个语句。如果不希望执行完所有的循环操作，但是又不想退出循环，而是直接进入下一次循环，可以使用 continue 语句。

2. continue 语句

continue 语句在 while、for 或 do...while 结构中执行时，跳过该循环体的剩余代码，回到循环体的条件测试部分，进入下一轮循环。其语法格式如下：

```
continue;
```

【例 2-12】输出 100 以内的所有奇数。具体代码如下：

```
public class ContinueDemo {
    public static void main(String[] args) {
        int i = 0;
        while (i < 100) {
            i++;
            if (i % 2 == 0) {    //能被 2 整除，是偶数
                continue;        //跳过当前循环
            }
            System.out.print(i + " ");
        }
    }
}
```

continue 语句和 break 语句的区别在于：continue 语句只结束本次循环，而不是终止整个循环的执行；而 break 语句则是结束整个循环语句的执行。

3. return 语句

return 语句可以从一个方法返回，并把返回值交给调用语句。其语法格式如下：

```
return 表达式;
```

例如：

```
public int add(int a,int b) {
    return a+b;
}
```

该 add 方法的作用是返回参数 a+b 的和，如要得到 3+4 的和，我们可以这样调用：

```
int a=3,b=4,sum=0;
sum=add(a,b)
```

此时，sum 的值为 7。

2.5 数组

定义单个变量可以使用一个变量名表示。但是如果出现多个变量，分别使用不同的变量名存储就比较麻烦。为了解决类似问题，可以采用数组的形式进行存储。

数组是高级编程语言中常见的一种数据结构，可用于存储多个同一数据类型的数据。从存储角度来看，如果一个变量代表一个存储单元，那么一个数组则代表连续的存储单元。数组中的每一个数据称为数组元素或数组的分量。数组元素可以是简单类型的数据，也可以是引用类型的数据，可通过数组的索引来访问数组元素。

Java 中的数组是复合数据类型，数组长度固定。数组名里存放数组在内存中的地址。数组在内存中的存储如图 2-4 所示。

在 Java 中，一维数组里每一个数组元素是单独的数据，而多维数组是指每一个数组元素是一个单独的数组。

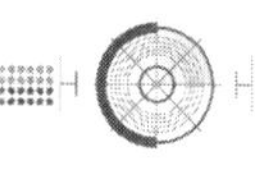

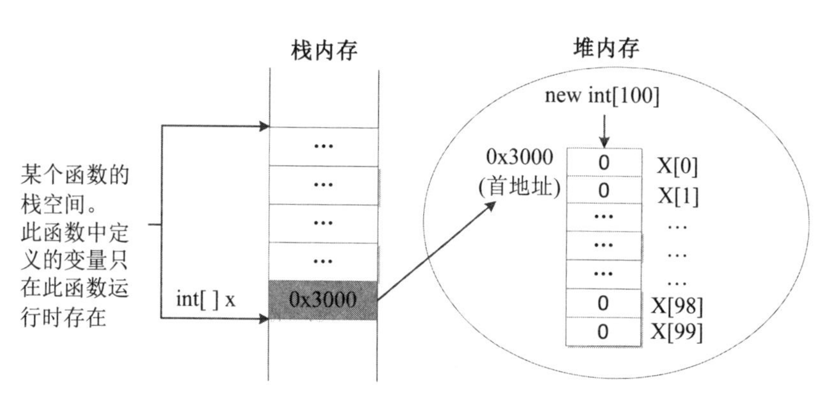

图 2-4　数组在内存中的存储

2.5.1　一维数组

2-7 一维数组的声明和创建

1. 一维数组的声明

在 Java 中，一个数组的创建需要以下步骤：声明数组，创建数组空间，创建数组元素并初始化。

数组的声明包括数组名和数组元素数据类型的定义。一维数组的声明格式是：

```
数据类型　数组名[];
```

或者：

```
数据类型[] 数组名;
```

方括号可以放在变量名之后，也可以放在数据类型之后，例如：

```
int array_int[];
String[] str;
```

需要注意下列几个方面。

(1)　数组可以存储各种类型的数据。

(2)　数组名的命名必须符合标识符规定。

(3)　声明数组只是创建了一个引用变量，并不为数组元素分配内存，因此方括号中不能指出数组中元素的个数(即数组长度)，如“int a[5];”编译会出错。数组声明时系统没有为数组分配存储空间，因而也就无法使用数组元素。

2. 一维数组的创建

创建数组是用 new 关键字为数组元素分配内存空间，系统自动为数组元素赋初值。数组创建的语法格式如下：

```
数组名 = new 数组元素类型[元素个数];
```

例如：

```
array_int = new int[10];
str = new String[10];
```

数组的声明和创建可以合并为一步。

(1) 数组声明创建格式 1：

```
元素类型[] 数组名 = new 元素类型[元素个数];
```

例如：

```
int arr[] = new int[5];
String str[] = new String[10];
```

(2) 数组声明创建格式 2：

```
元素类型[] 数组名 = [new 元素类型[]]{元素1,元素2,...};
```

例如：

```
int arr[] = new int[]{3,5,1,7};
int arr[] = {3,5,1,7};
```

也可以让数组名不指向任何数组对象。例如：

```
int x[] = new int[100];
x = null;
```

创建数组之后不能修改数组的大小，可以通过数组名调用其 length 成员变量，获取数组的大小。

【例 2-13】 循环输出数组元素。具体代码如下：

```
class ArrayPrint {
    public static void main(String args[]) {
        int a[] = { 32, 45, 76, 89 };
        for (int i = 0; i < a.length; i++) {
            System.out.println("a[" + i + "]=" + a[i]);
        }
    }
}
```

3. 一维数组的初始化

2-8 一维数组的初始化

数组初始化是为每个数组元素赋初始值。Java 中的数组必须先初始化，然后才可以使用。数组初始化的方式有两种：静态初始化和动态初始化。

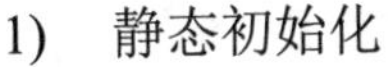

1) 静态初始化

静态初始化是对数组元素直接赋值。可以在数组声明的同时给数组元素一个初始值。可以不指定数组大小，所赋初值的个数决定数组元素的数目。格式如下：

```
数据类型 数组名[] = {初值表};
```

例如，声明一个存储 10 个 int 型数据的数组，并给数组元素赋初值。代码如下：

```
int score[] = {65,52,69,78,98,35,65,85,75,72};
```

2) 动态初始化

动态初始化是使用关键字 new 初始化数组，由程序员指定数组的长度，系统初始化每个数组元素为默认值。

动态初始化有两种形式。

① 先创建数组再初始化。例如：

```
int intArray[];
intArray = new int[2];
intArray[0] = 55;
intArray[1] = 65;
```

注意

如果数组元素是基本数据类型，在完成 new 操作之后，数组中的元素会自动初始化为默认值，可以直接使用数据元素。

例如：

```
System.out.println(intArray [0]);  //数组元素是 int 类型，系统初始化为 0
```

但是数组元素若为引用数据类型，在完成 new 操作后，数组元素默认为 null。例如：

```
String stringArray[];
stringArray = new String[3];
System.out.println(stringArray[0]);  //stringArray[0]是 null
```

② 在数组创建的同时初始化。使用 new 关键字创建数组的同时为数组中的元素赋值，完成初始化操作。不需要指定数组长度，数组长度由其后的初始化操作确定。格式如下：

```
数据类型 数组名[] = new 数据类型[]{初值表};
```

例如：

```
int[] arr;
arr = new int[]{12,34,46,25};
```

或者：

```
int arr[] = {12,34,46,25};
```

4. 一维数组的使用

创建数组并初始化后，可以使用该数组。使用数组元素的方式为：

```
arrayName[index]
```

2-9 一维数组的基本操作

其中，index 为数组下标，从 0 开始，可以为整型常数或表达式。

【例 2-14】求所有数组元素的和。具体代码如下：

```
public class ArraySum {
    public static void main(String[] args) {
        int a[] = {2,5,1,3};
        int sum = 0;
        for(int I = 0;i<a.length;i++)
            sum = sum+a[i];
        System.out.println("sum="+sum);  //sum=11
    }
}
```

数组名也可以用作方法的形参或实参。数组名作实际参数时，传递的是地址，不是值，形式参数和实际参数具有相同的存储单元。需要注意：在形参列表中，数组名后的括号不能省略，括号个数和数组的维数相等，不需要给出数组元素的个数。而在实参列表中，数组名后不需要括号。

【例 2-15】将数组元素从小到大进行排序。具体代码如下：

```
public class SortArray {
    public static void sort(int a[]) {
        int temp = 0;   //交换用的中间变量
        //下面开始把 a 的元素从小到大进行排序
        for(int i=0;i<a.length-1;i++){
            for(int j=i+1;j<a.length;j++){
                if(a[i]>a[j]){        //需要把 a[i]和 a[j]的值交换
                    temp = a[i];      //先保存 a[i]的原来值
                    a[i] = a[j];      //让 a[i]=a[j]
                    a[j] = temp;      //让 a[j]=a[i]的原来值
                }
            }
        }
    }
    public static void main(String args[]) {
        int[] b = new int[] { 48, 5, 89, 80, 81, 23, 45, 16, 2 };
        sort(b);
        for(int i=0;i<b.length;i++)
            System.out.print(b[i]+",");
    }
}
```

2.5.2 多维数组

2-10 二维数组

多维数组可以看成是数组的数组。例如，二维数组中的每一个数组元素都是一个一维数组。下面以二维数组为例来学习多维数组。

1. 二维数组的声明

二维数组的声明格式如下：

```
数据类型 数组名[][];
```

或者：

```
数据类型[][] 数组名;
```

数据类型可以为 Java 中任意的数据类型，包括简单类型和复合类型。

注意，在[][](两个方括号)里面什么都不能有。例如：

```
int intArray[][];
double[][] doubleArray;
```

2. 二维数组的创建

创建二维数组是为数组元素分配内存空间。第二维可以是等长的，也可以是不等长的。例如：

```
int a[][];
a = new int[3][4];  //a 数组第二维是等长的
```

也可以先分配第一维空间，然后依次为其他维分配空间。例如：

```
int a[][];
a = new int[2][];
a[0] = new int[3];
a[1] = new int[5];
```

以上代码创建的数组 a 包含 2 行，第 1 行的长度为 3，第 2 行的长度为 5。

3. 二维数组的初始化

二维数组的初始化同一维数组一样，也分为静态初始化和动态初始化。

1) 静态初始化

静态初始化是完成数组声明、创建的同时进行初始化工作。例如：

```
int intArray[][] = {{1,2},{2,3},{13,14,17}};
```

2) 动态初始化

动态初始化有两种方式。

◎ 方式一：可以直接为每一维分配空间。例如：

```
int a[][] = new int[2][3];
```

或者：

```
int a[][];
a = new int[2][3];
```

二维数组 a 可以看成是一个两行三列的数组。

◎ 方式二：也可以从最高维开始，分别为每一维分配空间。例如：

```
String s[][] = new String[2][];
```

上面的语句在创建数组时只定义了一维的大小。其他维可按以下方式定义：

```
s[0] = new String[2];
s[1] = new String[3];
s[0][0] = new String("Good");
s[0][1] = new String("Luck");
s[1][0] = new String("to");
s[1][1] = new String("you");
s[1][2] = new String("!");
```

4. 二维数组元素的引用

二维数组中的数组元素引用方式为：

```
数组名[index1][index2]   //index 的取值范围为 0 至数组长度减 1
```

例如：

```
int a[][] = new int [2][3];
for (int i=0; i<2; i++){
```

```
    for (int j=0; j< 3; j++){
        a[i][j] = (i + 1) * (j + 2);
    }
}
```

2.6 Java 标准输入与输出

2.6.1 标准输出流 System.out 和标准输入流 System.in

1. 标准输出流 System.out

System.out 负责向标准输出设备输出数据，其数据类型为 PrintStream。常用的成员方法如下。

◎ public void print(参数)：在控制台上输出参数。

◎ public void println(参数)：在控制台上输出参数，并回车换行。

例如：

```
int i=100,j=200;
System.out.println("两数之和: "+(i+j));
```

2. 标准输入流 System.in

System.in 负责读取标准输入设备中的数据(这里说的标准输入设备一般是键盘)，其数据类型为 InputStream。常用的成员方法如下。

◎ int read()：返回 ASCII 码。若返回值为-1，说明没有读取到任何字节，读取工作结束。

◎ int read(byte[] b, int off, int len)：将输入流中最多 len 个字节数据读入 byte 数组。其中，参数 b 表示读入数据的缓冲区，off 表示数组 b 中将写入数据的起始位置，len 表示要读取的最大字节数。

例如：

```
int a=0;
System.out.println("请输入 a: ");
a=System.in.read();
System.out.println("a="+a);
System.out.println("(char)a="+(char)a);
byte[] buf=new byte[1024];
int count=System.in.read(buf,0,20);  //最多从输入流中读入 20 个字节数据，这些字节
//数据从数组 buf 的索引为 0 的位置开始存放，实际读入的字节数保存到 count 变量中
```

2.6.2 Scanner 类

System.in 可以从键盘接收输入，但不方便，输入的数据需要经过转换才能变成需要的数据类型。Scanner 类提供了输入不同数据类型的方法，方便接收输入的数据。

java.util.Scanner 最实用的地方在于获取控制台输入。

Scanner 类的构造方法如下：

```
public Scanner(InputStream source)
```

它以某 InputStream 对象为参数创建 Scanner 对象。

例如：

```
Scanner s = new Scanner(System.in);
```

Scanner 类有一些有用的成员方法。

◎ public boolean hasNext()：判断是否有数据输入。

◎ public String next()：取出输入数据，以 String 形式返回。

◎ public boolean hasNextXxx()：判断是否有指定类型数据存在。

◎ public Xxx nextXxx()：取出指定数据类型 Xxx 的数据，其中 Xxx 代表某种基本数据类型。例如，读取用户在命令行中输入的各种数据类型的 nextByte()、nextDouble()、nextFloat()、nextInt()、nextLine()、nextLong()方法。

◎ boolean hasNextLine()：如果输入中存在另一行，则返回 true。

◎ String nextLine()：等待用户输入一个文本行并且回车。

next()与 nextLine()方法用于获取输入的字符串，在读取前，一般需要使用 hasNext()与 hasNextLine()方法判断是否还有输入的数据。

【例 2-16】在控制台输入两个 int 数据，然后计算这两个数的和。具体代码如下：

```
import java.util.Scanner;
public class ScannerTest1 {
    public static void main(String[] args) {
        Scanner scanner = new Scanner(System.in);
        int a = scanner.nextInt();
        int b = scanner.nextInt();
        System.out.println("a+b="+(a+b));
        System.out.println("a+b="+a+b);  //注意这个写法得到的不是 a+b 的和
    }
}
```

如果输入 3 和 5，则结果为：

```
a+b=8
a+b=35
```

2.7 案例实训：求斐波那契数列

本节通过一个综合案例来加深对 Java 基本语法的理解，掌握条件语句、循环语句和数组的用法。

1. 题目要求

斐波那契数列(Fibonacci sequence)又称黄金分割数列。因数学家列昂纳多·斐波那契(Leonardoda Fibonacci)以兔子繁殖为例子而引入，故又称为“兔子数列”，指的是这样一个数列：1、1、2、3、5、8、13、21、34…

在数学上，斐波那契数列以如下递推的方法定义：$F(1)=1, F(2)=1, F(n)=F(n-1)+F(n-2)(n \geqslant 3，n \in N^*)$。

要求编写程序，能够求出斐波那契数列的前 n 项，并实际计算输出数列的前 20 项。

2. 题目分析

根据斐波那契数列的定义，我们可以看到有如下规律：第 1 项固定为 1，第 2 项固定为 1，从第 3 项开始，每一项都等于前 2 项的和。

根据这个规律，我们可以用循环语句来计算前 n 项，并在计算每一项时根据是要计算第几项来做不同的处理。如果是第 1 或第 2 项，则直接赋值为 1；如果是第 3 项及后续项，则赋值为前 2 项的和。如果要将这 n 项保存下来，则可以定义一个包含 n 个元素的数组来保存。

3. 程序实现

下面我们用两种方法来实现。

1)　用递归来计算第 n 项的方法

设计一个 FibClass1 类，里面有一个计算斐波那契数列第 n 项的方法 getFib(int n)和 main。其中，getFib(int n)的作用是返回斐波那契数列第 n 项的值，如果 n 是 1 或 2，直接返回 1，否则递归调用 getFib 方法，返回 getFib(n−1)+getFib(n−2)。在 main 方法中定义一个包含 20 个元素的数组 a，并循环调用 getFib 方法 20 次，从而得到前 20 项，保存到 a 中并输出斐波那契数列的前 20 项。

FibClass1.java 的代码如下：

```
package ch2;
public class FibClass1 {
    //方法 getFib(int n)的作用是返回一个整数，这个整数就是第 n 项的值，如果 n<1，则返回-1
    public static int getFib(int n){
        if(n==1||n==2)
            return 1;   //第 1、2 项都是 1
        else if(n>2)
            return getFib(n-1)+getFib(n-2);
            //第 3 项及后续项等于第 n-1 项与第 n-2 项的和
        else{
            System.out.println("n 必须是大于 0 的数");
            return -1;
        }
    }
    public static void main(String[] args) {
        int[] a=new int[20];    //数组 a 用来保存斐波那契数列的前 20 项
        for(int i=0;i<a.length;i++){
            a[i]=getFib(i+1);   //i 从 0 开始循环，而斐波那契数列从第 1 项开始循环
            System.out.print(a[i]+"  ");
        }
    }
}
```

2)　返回一个数组的方法

设计一个 FibClass2 类，里面有一个返回斐波那契数列前 n 项的方法 getFib(int n)和

main。其中，getFib(int n)返回一个 int 型数组，该数组中索引为 0 或 1 的元素是 1，索引为 2 及后续的元素等于前两个元素的和。在 main 方法中定义一个数组 a，让 a=getFib(20)，从而 a 就保存了斐波那契数列的前 20 项。

FibClass2.java 的代码如下：

```
public class FibClass2 {
//方法 getFib(int n)的作用是返回一个具有 n 个元素的数组，这个数组保存的就是斐波那契数列的前 n 项
    public static int[] getFib(int n){
        if(n<1){
            System.out.println("n 必须是大于 0 的整数");
            return null;
        }
        int[] temp=new int[n];    //数组 temp 保存的就是斐波那契数列的前 n 项
        for(int i=1;i<=n;i++){
            if(i==1||i==2)
                temp[i-1]=1;      //temp[0]、temp[1]都是 1
            else
                temp[i-1]=temp[i-2]+temp[i-3]; //temp[3]及后续元素都等于前两项的和
        }
        return temp;
    }
    public static void main(String[] args) {
        int[] a=getFib(20);      //数组 a 用来保存斐波那契数列的前 20 项
        for(int i=0;i<a.length;i++){
            System.out.print(a[i]+"  ");
        }
    }
}
```

以上代码完成了计算斐波那契数列的方法，注释也写得很详细，这里就不再解释了。

本章小结

本章介绍了数据类型、运算符、程序结构等基本概念。要求读者能够分清变量的作用域，知道不同程序结构的应用场合。熟练掌握数组的定义及使用。

本章中容易出错的地方有以下几点。

(1) 变量需要先声明、赋值后才可以使用，初学者往往分不清变量的作用域。

(2) 混淆选择语句和循环语句的使用场合。

(3) 数组的声明、创建、初始化及使用。

(4) Scanner 和 System.in 联合使用。

习题

1. 编程实现从键盘输入一个人的出生年份，计算出他一生能过几个闰年(假设以 100 岁为寿命长度)。

2. 用while循环求Fibonacci序列。

1, 1, 2, 3, 5, 8, 13, 21, 34, 55, 89 …

$$
\begin{cases}
F_0 = 0 \\
F_1 = 1 \\
F_n = F_{n-1} + F_{n-2}, \quad n \geqslant 2
\end{cases}
$$

3. 用辗转相除法求两个整数的最大公因数。

4. 统计一个字符数组中每个字母出现的次数。

5. 找到数组中所有的数组元素大于平均值的那些元素。

6. 随机产生20个属于区间[77, 459)的正整数，存放到数组中，求数组中的最大值、最小值、平均值及各个元素之和。

第3章 面向对象编程

本章要点

(1) 面向对象的基本特征;

(2) 类、成员变量、成员方法的概念与定义方法;

(3) 构造方法的定义与对象的创建;

(4) 包的定义和使用;

(5) 方法的4种参数传递机制。

学习目标

(1) 理解抽象、封装、继承、多态的含义;

(2) 掌握如何定义类、成员变量、成员方法和构造方法;

(3) 掌握Java对象的创建方法，以及如何使用对象;

(4) 掌握包的定义、包的作用、带包类的编译和运行方法，环境变量classpath的配置;

(5) 掌握参数传递的规则;

(6) 初步掌握面向对象程序的编写方法，能够根据现实问题设计编写类，定义类的成员变量和成员方法。

3.1 面向对象概述

3-1 面向对象的概念

客观世界是由各种各样的对象组成的，比如一个人、一条狗、一个教室、一个班级、一个学生等都是对象。每种对象都有各自的内部状态和运动规律，不同对象之间的相互作用和联系，构成了各种不同的系统，进而构成了客观世界。

面向对象设计思想是从现实世界客观存在的事物出发来构造软件系统，并尽可能地采用人类最自然的思维方式。对象是现实世界中存在的实实在在的事物。把相同类型的对象共有的特征和行为归纳起来，就形成了类，类是对象的一个模板。例如，人是一个类，张三、李四等则是具体的某一个人，是人这个类的一个对象。人这个类有身份证号、姓名、年龄、性别、体重等基本信息，还有说话、吃饭、行走、工作等行为(或称为功能)。如张三是一个人，张三即具有身份证、姓名、年龄、性别、体重等基本信息，还有说话、吃饭、行走、工作等行为。因此，对象是一个数据和行为的集合体。面向对象的思想，就是把现实世界中的对象所具有的特征和行为抽象出来，形成一个类，再根据现实业务来创建对象，通过对象之间的相互操作，模拟真实的业务需求。在面向对象的世界里，把对象特征叫作属性或成员变量，对象的行为叫作方法或函数。

3.2 面向对象程序设计的基本特征

面向对象程序设计包括 4 个基本特征：抽象、封装、继承和多态。

1. 抽象

面向对象程序设计是把现实世界的客观事物抽象成信息世界中的类和对象的过程。例如，人具有多少特征呢？当然，你可以罗列出几十个特征，人的行为也可以罗列出很多，远不止上面所提到的身份证号、姓名、年龄、性别、体重等基本信息，以及说话、吃饭、行走、工作等行为。在设计程序时，是否需要把人的所有特征和行为都穷尽呢？当然不用，实际上，只需要根据所做的业务来选出所关心的特征和行为即可。例如，要开发一个人事管理系统，需要把人事管理中涉及的每个人的信息都找出来，除了上面罗列的特征外，还需要加上所在公司、政治面貌、所在部门、职称、职务、参加工作时间、工种等，从而形成一个员工类。如果要开发一个大学生管理系统，则只需要再加上学号、专业、班级等信息，即可形成一个学生类。因此，抽象是根据业务需要，把客观世界的事物中与业务相关的特征和行为归纳总结出来，忽略与本业务无关的特征和行为，从而形成类的过程。

2. 封装

封装是指把同一类事物的特征和行为都定义到一个类里，变成类的属性和方法。同时通过访问控制符来定义每个属性和方法的可见性。例如，一个圆有半径，还有计算自己的面积和周长的方法。通过定义一个圆类，将半径定义成圆类的属性，将计算圆的面积和周长的功能定义成圆的方法，就实现了圆类的封装。

3. 继承

继承是类之间的一种代码重用机制。如果A类继承了B类，则A类就拥有了B类除了私有属性和私有方法外的所有属性和方法，同时可以添加自己特有的属性和方法。例如，汽车类具有型号、车牌、价格、颜色等属性，具有启动、挂挡、刹车等方法。公共汽车属于汽车的子类，除了具有汽车类的属性和方法外，还增加了票价、车次、站牌等属性。

4. 多态

多态是实现接口的多个类或一个父类的多个子类有相同的方法名，但具有不同的表现方式。例如，动物类具有喊叫的方法，但是它的子类猫和子类狗的喊叫效果却不一样。

3.3 Java 类与对象

3.3.1 Java 类的定义

3-2 Java 类的定义

Java 类是组成程序的基本单位，所有代码都定义在类中。Java 中类的定义格式如下：

```
[类修饰符] class 类名[extends 父类名][implements 接口名列表] {
    成员变量定义;
    成员方法定义;
}
```

(1) 类修饰符说明如下。

◎ public：允许任何其他类访问本类。一个源程序文件只能有一个 public 类，而且如果源文件中有一个 public 的类，则文件名必须以这个 public 类的名字为文件名。

◎ 缺省：可被当前包中的其他类访问。

◎ abstract：没有实例的抽象概念类，是它的所有子类的公共属性和公共方法的集合。

◎ final：不能再被扩展，不能有子类的类。

◎ extends：表示继承，后面跟父类名，一个类只能继承一个父类。

◎ implements：表示实现接口，后面跟接口名，可以实现多个接口，用逗号隔开。

(2) 成员变量是用来描述类的数据的，有多种称呼，比如属性、成员域、域。

(3) 成员方法是用来描述类的功能的，简称方法，也可以叫作函数。

1. 成员变量的定义

成员变量的定义格式如下：

```
[修饰符列表] 类型 变量名[=值];
```

修饰符列表是可选项，根据实际情况定义，包括 public、protected、private、static、final 等，其中，public、protected、private 不能同时存在。类型可以是任何一种数据类型，包括 8 种基本类型、类名、接口名、数组等。变量名可以是任何一个合法的标识符。值也是可选项，可以在定义变量时直接赋值，也可以不赋值。如果不赋值，Java 会给它一个默认值。

例如：

```
public int age = 0;
String name = "张三";
double score;
```

成员变量的默认值如表 3-1 所示。

表 3-1　成员变量的默认值

成员变量类型	默 认 值	成员变量类型	默 认 值
byte	0	double	0.0
short	0	float	0.0f
int	0	char	'\u0000'
long	0	引用型	null

2. 成员方法的定义

成员方法的定义格式如下：

```
[修饰符列表] 返回值类型 方法名([参数列表]){
    方法体
}
```

以上定义格式的第一行称为方法头，也称为方法的声明。修饰符列表是可选项，根据实际情况定义，包括 public、protected、private、abstract、static、final、synchronized 等，其中，public、protected、private 不能同时存在。返回值类型可以是任何一种数据类型，包括 8 种基本类型、类名、接口名、数组等，如果方法不返回任何结果，则返回值类型定义为 void。如果不是 void，则方法体最后要有 return 语句，return 的值要跟方法头中写的返回值类型一致。方法名可以是任何合法的标识符，一般要根据方法的实际功能来起一个有意义的名字，让人一看就知道该方法的作用是什么。参数列表是可选项，要根据实际情况来定义，可以有 0 个、1 个或者多个参数。多个参数之间用英文逗号分隔，最后一个参数后面没有逗号。每个参数的格式如下：

```
类型 参数变量名
```

其中，类型可以是任何一种数据类型，包括 8 种基本类型、类名、接口名、数组等。参数变量名可以是任何合法的 Java 标识符。参数变量简称为形参，是形式参数的意思。

方法头后面是一对大括号，大括号里面是方法体，即该方法的实际代码。例如：

```
public int add(int a, int b){  return a+b;  }
```

以上定义的 add()方法会计算 a 和 b 的和，并将和作为返回值，返回给调用者。又如：

```
void print(){   System.out.println("本方法没有返回值");   }
```

以上定义的 print()方法是一个不返回任何结果的方法，不返回结果，必须把返回值定义为 void。再如：

```
public double sum(double[] score){
   double totalScore = 0;
```

```
    for(int i = 0;i<score.length;i++){
        totalScore = totalScore+score[i];
    }
    return totalScore;
}
```

以上定义的 sum()方法是一个计算 double 型数组的和的方法，该方法接收一个 double 型的数组 score 作为参数，计算 score 的所有元素的和，然后把和作为返回值返回给调用者。

成员变量和成员方法的顺序没有关系，可以随便安排。但为了规范，一般先定义成员变量，然后定义成员方法，各个成员方法的先后顺序没有关系。

【例 3-1】以圆类 Circle 为例，定义如下：

```
1 public class Circle                          //本行是类声明
2 {                                            //类体起始行
3   private  double  radius;                   //属性(成员变量)radius 表示圆的半径
4   public Circle(double  radius)              //构造方法，以半径 radius 为参数构造一个圆
5   {  this.radius = radius;
6   }
7   public double getRadius()                  //成员方法，获取半径 radius 的值
8   {  return  this.radius;
9   }
10  public void setRadius(double  radius)  //成员方法，给半径 radius 赋值
11  {  this.radius = radius;
12  }
13  public double getArea()                    //成员方法，该方法用来计算圆的面积
14  {  return radius*radius*Math.PI;           //Math.PI 表示圆周率
15  }
16  public double getPerimeter()               //成员方法，该方法用来计算圆的周长
17  {   return 2*radius*Math.PI;
18  }
19 }                                           //类体结束行
```

继承父类和实现接口这里没有给出，会在后续章节介绍。Circle 类没有继承，也没有实现接口，这里只是展示了一个简单类的定义格式。关于 Circle 类的定义，还有以下补充说明。

(1) 这里类体的起始符“{”和方法的起始符“{”都是放在行首。其实完全可以放在上一行的行尾，这是两种编程风格，采用哪种都可以。这里只是为了说明方便，把“{”放在行首，实际上大部分 Java 编程人员都习惯于将其放在行尾。

(2) this 代表当前对象，实际上就是将来创建对象后的那个对象。现在还不知道将来创建的对象的名字，只能用 this 来代替，也可以把它形象地理解为“我”，this. radius 代表“我的半径”，将来创建多个对象，每个对象都有自己的半径。

(3) 一般情况下，属性应该定义成 private，即私有的，然后定义相应的 get、set 方法来获取私有属性的值，设置私有属性的值。这里把 radius 定义成私有的，然后定义 getRadius()来获取属性 radius 的值，定义 setRadius(double radius)来给属性 radius 赋值为参数 radius。注意，get 方法一般没有参数，但有返回值，返回值类型跟属性本身的类型一样；set 方法一定有参数，参数即为要给属性赋的值。

定义了类以后，就相当于有了一个新的数据类型，每一个类都是一种数据类型。

注意，成员变量的位置只能定义变量，不能写普通的 Java 代码。例如，在第 3 行代码的前后都不能写下面的代码：

```
System.out.println("Hello");
```

也不能写：

```
Radius = radius+2;
```

这种普通代码只能写到某个方法体中。

3.3.2 构造方法

3-3 构造方法、对象的创建和使用、属性的封装

构造方法是类中一个特殊的方法(也称构造函数)，作用是在创建对象时给成员变量赋值，即完成成员变量的初始化。实际上，创建对象时 new 后面的代码就是构造方法。构造方法有两个特征。

(1) 构造方法的名字跟类的名字完全一样。

(2) 构造方法不能有返回值类型，void 也不能写。

需要说明的是，如果类中没有定义构造方法，那么在编译时，Java 编译器会自动添加一个无参数的构造方法。但是，如果源代码中已经定义了有参数的构造方法，则编译时，Java 编译器不会自动添加无参数的构造方法。

一个类可以定义多个构造方法，多个构造方法也可以互相调用。例如，给上面的 Circle 类增加一个无参数的构造方法如下：

```
public Circle(){  this.radius = 1;//给半径赋值为1  }
```

或者调用现有的有参数的构造方法给半径赋值为 1：

```
public Circle(){  this(1);//调用另一个构造方法，给半径赋值为1  }
```

注意

调用别的构造方法跟调用普通成员方法的写法不一样，不能使用构造方法的名字，即不能写成 Circle(1)，正确写法是 this(1)。

3.3.3 Java 对象的创建和构造方法

Java 对象的创建需要使用 new 关键字和类的构造方法。

1. 对象的声明

声明对象的格式为：

```
类名  对象名;
```

例如，声明一个 Circle 类型的对象 c1 的代码为：

```
Circle c1;
```

此时 c1 就是一个对象名，也是一个对象引用，但现在还没有创建对象，c1 的值是 null，没有引用具体的对象，即没有指向任何内存区域。

2. 对象的创建

对象的创建也称为对象的实例化，是在内存中开辟一个区域，保存新创建的对象，一般格式为：

```
对象名 = new 构造方法(参数列表);
```

new 关键字表示创建对象，构造方法是类中定义的构造方法，参数列表是可选的，根据实际的构造方法的参数来写。

对象 c1 的创建代码为：

```
c1 = new Circle(10);
```

其中 10 是实参，传递给了构造方法的形参 radius，从而 c1 的半径是 10。此时，c1 等于这个半径为 10 的圆所在的内存地址。

也可以使用一行代码完成对象的声明和创建，方法为：

```
Circle c1 = new Circle(10);
```

3. 对象的使用

创建了对象后，通过使用“.”运算符来调用对象的成员变量和成员方法。

调用格式为：

```
对象名.成员变量;
对象名.成员方法();
```

【例 3-2】 利用例 3-1 中定义的 Circle 类，定义一个测试类 TestCircle。在测试类中定义圆对象 c1，c1 的半径为 20，计算 c1 的面积，并将其输出。然后调用无参数构造方法创建对象 c2，修改 c2 的半径为 15，输出 c2 的周长。具体代码如下：

```
public class TestCircle{
    public static void main(String args[]){
        Circle c1 = new Circle(20);
        double s = c1.getArea();
        System.out.println("c1 的面积是: "+s);
        Circle c2 = new Circle();
        c2.setRadius(15);
        double perimeter = c2.getPerimeter();
        System.out.println("c2 的周长是: "+ perimeter);
    }
}
```

3.4 包

包(package)是 Java 语言提供的一种区分类名字命名空间的机制，它是类的一种文件组织和管理方式，是一组功能相似或相关的类或接口的集合。包提供了访问权限和命名的管理机制，它是 Java 中很基础却又非常重要的一个概念。前面定义的类没有使用包，实际开发中应该定义包，让每

3-4 包

个类属于一个包，否则 Java 会把没有包的类放到一个默认包中，别的包中的类没法调用它们。通过包的定义，可以起到两个作用：一是解决命名冲突问题，在同一个包中的类不能重名，但在不同包中的类可以重名；二是通过包及访问权限控制符可以限制不同包中类的访问权限。另外，在实际软件开发过程中，一般把功能相似或相关的类或接口组织在同一个包中，方便类或接口的查找和使用。

3.4.1 包的定义

包的定义格式为：

```
package 包名;
```

例如，把 Circle 类放到 ch3 包下，可以按照下面的代码来定义包：

```
package ch3;
public class Circle{...//类体的定义省略 }
```

关于包的定义，需要注意以下问题。

(1) package 语句必须是有效代码的第一行。

(2) 一个 Java 源代码文件中只能写一个 package 语句，该文件中的所有类都属于这个包。

(3) 包名可以是用“.”分隔，形成“包名.子包名.子包名…子包名”的形式。

(4) 包名用小写，在磁盘上体现为文件夹，子包名体现为子文件夹。

有了包之后，Java 的程序结构如下：

```
package 包名;
import 包名.类名;
import 包名.类名;
...
[public] class 类名{ ... }
...
[public] class 类名{ ... }
```

程序结构说明如下。

(1) package 语句放在第一行，且只能有一个 package 语句。

(2) 如果类中使用到了其他包中的类，可以写 import 语句。import 语句必须放在 package 语句之后、类的定义之前。如果引入多个包中的类，可以写多行 import 语句。可以用“包名.*”表示引入该包名里的所有类，但不包括子包中的类。

(3) 类的定义要放在 import 语句的后面。一个 Java 源文件可以包括多个类的定义，但是只有一个类可以定义成 public。如果另一个类也需要定义成 public，则必须单独再建一个 Java 源程序文件。

【例 3-3】编写一个长方形类 Rectangle，具有长 x 和宽 y 两个属性，具有求面积的方法 getArea()和求周长的方法 getPerimeter()，同时具有带两个参数的构造方法和无参数的构造方法，以及相应的 set、get 方法。在 main()方法中要求从键盘中输入长和宽的值，然后用输入的长和宽创建一个长方形 r1，并输出 r1 的面积和周长。具体代码如下：

```
package ch3;
import java.util.Scanner;
public class Rectangle {
    private double x,y;                   //属性 x 代表矩形的长，属性 y 代表矩形的宽
    public double getX() {                //获得属性 x 的值的 get 方法
        return x;
    }
    public void setX(double x) {          //给属性 x 赋值的 set 方法
        this.x = x;
    }
    public double getY() {                //获得属性 y 的值的 get 方法
        return y;
    }
    public void setY(double y) {          //给属性 y 赋值的 set 方法
        this.y = y;
    }
    public double getArea() {  return x*y;  }
    public double getPerimeter() {  return 2*(x+y);  }
    public Rectangle(double x, double y) {      //构造方法，给 x、y 赋值
        this.x = x;
        this.y = y;}
    public Rectangle() {
        this.x = 2;
        this.y = 1;  }
    public static void main(String args[]){
      Scanner sc = new Scanner(System.in); //创建一个从控制台读入数据的对象 sc
      double x = sc.nextDouble();   //从控制台输入一个 double 值，并存入 x 变量
      double y = sc.nextDouble();   //从控制台输入一个 double 值，并存入 y 变量
      sc.close();                   //关闭读入流对象 sc
      Rectangle r1 = new Rectangle(x,y);    //利用 x、y 作为长和宽来创建矩形 r1
      System.out.println("r1 的面积是: "+r1.getArea());
                  //调用 r1 的计算面积的方法
      System.out.println("r1 的周长是: "+r1.getPerimeter());
                  //调用 r1 的计算周长的方法
    }
}
```

上面代码中用到了从控制台读入数据的类 Scanner，Scanner 类在 java.util 包下，所以需要导入 Scanner 类，导入语句为：

```
import java.util.Scanner;
```

3.4.2　带包类的编译和运行

定义了包之后，类的全称应该是“包名.类名”。例如，前面的 Circle 类和 Rectangle 类都在 ch3 包下，则全称是 ch3.Circle 和 ch3.Rectangle。其中，包名 ch3 在磁盘上表现为一个 ch3 文件夹。此时环境变量 classpath 应包含包名所在的文件夹，比如，准备把编译后的程序放在 D:\myjava 文件夹下，则实际的部署为：

```
D:\myjava\ch3\Circle.class
D:\myjava\ch3\Rectangle.class
```

环境变量 classpath 的内容应该是：

```
classpath=D:\myjava;
```

不能写成：

```
classpath=D:\myjava\ch3;
```

即 classpath 应该定义成包名 ch3 所在的文件夹。

当然，这里只是写了一个文件夹，实际上 classpath 可能包括多个文件夹，每个包所在的文件夹都要写到 classpath 变量里，用英文分号“;”分隔开。

在命令行下编译时有两种方法。

(1) 用带参数的编译命令，格式如下：

```
javac  -d  编译后包名所在的文件夹  要编译的源程序
```

例如，要把编译后的 Circle 类及其包放到 D:\myjava 文件夹下，其中源程序 Circle.java 如果放在 E:\src 文件夹下，则编译命令写法为：

```
javac  -d  D:\myjava  E:\src\Circle.java
```

此时，如果 ch3 文件夹不存在，则自动创建，同时将 ch3 文件夹放到 D:\myjava 文件夹下，将 Circle.class 文件放到 ch3 文件夹下。

(2) 用普通编译命令，然后手动创建包名所对应的文件夹。

例如，把编译后的 Circle 类及其包放到 D:\myjava 文件夹下，其中源程序 Circle.java 如果放在 E:\src 文件夹下，则编译命令写法为：

```
javac  E:\src\Circle.java
```

然后手动在 D:\myjava 文件夹下创建 ch3 文件夹，并将编译后的 Circle.class 文件移动到 D:\myjava\ch3 文件夹下。

编译成功并部署后就可以运行了，运行使用如下的命令：

```
java  ch3.Rectangle;
```

运行时需要写类的全称，即包括包名。同时类中必须有 main 方法才能运行。

Rectangle 类运行时输入 3 和 5，则结果如下：

```
r1 的面积是：15.0
r1 的周长是：16.0
```

即输入长和宽的值 3、5，得到 r1 的面积和周长分别是 15.0、16.0。

3.5 方法的参数传递

Java 中方法的参数有 4 种类型，分别是值参数、引用参数、数组参数和可变参数。

3-5 方法的参数传递规则

(1) 基本类型的参数是值参数。调用方法时，外部变量(也就是实参)把值赋给形参，形参在方法体内起作用，如果方法体内修改了形参的值，方法外的实参的值不受影响。

(2) 对象类型的参数是引用参数，对象参数保存的是对象的地址。调用方法时，外部的实参把地址传递给引用类型的形参，此时形参和实参指向的是同一个对象，因此，在方法体内修改了形参指向的对象的值，则实参对应的对象的值也改变了。

(3) 数组参数保存的也是地址，因而同引用参数一样，当方法体内修改了形参数组元素的值时，实参对应的数组元素的值也改变了。

(4) 可变参数是指在方法的参数定义时使用了“...”来表示的参数，这种参数允许方法调用时传递多个实参给这个可变参数。方法的参数中只允许出现一个可变参数。如果方法的参数中既有固定参数又有可变参数，则可变参数必须放在参数列表的最后。调用方法时，可变参数既可以传递参数列表(用逗号分隔的参数)，也可以传递数组。如果传递的是参数列表，则形参值的改变不影响实参的值；如果传递的是数组，则形参数组的值改变了，实参的值也会改变。

下面用一个实现数据交换的例子，来演示方法的调用情况。

【例 3-4】参数的传递例子。具体代码如下：

```
package ch3;
public class ParameterDemo {
    public void swap(int a,int b){  //a、b 是值参数，swap 的作用是把 a、b 的值交换
        int temp = a;
        a = b;
        b = temp;
    }
    public void swap(Data data){
        //data 是引用参数，是一个对象，包含 a、b 两个成员变量
        //swap 的作用是把 data 对象的 a、b 的值交换
        int temp = data.a;
        data.a = data.b;
        data.b = temp;
    }
    public void swap(int a[]){
        //a 是数组参数，swap 的作用是把数组 a 的元素倒序排列
        int temp;
        for(int i=0;i<a.length/2;i++){
            temp = a[i];
            a[i] = a[a.length-1-i];
            a[a.length-1-i] = temp;
        }
    }
    public void swap(int a,int b,int ...x){
        //a、b 是值参数，x 是可变参数
        //swap 的作用是把 a、b 的值互换，把可变参数 x 的元素倒序排列
        //在方法体内，实际上是把可变参数 x 当作数组来用
        int temp = a;
        a = b;
        b = temp;
        for(int i=0;i<x.length/2;i++){
            temp = x[i];
            x[i] = x[x.length-1-i];
            x[x.length-1-i] = temp;
```

```
        }
    }
    public static void main(String[] args) {
        int m=1,n=2;
        Data data = new Data(1,2);
        int array1[]={3,4}, array2[]={3,4};
        ParameterDemo demo = new ParameterDemo();
        demo.swap(m,n);           //值参数调用
        System.out.println("(m,n)=("+m+","+n+")");
        demo.swap(data);          //引用参数调用
        System.out.println("(data.a,data.b)=("+data.a+","+data.b+")");
        demo.swap(array1);        //数组参数调用
        System.out.println("(array1[0],array1[1])=
                          ("+array1[0]+","+array1[1]+")");
        demo.swap(m,n,array2); //可变参数调用，固定参数+数组参数，数组参数会变
        System.out.println("(m,n,array2[0],array2[1])=
                          ("+m+","+n+","+array2[0]+","+array2[1]+")");
        int x=3,y=4;
        demo.swap(m,n,x,y);       //可变参数调用，固定参数+基本类型变量参数，都不会变
        System.out.println("(m,n,x,y)=("+m+","+n+","+x+","+y+")");
    }
}
class Data{
    int a,b;
    public Data(int a,int b){
        this.a=a;
        this.b=b;
    }
}
```

运行后结果如下：

```
(m,n)=(1,2)
(data.a,data.b)=(2,1)
(array1[0],array1[1])=(4,3)
(m,n,array2[0],array2[1])=(1,2,4,3)
(m,n,x,y)=(1,2,3,4)
```

可以看到，值参数调用时不影响实参 m、n 的值。

引用参数调用时，方法体内把 data 的 a、b 属性值交换了，外部实参 data 的 a、b 值也交换了。

数组参数调用时，方法体内把数组 a 的元素倒序排列了，外部实参 array1 的元素倒序排列了。

可变参数调用时，固定参数部分不受影响。可变参数部分，如果实参是数组，则方法体内把数组倒序排列了，实参也会倒序排列；如果可变参数是基本类型变量，则实参不会变。

3.6 案例实训：模拟银行存/取款程序

本节通过一个综合案例来加深对面向对象的理解，掌握面向对象程序设计的思路。

1. 题目要求

编写一个模拟银行账户的程序，要求能够完成开户、存钱、取钱、转账功能，每个账户要求记录开户时间、开户时存入的金额、账号、账户名称信息，并完成以下业务。

(1) 给张三开户，账号为“001”，户名为“张三”，开户时存入1000元。

(2) 给李四开户，账号为“002”，开户时存入1000元，户名为“李四”。

(3) 张三又存入2000元，李四取走500元，张三转账给李四300元。

(4) 最后显示张三和李四账户中的余额。

2. 题目分析

看到这个题目，应该如何下手呢？

面向对象编程，就是将现实事物抽象为面向对象的程序的过程。

(1) 应该分析题目描述中包括哪些事物、哪些功能，可以抽象出哪些类。一般来说，具有类似特点的一些事物可以抽象出一个类，详细描述这些事物的名词可以定义成类的属性，而那些功能或动作描述可以定义成类的方法。

(2) 应该分析清楚，哪些步骤是定义类的过程，哪些是运行的步骤，即需要在main()方法中执行的步骤。通过仔细审视题目描述，显然张三和李四的开户、存钱、取钱和转账是实际运行过程，应该在main()方法中调用。

通过本题目可以看出，核心概念是账户，所以可以将账户定义成一个类，比如命名为Account。每个账户包括哪些属性呢？题目说每个账户要求记录开户时间、开户时存入的金额、账号、账户名称信息，这些显然就是账户的属性。账户类具有什么方法呢？通过题目描述“要求能够完成开户、存钱、取钱、转账功能”，这就是账户的功能，应该定义成类的方法。其中开户实际上就是创建对象，在这里我们应该定义成构造方法，开户时存入的金额，就是构造方法的参数，当然，构造方法还要记录开户时间、账号、账户名称等。

3. 程序实现

根据上面的分析，程序的实现步骤如下。

(1) 设计账户类Account。具体代码如下：

```
package ch3;
import java.util.Date;
public class Account {
    private String id,name;     //账户编号、账户名称
    private double balance;     //账户余额
    private Date datetime;      //开户时间
    public String getId() {return id;}
    public void setId(String id) {this.id = id;}
    public String getName() {return name;}
    public void setName(String name) {this.name = name;}
    public double getBalance() {return balance;}
    public void setBalance(double balance) {this.balance = balance;}
    public Date getDatetime() {return datetime;}
    public void setDatetime(Date datetime) {this.datetime = datetime;}
    public Account(String id, String name, double balance) {
        this.id = id;
        this.name = name;
```

```
        this.balance = balance;
        this.datetime = new Date();     //开户时间采用系统时间
    }
    public Account(){
        this.id = "";          //id 默认为空，需要在 main 方法中用 setId 来赋值
        this.name = "";        //name 默认为空，需要在 main 方法中用 setName 来赋值
        this.balance = 0;      //balance 默认为 0，开户时没有存入
        this.datetime = new Date();     //datetime 默认为当前的时间
    }
    //存钱的方法，参数 money 为要存入的钱数
    public void deposite(double money){this.balance=this.balance+money;}
    //取钱的方法，参数 money 为要取出的钱数
    public void withdraw(double money){
        if(this.balance<money){
            System.out.println("您的余额不足，不能取钱");
            return;
        }
        this.balance = this.balance-money;       //当前账户的余额减去 money
    }
    //转账方法，当前账户对象转给 other 账户对象，money 是要转的金额
    public void changeMoney(Account other, double money){
        if(this.balance<money){
            System.out.println("您的余额不足，不能转账");
            return;
        }
        this.balance = this.balance-money;       //当前账户的余额减去 money
        other.balance = other.balance+money;     //other 账户的余额加上 money
    }
    //print()方法完成显示账户基本信息的功能
    public void print(){
        System.out.println("账号："+id+"  户名："+name+"   余额："+balance);
    }
}
```

上面的代码完成了账户类 Account 的定义。

(2) 设计 main()方法。

下面开始编写 main()方法，即调用 Account 类来完成开户、取钱、存钱、转账的具体业务。main()方法可以放在 Account 类中，也可以单独放在一个类中，比如放在 Bank 类中。Bank 类代表银行，下面我们放在 Bank 类中，具体代码如下：

```
public class Bank {
    public static void main(String[] args) {
        Account zhangSan = new Account("001","张三",1000);  //给张三开户
        Account liSi = new Account("002","李四",1000);      //给李四开户
        zhangSan.deposite(2000);                 //张三存钱 2000 元
        liSi.withdraw(500);                      //李四取钱 500 元
        zhangSan.changeMoney(liSi,300);          //张三转账给李四 300 元
        System.out.println("张三的余额是："+zhangSan.getBalance());
        System.out.println("李四的余额是："+liSi.getBalance());
    }
}
```

以上代码完成了具体办理业务的过程，注释也写得很详细，这里就不再解释了。

本章小结

本章介绍了类和对象的概念，要求大家能够分清什么是类，什么是对象，什么是成员变量(也称为属性)，什么是成员方法，能够理解抽象、封装、继承和多态的含义，介绍了如何用 Java 语言定义类，以及 Java 类的结构，要求了解包的定义、包的作用，带包类的编译和运行方法，同时，能够根据现实事物抽象出类、属性和方法，把现实问题转化为 Java 代码。最后通过一个模拟银行账户存/取款的例子，加深读者对面向对象程序设计的理解。

本章中容易出错的地方有以下几点。

(1) 将 public 关键字写成了 Public。

(2) 把代码写在了类的外面。

(3) 在类体内、方法外写了不是定义属性变量的普通 Java 代码。

(4) 一个源程序文件中写了两个及以上的 public 的类。

(5) Java 源程序文件中有一个 public 类，但文件名没有用 public 类的名字。

(6) get()方法不应该有参数，但写了参数；set()方法应该写参数，但没有写参数。

习题

一、问答题

1. 面向对象的 4 个基本特征是什么？如何理解它们？
2. Java 源程序的结构是什么？
3. 成员变量应该放在什么位置定义？方法内定义的变量是成员变量吗？
4. 如何创建对象？this 代表什么？
5. 包的作用是什么？带包类如何执行？环境变量 classpath 如何配置？

二、编程题

编写一个三角形类，要求能够计算三角形的面积和周长。从键盘输入一个三角形 3 条边的长度，并用这 3 条边创建一个三角形对象，输出此三角形对象的面积和周长。

第4章 继承

本章要点

(1) 继承的用法;
(2) this、super 的用法;
(3) 变量隐藏和方法覆盖;
(4) static、final 的使用;
(5) 访问控制符;
(6) 类变量和实例变量、类方法和实例方法。

学习目标

(1) 理解继承的概念，能够区分父类和子类，并根据实际问题抽象出父类、子类;
(2) 掌握在子类中变量对父类同名变量的隐藏和子类方法对父类同名方法的覆盖的含义;
(3) 掌握 this 和 super 的含义及其用法;
(4) 掌握访问控制符的用法和作用;
(5) 掌握类变量、实例变量和局部变量的含义和用法;
(6) 掌握类方法、实例方法的含义和用法;
(7) 掌握 final 修饰符和 static 修饰符的作用;
(8) 掌握对象的初始化顺序。

4.1 继承的概念

所谓继承，是指子类(也称为派生类)从它的父类(也称为基类)中继承可访问的数据成员和方法，是一种代码重用的手段。

4-1 继承的用法及 this 和 super 的用法

面向对象里的继承类似于现实中的继承，孩子继承了父母的基因，拥有了父母的财产。但是又有所不同，现实中的继承往往是父母生了孩子，孩子才继承父母的东西，体现的是生育的关系；而面向对象中的继承概念不一样，它体现的是“特殊”和“一般”的关系，体现的是“is a”的关系。例如，动物是一个类，狗也是一个类，狗是一种特殊的动物，即 Dog is an Animal。这里动物是父类，狗是子类。依此类推，泰迪狗是狗的子类，当然也是动物的子类。

父类包含了所有子类共有的属性和方法，不应该包含任何特定于某个子类的属性或方法。子类是特殊的父类，除了继承父类的属性和功能外，还具有自己特有的属性和方法。因此，子类通常比父类具有更多和更强大的功能，有一种超越父类的意义。例如，动物可能具有名字、重量、颜色和年龄等属性，以及吃饭和活动等方法，但不能具有翅膀属性或飞行方法，因为这不是所有动物都具有的属性和方法，只有属于飞行类动物的子类才具有这些属性和方法。相反，狗作为子类可以增加叫喊、跑和看门等方法。

以人、学生、教师、警察为例，他们之间的关系如图 4-1 所示。

人类具有身份证号、姓名、性别 3 个属性，有吃饭、睡觉、走路 3 个方法。学生类继承了人类，除了有人类的 3 个属性和 3 个方法外，又增加了学号、班级、成绩 3 个属性和上课、考试两个方法。教师类也继承了人类，又增加了教工编号、职称、工资编号 3 个属性和讲课、批卷两个方法。警察类继承了人类，又增加了警察编号、所属部门、警衔 3 个属性和执勤、训练两个方法。

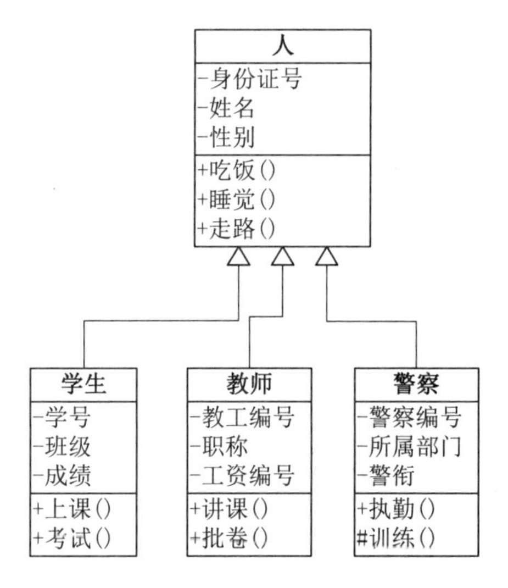

图 4-1　人、学生、教师、警察的继承关系

图 4-1 是一个 UML 类图，其中人是父类，学生、教师和警察都是人类的子类。继承用一个空心箭头表示，箭头方向指向父类，箭尾指向子类。一个类用 3 个上下叠加在一起的矩形框表示，最上面的框表示类名，中间的框表示属性，下面的框表示方法。其中，“-”表示私有(private)，“+”表示公有(public)，“#”表示受保护(protected)。public、private、protected 的含义在后面会介绍。

4.2 Java 中的继承

Java 中继承的语法格式如下：

```
[类修饰符] class 子类名 extends 父类名 {
    成员变量定义;
```

```
    成员方法定义;
}
```

说明如下。

◎ 类修饰符(modifier)：跟普通类的定义一样。

◎ extends：表示扩展、继承的意思，extends 前面是子类名，后面跟父类名。

子类自动拥有了父类中定义的变量和方法，不需要再重新定义，只需要定义子类自己独有的属性和方法即可。

【例 4-1】人类和学生类的定义。保存在 Person.java 和 Student.java 文件中的代码如下：

```
public class Person {
    private String id, name, sex;   //身份证号、姓名、性别
    public String getId() {
        return id;
    }
    public void setId(String id) {
        this.id = id;
    }
    public String getName() {
        return name;
    }
    public void setName(String name) {
        this.name = name;
    }
    public String getSex() {
        return sex;
    }
    public void setSex(String sex) {
        this.sex = sex;
    }
    public Person(String id, String name, String sex) {
        this.id = id;
        this.name = name;
        this.sex = sex;
    }
    public Person() {  this("","无名氏","男");  }
    public void eat(String food){   //吃饭的方法
        System.out.println("我今天吃的是"+food);
    }
    public void sleep(int time){   //睡觉的方法
        System.out.println("我今天睡了"+time+"小时");
    }
    public void walk(int distance){   //走路的方法
        System.out.println("我今天走了"+distance+"米");
    }
}
public class Student extends Person {   //学生类继承了人类
    //新添加 3 个属性变量
    private  String  studentId, className;
    private  double  score;
    //新添加的属性 studentId、className，score 变量对应的 set 和 get 方法略
```

```
    public Student(String id, String name, String sex, String studentId,
String className, double score) {
    //子类有 6 个属性变量，其中 id、name、sex 通过父类的构造方法来赋值
        super(id, name, sex);   //调用父类的构造方法，必须写在第一行
        this.studentId = studentId;
        this.className = className;
        this.score = score;
    }
    public Student() {super()};   //调用父类的构造方法
    //增加的上课方法
    public void startCourse(String courseName){
        System.out.println("我今天上的课是:"+courseName);
    }
    //增加的考试方法
    public void test(String courseName){
        System.out.println("我正在考试的试卷科目是:"+courseName);
    }
}
```

子类 Student 中除了 set、get 方法外，还拥有 5 个功能方法，其中吃饭、睡觉、走路方法是从父类继承的。Student 类中除了新定义的 3 个属性变量外，其实也有父类里定义的 3 个属性变量，只不过因为在父类中定义成了 private 的，因此在 Student 类中不可见，不能直接使用，只能通过继承过来的相应的 get、set 方法来访问父类中定义的私有属性变量。

Java 子类可以继承父类中除了 private 属性(私有属性)以外的所有属性变量。但子类对象的内存中是有父类中定义的私有变量的。子类继承父类时，需要注意以下 3 点。

(1) 在子类继承父类的时候，子类的构造方法必须调用父类的构造方法。

(2) 如果父类有默认无参数构造方法，子类实例化时会自动调用。如果父类没有默认无参数构造方法，子类构造方法必须显式地通过 super 调用父类的有参数构造方法。

(3) 子类不能继承父类的构造方法，只能调用父类的构造方法。

4.3 this 与 super

一个子类对象的属性和方法实际上包括两部分，一部分是在父类中定义的，一部分是自己新添加的。其中从父类带过来的那部分属性和方法，可以用 super 来引用，自己新定义的用 this 来引用。因此 super 指代的是父类对象，this 指代的是当前对象。但是，从父类带过来的属性和方法也是子类的一部分，所以如果在父类和子类中没有重名的话，实际上都可以用 this 来引用。如果有重名的属性或方法，则需要用 super 和 this 来区分，super 表示父类部分，this 表示子类自己新定义的属性或方法。

4.3.1 this 的用法

this 主要有 3 种用法。

(1) 用 this 来引用当前对象的成员变量或成员方法。

在 Person 类中增加一个 print 方法，目的是打印输出 id、name、sex 这 3 个属性值，代

码如下：

```
public void print(){
    System.out.println("id:"+id);
    System.out.println("name:"+this.name);
    System.out.println("sex:"+this.sex);
}
```

这里输出 name 和 sex 时使用了 this 来引用，而 id 没有使用 this，实际上这里用不用 this 都可以，因为 id、name、sex 都没有重名的，都是指 Person 类中定义的实例变量。我们再来看 setName 方法的定义：

```
public void setName(String name) {this.name = name;}
```

setName()方法的形参中定义了一个 name 局部变量，名字跟 Person 类的实例变量 name 一样，此时在方法体内，如果不特别说明，则 name 指的是局部变量。为了把 name 的值赋给实例变量 name，就需要明确使用 this.name 来表示实例变量，所以写成“this.name=name;”。

(2) 用 this 来调用类中的另一个构造方法。

例如，Person 中的无参数构造方法的定义如下：

```
public Person() {this("","无名氏","男");}
```

这里使用了“this("","无名氏","男");”，实际上就是调用 Person 的带 3 个参数的构造方法，把空字符串传递给 id，把“无名氏”传递给 name，把“男”传递给 sex。注意，调用本类的另一个构造方法必须使用 this，不能使用“Person("","无名氏","男");”。

(3) 把 this 当作参数传递给其他方法。

```
public class A {
    //A类中定义了 add 方法，能够计算两个数的和
    public double add(double a,double b) { return a+b; }
    //A类中的 substract 方法可以调用 B 类中的 substract 方法来实现计算两个数的差
    public double substract(double x,double y){
        B b = new B(this);
        //把当前对象传递给 B 的构造方法，这样 B 中的 a 属性就是当前对象 this
        return b.substract(x, y);    //调用 b 的 substract 方法
    }
}
public class B {
    A a;    //a 为 B 类中的属性，是 A 类型的
    public B(A a) { this.a = a; }
    //B 中定义了 substract 方法，能够计算两个数的差
    public double substract(double a,double b) { return a-b;}
    //B 中的 sum 方法目的是计算两个数的和，可以调用 A 中编好的 add 方法
    public double sum(double x,double y){ return a.add(x,y);   //调用 a 的 add 方法}
}
```

A 类中已经有了 add 方法，B 类中已经有了 substract 方法，通过把 this 当作参数传递给 B，这样 A 类和 B 类可以互相调用对方已经编好的方法。当然为了演示，这里的 add 和 substract 方法都很简单，如果是复杂的方法，则可以明显降低代码量。

4.3.2 super 的用法

super 主要有两种用法。

(1) 引用父类的成员变量或成员方法。

在 Student 类中增加 print 方法，目的是输出 Student 对象的所有属性值。具体代码如下：

```
public void print(){
    System.out.println("id:"+super.getId());
    System.out.println("name:"+ super.getName());
    System.out.println("sex:"+ super.getSex());
    System.out.println("studentId:"+this.studentId);
    System.out.println("className:"+this.className);
    System.out.println("score:"+this.score);
}
```

注意，上面代码中打印 id、name、sex 属性值的语句使用的是 super.getId()、super.getName()、super.getSex()，而不是 this.id、this.name、this.sex，因为 id、name、sex 是 private 的，只能在 Person 类中访问，不能在其他类中使用。但是父类 Person 为这 3 个属性定义了相应的 get 方法，而且是 public 的，所以子类中可以使用“super.”来调用父类的成员方法。

实际上，由于 Student 类已经继承了 Person 类中的 getId()、getName()、getSex()方法，子类中就有了这 3 个方法，而且子类没有再定义这 3 个方法，即没有重名的，所以完全可以用 this.getId()、this.getName()、this.getSex()来调用，而且 this 可以省略，直接简写成 getId()、getName()、getSex()。

我们把 print 方法再修改一下，代码如下：

```
public void print(){
    super.print();   //调用父类的 print 方法来输出 id、name、sex 属性值
    System.out.println("studentId:"+this.studentId);
    System.out.println("className:"+this.className);
    System.out.println("score:"+this.score);
}
```

此时，在输出 id、name、sex 属性值时，使用的是 super.print()，因为父类中已经定义了 print 方法，能够输出 id、name、sex 属性值，所以可以直接调用。但是这里的 super 不能改成 this，因为子类中也定义了 print 方法，两个方法重名了，如果不写 super，则默认调用的是子类的方法。

(2) 调用父类的构造方法。

构造方法不能被子类继承，子类只能在子类的构造方法中调用父类的构造方法，而且必须调用父类的构造方法，调用语句必须写在子类构造方法的第一行。

我们再来看一下 Student 的一个带 6 个参数的构造方法。具体代码如下：

```
public Student(String id, String name, String sex, String studentId, String
className, double score) {
//子类有 6 个属性变量，其中，id、name、sex 通过父类的构造方法来赋值
    super(id, name, sex);   //调用父类的构造方法
    this.studentId = studentId;
```

```
    this.className = className;
    this.score = score;
}
```

其中，“super(id, name, sex);”就是通过调用父类的带 3 个参数的构造方法来完成 id、name、sex 属性的初始化，然后再给自己新定义的 3 个属性赋值。这里必须把调用父类的构造方法语句写在第一行，因为子类对象包括两部分，一部分是继承自父类的，另一部分是自己新添加的，必须先完成继承的父类那部分内容的创建，然后再完成子类新添加部分内容的创建。

4.4 继承时的覆盖与隐藏

当子类定义了跟父类同名的属性或方法时，会有什么样的表现呢？下面来看一个例子。

4-2 变量的隐藏和方法的覆盖

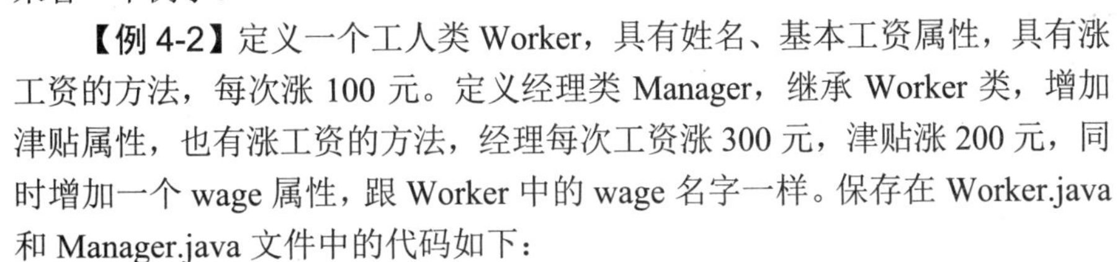

【例 4-2】定义一个工人类 Worker，具有姓名、基本工资属性，具有涨工资的方法，每次涨 100 元。定义经理类 Manager，继承 Worker 类，增加津贴属性，也有涨工资的方法，经理每次工资涨 300 元，津贴涨 200 元，同时增加一个 wage 属性，跟 Worker 中的 wage 名字一样。保存在 Worker.java 和 Manager.java 文件中的代码如下：

```
public class Worker {
    private String name;   //姓名
    private double wage;   //基本工资
    //name、wage 对应的 get 和 set 方法略
    public Worker(String name, double wage) {
        this.name = name;
        this.wage = wage;
    }
    //涨工资的方法，每次调用 increase 方法，工资增加 100 元
    public void increase(){ this.wage=this.wage+100;}
    public void print(){System.out.println(name+" wage:"+wage);}
}
public class Manager extends Worker{
    private double allowance;   //经理的津贴
    private double wage;        //经理的工资
    //allowance、wage 对应的 set 和 get 方法略
    public Manager(String name, double wage, double allowance) {
        super(name, wage);
        this.allowance = allowance;
    }
    //涨工资的方法，每次调用 increase 方法，工资增加 300 元，津贴增加 200 元
    public void increase(){
        this.wage=this.wage+300;
        this.allowance=this.allowance+200;
    }
    public void print(){
        System.out.println(getName()+" wage:"+wage);
        System.out.println(getName()+" super wage:"+super.getWage());
```

```
        System.out.println(getName()+" allowance:"+allowance);
    }
    public static void main(String args[]){
        Worker w1 = new Worker("张三",2000);
        w1.increase();
        w1.print();
        Manager w2 = new Manager("李四",2000,500);
        w2.increase();
        w2.print();
        Worker w3 = new Manager("王五",2000,500);
        w3.increase();
        w3.print();
    }
}
```

运行后，main 方法的输出结果如下：

```
张三 wage:2100.0
李四 wage:300.0
李四 super wage:2000.0
李四 allowance:700.0
王五 wage:300.0
王五 super wage:2000.0
王五 allowance:700.0
```

可以看到 w1 的工资初始时是 2000，调用 increase 方法后，变成了 2100。

w2 是一个 Manager 类型的对象，创建对象时的初始工资给的也是 2000，调用 increase 方法后，得到的是 300.0，津贴从 500 变成了 700。津贴是跟想象的一样，但工资为什么是 300.0 呢？

来看一下代码：

```
Manager w2 = new Manager("李四",2000,500);
```

Manager 类的构造方法如下：

```
public Manager(String name, double wage, double allowance) {
    super(name, wage);
    this.allowance = allowance;
}
```

2000 赋给了形参 wage，wage 通过“super(name, wage);”把 2000 传给了 Worker 类的 wage，而 Manager 类中定义的 wage 并没有改变，还是初始值 0.0。

再看 w2 的 increase 方法：

```
public void increase(){
    this.wage = this.wage+300;
    this.allowance = this.allowance+200;
}
```

wage 从 0.0 又增加了 300，因而 w2 的 wage 现在是 300，显然 w2 调用的是 Manager 类里定义的 increase 方法。

再看输出语句：

```
public void print(){
    System.out.println(getName()+" wage:"+wage);
    System.out.println(getName()+" super wage:"+super.getWage());
    System.out.println(getName()+" allowance:"+allowance);
}
```

第 1 行输出的是 wage，结果是 300，因而是子类 Manager 里定义的属性。

第 2 行输出的是 super.getWage()，是父类 Worker 中定义的 wage。

w3 是一个 Worker 类型的对象，按说应该调用 Worker 里定义的 increase 方法和 print 方法，但输出的结果跟 w2 完全一样，这说明，w3 调用的仍然是 Manager 类里定义的 increase 方法和 print 方法，因为 w3 创建对象使用的是 Manager 的构造方法，是按照 Manager 的定义来创建的对象，它的内存里保存的实际是 Manager 类里定义的 increase 方法和 print 方法。

由上述分析可以看出，当父类和子类的属性名字一样时，在子类中默认使用的是子类定义的属性，除非明确使用 super 来调用，所以在子类对象的内存里实际上有两个同名的变量，默认使用的是子类的变量，这种现象称作子类变量隐藏了父类的同名变量。

当父类和子类定义的方法名一样时，子类对象内存里只有子类定义的方法，不再有父类定义的方法，这种现象称作子类的方法覆盖了父类的同名方法。

4.5 访问控制符

前面在定义类时使用了 public，定义属性时使用了 private，定义方法时使用了 public，它们都是 Java 的访问权限控制符。Java 一共定义了 4 种访问权限控制符：private、默认访问权限、protected、public。通过权限控制符和包能够控制访问权限。

4-3 访问控制符

1. private

private 控制符可以用来修饰成员变量、成员方法、构造方法及内部类(内部类是定义在另一个类里面的类，跟成员变量一样属于另一个类的成员)。private 修饰的成员只能被它所属的类内的其他方法访问，不能被该类以外的其他类访问。

2. 默认访问权限

默认访问权限也称为包访问权限，不写访问控制符的就是默认访问权限。默认访问权限可以用来修饰成员变量、成员方法、构造方法、类和接口。默认访问权限定义的内容可以被同一个包中的类访问，包括它本身，但不能被别的包中的类访问。

3. protected

protected 控制符可以用来修饰成员变量、成员方法、构造方法及内部类。protected 修饰的成员可以被同一个包内的其他类访问；不同包，如果是它的子类也可以访问，其他包中不是它的子类的类不能访问。

4. public

public 控制符可以用来修饰成员变量、成员方法、构造方法、类和接口。public 修饰的成员可以被任何类访问，无论是否在同一个包内。

类和类成员都存在访问级别的定义。对于普通外部类来说，只有 public 和默认访问权限两种，不能使用 protected 和 private 修饰符。

4.5.1 定义类的访问权限

【例 4-3】定义 Woman、Man、Customer 三个类来演示类的访问权限。

将 Woman 类的访问级别定义为 public，将 Man 类的访问级别定义为默认方式。代码文件为 Woman.java。具体代码如下：

```
package ch4;
public class Woman   //Woman 类的访问权限是 public
{
    private String name;
    public int age;
}
class  Man{   //Man 类的访问级别是默认方式，即包访问权限
    String name;
    public int age;
}
//Customer 类可以访问 Woman 和 Man
class Customer{
    void show() {
        Woman girl = new Woman();     //可以访问
        Man boy = new Man();          //Customer 与 Man 在同一个包中，可以访问
    }
}
```

此时，如果把 Customer 类放到 ch5 包下，则“Man boy = new Man();”不能访问，因为 Man 类使用的是默认权限，也叫包访问权限，只有同一包下的类才能访问它。

注意

(1) 类的访问权限只影响类的可见性。

(2) 类的权限是默认的，其他类要访问它的前提是两个类必须在同一个包中。

(3) 如果类的权限是公有的，则在任何情况下，其他类都可以访问公有权限的类。

Man 类的权限是默认方式，因此，只有当 Customer 类与 Man 类在同一个包中时，类 Customer 才能访问 Man 类，即创建 Man 对象。

4.5.2 类的成员访问权限

类的成员访问级别从高到低的排列顺序是：public、protected、默认、private。

根据上面的描述，访问控制实际上是由权限控制符和访问者与被访问者的位置关系决定的。访问者和被访问者的位置关系包括：同一个类中、同一个包中、不同包但是子类访问父类、不同包普通类之间访问。访问权限的对比如表 4-1 所示。

表 4-1 访问权限的对比

权限控制符	同一个类	同一个包	不同包但是子类访问父类	不同包普通类之间访问
private	可以	不可以	不可以	不可以
默认	可以	可以	不可以	不可以
protected	可以	可以	可以	不可以
public	可以	可以	可以	可以

【例 4-4】同一个类中的调用示例。具体代码如下：

```
public class ClassDemo1 {
    private int priVar = 1;      //private 权限变量
    int var = 2;                 //默认权限变量
    protected int proVar = 3;    //protected 权限变量
    public int pubVar = 4;       //public 权限变量
    public static void main(String[] args) {
        ClassDemo1 demo1 = new ClassDemo1();
        System.out.println(demo1.priVar);
        System.out.println(demo1.var);
        System.out.println(demo1.proVar);
        System.out.println(demo1.pubVar);
    }
}
```

ClassDemo1 类中定义了 4 个变量和一个 main 方法，4 个变量权限分别是 private、默认、protected、public，在 main 方法中访问这 4 个变量，main 方法和 4 个变量都在同一个类中，因此都是可以访问的。

【例 4-5】同一个包但不同类之间的调用示例。具体代码如下：

```
package ch4;
public class ClassDemo2 {
    public static void main(String[] args) {
        ClassDemo1 demo1 = new ClassDemo1();
        //System.out.println(demo1.priVar);    //不能调用 demo1 对象的私有属性
        System.out.println(demo1.var);
        System.out.println(demo1.proVar);
        System.out.println(demo1.pubVar);
    }
}
```

ClassDemo2 类和 ClassDemo1 类在同一个包下，但是 ClassDemo2 类中的 main 方法不能调用 ClassDemo1 类中的 private 的变量，private 的变量只能在同一个类中被访问。

【例 4-6】不同包的普通类之间的调用示例。具体代码如下：

```
package ch5;
import ch4.ClassDemo1;
public class ClassDemo3 {
    public static void main(String[] args) {
        ClassDemo1 demo1 = new ClassDemo1();
        //System.out.println(demo1.priVar);    //不能调用 demo1 对象的私有属性
```

```
        //System.out.println(demo1.var);      //不能调用 demo1 对象的默认权限属性
        //System.out.println(demo1.proVar);   //不能调用 demo1 对象的protected属性
        System.out.println(demo1.pubVar);
    }
}
```

ClassDemo3 类在 ch5 包下，ClassDemo1 类在 ch4 包下，ClassDemo3 类和 ClassDemo1 类在不同包下，此时只有 ClassDemo1 类的 public 的变量可以被 ClassDemo3 类的 main 方法访问。

【例 4-7】不同包的子类调用父类示例。具体代码如下：

```
package ch5;
import ch4.ClassDemo1;
public class ClassDemo4 extends ClassDemo1{
    public static void main(String[] args) {
        ClassDemo1 demo1 = new ClassDemo1();
        //System.out.println(demo1.priVar);  //不能调用 demo1 对象的私有属性
        //System.out.println(demo1.var);     //不能调用 demo1 对象的默认权限属性
        //System.out.println(demo1.proVar);  //不能调用 demo1 对象的protected属性
        System.out.println(demo1.pubVar);
    }
    public void print(){
        //System.out.println(super.priVar);     //不能调用父类的 private 属性
        //System.out.println(super.var);        //不能调用父类的默认属性
        System.out.println(super.proVar);       //可以调用父类的protected属性
        System.out.println(super.pubVar);       //可以调用父类的 public 属性
    }
}
```

ClassDemo4 类和 ClassDemo1 类不在同一个包下，但 ClassDemo4 类是 ClassDemo1 类的子类，此时请观察其中的两行代码：

```
//System.out.println(demo1.proVar);      //不能调用 demo1 对象的 protected 属性
System.out.println(super.proVar);        //可以调用父类的 protected 属性
```

第 1 行代码位于 ClassDemo4 类的 main 方法中，要访问 demo1 的 proVar 变量。注意，虽然 ClassDemo4 类是 ClassDemo1 的子类，但是 demo1 是 ClassDemo1 类的对象，与 ClassDemo4 类没有任何关系。

第 2 行代码位于 ClassDemo4 类的 print 方法中，而 super.proVar 是 ClassDemo4 从父类 ClassDemo1 中继承过来的变量，相当于自己定义的一样。将来执行 print 方法时，一定是已经创建了 ClassDemo4 类的对象的，这个对象用 this 来表示，print 方法和 proVar 都是这个对象的成员，因此 print 方法是可以访问 proVar 变量的，实际上第二行代码可以写成：

```
System.out.println(this.proVar);
```

或者：

```
System.out.println(proVar);
```

通过以上例子可以看到，所谓的子类可以访问不同包下的父类的 protected 属性，实际上是指可以访问自己继承过来的父类的 protected 属性，而不是访问父类单独的对象的 protected 属性。

4.6 类变量、实例变量与局部变量

定义在类体内且在方法外的变量称为成员变量，定义在方法内的变量称为局部变量。

4-4 类变量与实例变量

4.6.1 成员变量

类的成员变量有两种：一种是类变量，一种是实例变量。定义成员变量时，若变量前有关键字 static，则称为类变量；若没有 static 关键字，则称为实例变量。类变量存储在类的公用区，属于类所有，所有该类的对象共享这个类变量；而实例变量属于对象所有，每个对象拥有自己独立的实例变量，保存在对象的内存中。

例如，定义一个 Circle 类，具有半径 radius 属性和一个记录 Circle 类所创建的对象的个数的类变量 numOfCircle。具体代码如下：

```
public class Circle {
    public static int numOfCircle = 0;  //类变量，保存 Circle 类所创建的对象的个数
    private double radius;  //半径，实例变量，为每个对象所有，存在对象的内存中
    public Circle(double radius){
        this.radius = radius;
        numOfCircle++;  //每创建一个对象，numOfCircle 自动增加 1
    }
    public static void main(String args[]){
        System.out.println("Circle.numOfCircle="+Circle.numOfCircle);
        Circle c1 = new Circle(2);
        System.out.println("Circle.numOfCircle="+Circle.numOfCircle);
        c1.radius = c1.radius+1;
        System.out.println("c1.radius="+c1.radius);
        Circle c2 = new Circle(10);
        System.out.println("Circle.numOfCircle="+Circle.numOfCircle);
        c2.radius = c2.radius+1;
        System.out.println("c2.radius="+c2.radius);
        System.out.println("c1.numOfCircle="+c1.numOfCircle);
        System.out.println("c2.numOfCircle="+c2.numOfCircle);
    }
}
```

运行结果如下：

```
Circle.numOfCircle=0
Circle.numOfCircle=1
c1.radius=3.0
Circle.numOfCircle=2
c2.radius=11.0
c1.numOfCircle=2
c2.numOfCircle=2
```

其中，radius 是实例变量，numOfCircle 是类变量。

当以 Circle 类为模板创建多个对象时，则每个对象都拥有自己独立的实例变量 radius，而所有对象共用同一个类变量 numOfCircle，内存分配如图 4-2 所示。

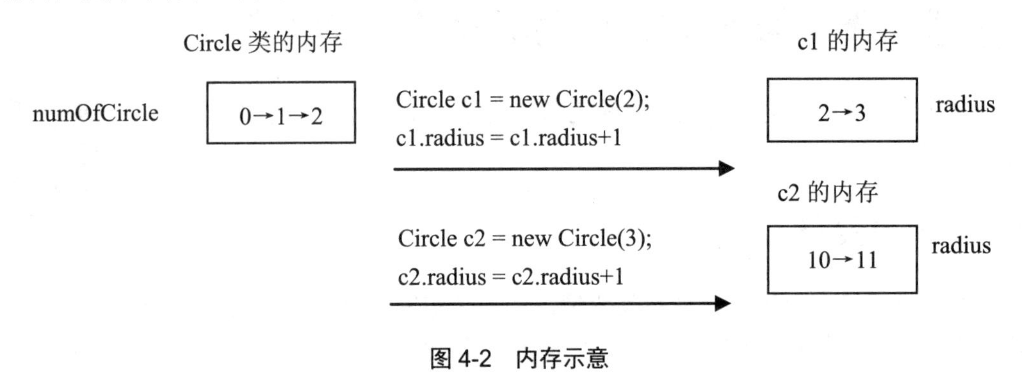

图 4-2　内存示意

Circle 类的 numOfCircle 初始值为 0，当创建了 c1 对象后，numOfCircle 变成了 1，当创建了 c2 对象后，numOfCircle 变成了 2。numOfCircle 是 static(静态)的，存在于 Circle 类的内存中，因而应该使用类名来引用，即 Circle.numOfCircle，当然 Java 也允许使用对象名来引用，即 c1.numOfCircle 或者 c2.numOfCircle，实际上都是同一个变量，所以都等于 2。

radius 变量属于实例变量，当创建了 c1 对象后，它才存在于 c1 的内存中，创建时由构造方法给它赋值 2，然后经过 c1.radius=c1.radius+1，c1.radius 变成了 3。

当创建了 c2 对象后，c2 的内存里也有一个 radius 变量，构造方法中给它赋值 10，然后经过 c2.radius=c2.radius+1，c2.radius 变成了 11。

可以看出来，c1.radius 与 c2.radius 各自在自己所属的对象的内存空间，它们没有任何关系，c1.radius 值变了，不影响 c2.radius 的值。但是，Circle. numOfCircle、c1. numOfCircle 和 c2. numOfCircle 是同一个变量，处于 Circle 类的内存空间中。

关于类变量和实例变量总结如下。

(1) 类变量是使用 static 关键字定义的变量，保存在类的内存里，当第一次加载类的时候，就开辟了类的内存，类变量就存在了，直到程序运行结束，所以类变量也可以称为全局变量。类变量的访问有两种方法：“对象名.变量名”或者“类名.变量名”，推荐使用“类名.变量名”来访问类变量。

(2) 实例变量属于对象的变量，位于对象的内存空间中，只有创建了对象后，实例变量才存在，随着对象的创建而存在，随着对象的消亡而消亡。实例变量的访问只能通过下述方法：“对象名.变量名”。

4.6.2 局部变量

定义在方法中的变量称为局部变量。局部变量也有两种：一种是方法的形参，一种是方法体内定义的变量。局部变量的生命周期只存在于方法内，方法调用结束，局部变量也就不存在了。

方法体内的局部变量必须赋初值后才能使用，否则编译器认为该变量没有初始化，不能使用。

【例 4-8】局部变量的使用示例。具体代码如下：

```
public class LocalVarableDemo {
    public static void main(String[] args) {
        int a;
        System.out.println(a);    //错误，a 没有赋值，也没有初始化，所以不能使用
        int b;
        b=3;   //给 b 赋值
        System.out.println(b);    //正确，因为 b 已经有值了
    }
}
```

给局部变量赋值有两种方法：声明变量时直接赋值和声明变量后再赋值。

例如，下面 a、b 变量的定义都是正确的。

```
public void method(){
    int a = 3;
    int b;
    b = 4;
}
```

4.7 实例方法与类方法

方法声明时，方法名前不加 static 的是实例方法，加 static 的是类方法。

当以类为模板创建多个对象时，则每个对象拥有自己独立的实例方法，但是所有对象共用类的类方法。

4-5 类方法、final 关键字

(1) 实例方法调用。格式如下：

```
对象名.方法();
```

(2) 类方法调用。

调用类方法有两种格式：“对象名.方法()”或者“类名.方法()”，建议使用“类名.方法()”。

【例 4-9】编写一个员工类，假设所有员工的基本工资都一样，但津贴不一样，员工类具有返回总薪水的方法和普调工资的方法。具体代码如下：

```
public class Employee {
    static double wage;            //基本工资，static 变量，所有对象都一样
    double allowance;              //津贴，实例变量，每个对象的津贴可能不一样
    public double getSalary(){ //实例方法，可以使用实例变量和类变量
        return wage+allowance;
    }
    public static void addWage(int a){
        wage = wage+a;
        //allowance = allowance+a;  //错误，因为类方法只能使用类变量
    }
    public static void main(String args[]){
        Employee e1 = new Employee();
        Employee.wage = 1000;
        e1.allowance = 200;
```

```
        Employee.addWage(500);
        System.out.println(e1.wage);  //等于 Employee.wage
        System.out.println(e1.getSalary());
    }
}
```

类方法属于类所有，第一次加载类时就存在于类的内存了，不用创建对象就可以使用，所以类方法只能使用类变量，因为它们都是在类加载时就存在了。但实例变量不同，实例变量必须在创建了对象后才存在于对象的内存里，所以类方法不能使用实例变量。

实例方法是在对象创建后才存在，有了实例方法后，类变量和实例变量肯定都存在了，所以实例方法可以使用类变量和实例变量。

注意

关键字 static 须放在方法返回的数据类型的前面。

4.8 static 代码块

我们前面说过，在类体内、方法外面只能定义成员变量，不能写普通 Java 代码。实际上还有一种情况，可以写 static 代码块。格式如下：

```
static{  普通 Java 代码; }
```

以“static{”开始，到“}”结束，中间可以写普通 Java 代码，这整段代码可以放在定义成员变量的位置，称为 static 代码块。static 代码块是在加载类的时候执行，不需要创建对象。

【例 4-10】演示 static 代码块的执行。具体代码如下：

```
public class StaticTestDemo {
    static{
        System.out.println("加载类时我就执行了，比 main 方法还早。");
    }
    public static void main(String[] args) {
        System.out.println("main 方法执行了。");
    }
}
```

以上代码对应的输出结果如下：

```
加载类时我就执行了，比 main 方法还早。
main 方法执行了。
```

可以看到，static 代码块比 main 方法运行得还早。因为 main 方法存在于类中，所以要运行 main 方法，必须先把 main 方法所在类的代码加载到内存中，加载类时 static 代码块就运行了，此时如果有类变量的话，则类变量也存在了，类加载完毕后才能开始运行 main 方法。

4.9 final 修饰符

final 修饰符可以用来修饰变量、方法、类，都有不能改变的意思。

4.9.1 final 修饰类变量

final 修饰的类变量只能被赋值一次，以后不能改变。要么定义时赋值，要么在类的初始化代码块中赋值，以后不能再赋值。

定义格式为：

```
[访问修饰符] static final 数据类型 变量名[=value];
```

其中，访问修饰符、static、final 的顺序可以互换，但是建议按照访问修饰符、static、final 的顺序来写，便于统一标准。

【例 4-11】 static 变量使用 final 修饰符的例子。具体代码如下：

```
public class FinalTest1 {
    public static final int a = 1;      //定义时赋值，正确
    final public static int b = 2;      //定义时赋值，正确
    final static public int c;          //定义时没有赋值
    static{
        c = 3;  //在 static 初始化代码块中赋值，正确
        a = 4;  //错误，不能再赋值
    }
};
```

4.9.2 final 修饰实例变量

final 修饰的实例变量只能被赋值一次，以后不能改变。要么定义时赋值，要么在构造方法中赋值，以后不能再赋值。

定义格式为：

```
[访问修饰符] final 数据类型 变量名[=value];
```

其中，访问修饰符、final 的顺序可以互换，但是建议按照访问修饰符、final 的顺序来写，便于统一标准。

【例 4-12】 实例变量使用 final 修饰符的例子。具体代码如下：

```
public class FinalTest2 {
    public final int a = 1;     //定义时赋值，正确
    final public int b = 2;     //定义时赋值，正确
    public final int c;         //定义时不赋值，在构造方法中赋值，正确
    public FinalTest2(){
        c = 3;  //定义时不赋值，在构造方法中赋值，正确
        b = 4;  //再次给 b 赋值，错误
    }
    public FinalTest2(int c){
        this.c=c;   //定义时不赋值，在构造方法中赋值，正确
    }
    public void add(){ a=a+1;   //再次给 a 赋值，错误 }
}
```

4.9.3 final 修饰局部变量

final 修饰的局部变量只能被赋值一次，以后不能改变。要么在定义时赋值，要么在后续代码中赋值一次，以后不能再赋值。

定义格式为：

```
final 数据类型 变量名[=value];
```

【例 4-13】局部变量使用 final 修饰符的例子。具体代码如下：

```
public class FinalTest3 {
    public static void main(String[] args) {
        final int a = 1;     //定义时赋值，正确
        final int b;         //定义时不赋值，正确
        b = 2;               //定义时不赋值，在后续代码中赋值一次，正确
        a = 3;               //已经有值，再次赋值，错误
        b = 4;               //已经有值，再次赋值，错误
    }
}
```

总之，无论是类变量、实例变量，还是局部变量，使用 final 修饰符，则该变量初始化后，它的值就不能再改变了，因此也可以称为常量。

4.9.4 final 修饰成员方法

final 修饰的成员方法表示在子类中不能被覆盖。

定义格式为：

```
[访问修饰符] final 数据类型 方法名([参数列表]){}
```

其中，访问修饰符和 final 的位置可以互换，但是建议访问修饰符放在前面，便于统一规范。

【例 4-14】成员方法使用 final 修饰符的例子。具体代码如下：

```
public class FinalTest4 {
    public final int add(int a,int b){ return a+b; }
}
class FinalTest5 extends FinalTest4{
    /*public final int add(int a,int b){//错误，不能覆盖父类的相同方法
        return a+b;
    }*/
    public final int add(int a,int b,int c){//方法跟父类不完全一样，正确
        return a+b+c;
    }
}
```

4.9.5 final 修饰类

final 修饰的类表示该类不能有子类。

定义格式为：

```
[访问修饰符] final class 类名{};
```

其中，访问修饰符和 final 的位置可以互换，但是建议访问修饰符放在前面，便于统一规范。

【例 4-15】 类使用 final 修饰符的例子。具体代码如下：

```
public final class FinalTest6 { }
class FinalTest7 extends FinalTest6{//错误，不能继承 final 类 }
```

4.10 对象的初始化顺序

前面介绍了类变量、实例变量、类方法、实例方法及 static 代码块，同时还有构造方法，那么到底它们执行的顺序是怎样的呢？下面通过例子来介绍它们的执行过程，也称为对象的初始化顺序。

4-6 对象的初始化顺序

【例 4-16】 无继承关系时程序的执行过程。People 类具有姓名、成绩、国籍属性，其中每个人的姓名、成绩可能不一样，国籍都是中国。People 类有一段 static 代码块，作用是打印国籍。People 类还有一个无参数的构造方法和一个有参数的构造方法，成绩和国籍分别都是一个独立的类。具体代码如下：

```
public class People {
    String name;    //姓名
    Score score = new Score(80,85);    //成绩
    static Country country = new Country("中国","china");  //国籍
    static{country.print();}
    public People(String name){
        this.name = name;
        System.out.println("People 的有参数构造方法被调用,name:"+name);
    }
    public People(){
        this.name = "未起名";
        System.out.println("People 的无参数构造方法被调用,name:"+name);
    }
    public static void main(String[] args) {
        People p1 = new People();
        People p2 = new People("张三");
        People p3 = new People("李四");
    }
}
class Score{
    int chinese, english;  //语文成绩和英语成绩
    public Score(int chinese, int english) {
        System.out.println("Score 的有参数构造方法被调用");
        this.chinese = chinese;
        this.english = english;
    }
    public void print()
```

```
    {System.out.println("chinese:"+chinese+" ,english:"+english);}
}
class Country{
    String chineseName, englishName; //国籍中文名和国籍英文名
    public Country(String chineseName, String englishName) {
        System.out.println("Country 的有参数构造方法被调用");
        this.chineseName = chineseName;
        this.englishName = englishName;
    }
    public void print(){
        System.out.println("chineseName:"+chineseName+",
                                englishName:"+englishName);
    }
}
```

运行结果如下：

```
Country 的有参数构造方法被调用
chineseName:中国 ,englishName:china
Score 的有参数构造方法被调用
People 的无参数构造方法被调用,name:未起名
Score 的有参数构造方法被调用
People 的有参数构造方法被调用,name:张三
Score 的有参数构造方法被调用
People 的有参数构造方法被调用,name:李四
```

根据输出结果可以看到，执行的顺序如下。

(1) 执行类变量 country 的定义语句，调用 Country 构造方法，创建 country 对象。

(2) 执行 static 代码块，输出国籍。

(3) 执行 score 的定义语句，调用 Score 类的构造方法，创建 score 对象。

(4) 执行 People 类的无参数构造方法，创建对象 p1。

(5) 执行 score 的定义语句，即调用 Score 类的构造方法，创建 score 对象。

(6) 执行 People 类的有参数构造方法，创建对象 p2。

(7) 执行 score 的定义语句，调用 Score 类的构造方法，创建 score 对象。

(8) 执行 People 类的有参数构造方法，创建对象 p3。

实际上 main 方法只有 3 行代码，创建 p1、p2、p3 对象而已，可以看到在创建 p1、p2、p3 这 3 个对象之前，先执行了类变量和 static 代码块，这是因为在执行 main 方法之前，需要先加载 People 类，所以在加载类时会自动执行类变量的定义和 static 代码块，加载完毕才能执行 main 方法。至于类变量和 static 代码块哪个先执行，完全看它们在代码里的顺序。

在开始执行 main 方法时，就是要创建 p1、p2 和 p3 对象，可以看到先执行了 score 对象的创建，然后再执行 People 的构造方法，这个好理解，因为构造方法的作用是给属性变量赋值，当然是先有了属性变量才能赋值，所以一定是先执行属性变量 score 的定义语句，然后再执行构造方法。

另外，类变量和 static 代码块执行了 1 次，但是 People 的属性 score 和构造方法执行了 3 次，即每创建 1 个对象就执行 1 次。因为类的加载只执行 1 次，而对象的创建不一样，有几个对象就执行几次。

经过分析，无继承时的执行顺序总结如下。

(1) 类变量和 static 代码块。

(2) 实例变量。

(3) 构造方法。

其中(1)只执行 1 次，(2)、(3)要根据创建的对象个数决定，创建几个对象就重复执行几次。

【例 4-17】有继承关系时程序的执行过程。在例 4-16 的基础上，再增加一个子类 BeiJingPeople，子类中增加了省份属性和爱好属性，其中省份是 static(静态)的变量，省份和爱好都是单独的一个类。具体代码如下：

```
public class BeiJingPeople extends People{
    static Province province = new Province("北京市","beijing");
    Hobby hobby = new Hobby("篮球","足球");
    public BeiJingPeople(){
        System.out.println("BeiJingPeople 的无参数构造方法被调用");
    }
    public static void main(String[] args) {
        BeiJingPeople p1 = new BeiJingPeople();
        BeiJingPeople p2 = new BeiJingPeople();
    }
}
//省份类
class Province{
    String chineseName, englishName;
    public Province(String chineseName, String englishName) {
        this.chineseName = chineseName;
        this.englishName = englishName;
        System.out.println("Province 的有参数构造方法被调用");
    }
}
//爱好类
class Hobby{
    String hobby1,hobby2;
    public Hobby(String hobby1, String hobby2) {
        this.hobby1 = hobby1;
        this.hobby2 = hobby2;
        System.out.println("Hobby 的有参数构造方法被调用");
    }
}
```

运行 main 方法后，出现的结果如下：

```
Country 的有参数构造方法被调用
chineseName:中国, englishName:china
Province 的有参数构造方法被调用
Score 的有参数构造方法被调用
People 的无参数构造方法被调用,name:未起名
Hobby 的有参数构造方法被调用
BeiJingPeople 的无参数构造方法被调用
```

```
Score 的有参数构造方法被调用
People 的无参数构造方法被调用,name:未起名
Hobby 的有参数构造方法被调用
BeiJingPeople 的无参数构造方法被调用
```

根据输出结果可以看到，执行的顺序如下。

(1) 执行父类 People 的类变量 country 的定义语句，调用了 Country 类的构造方法，创建 country 对象。

(2) 执行父类 People 的 static 代码块，输出国籍。

(3) 执行子类 BeiJingPeople 的类变量 province 的定义语句，调用 Province 类的构造方法，创建 province 对象。

(4) 执行父类 People 的 score 的定义语句，调用 Score 类的构造方法，创建 score 对象。

(5) 执行父类 People 的无参数构造方法，创建对象 p1。

(6) 执行子类 BeiJingPeople 的 hobby 的定义语句，调用 Hobby 类的构造方法，创建了 hobby 对象。

(7) 执行子类 BeiJingPeople 的无参数构造方法，创建对象 p1。

(8) 执行父类 People 的 score 的定义语句，即调用 Score 类的构造方法，创建了 score 对象。

(9) 执行父类 People 的有参数构造方法。

(10) 执行子类 BeiJingPeople 的 hobby 的定义语句，调用 Hobby 类的构造方法，创建 hobby 对象。

(11) 执行子类 BeiJingPeople 的无参数构造方法，创建对象 p2。

实际上 main 方法只有 2 行代码，创建 p1、p2 对象而已，可以看到在创建 p1、p2 这 2 个对象之前，先执行了 People 的类变量和 static 代码块，这是因为在执行 main 方法之前，需要先加载 BeiJingPeople 类，但是 BeiJingPeople 类继承了 People 类，所以在加载子类时要先加载父类，同时会自动执行父类的类变量的定义和 static 代码块，加载完父类后继续加载子类，执行子类的类变量 province，然后才能执行 main 方法。

在开始执行 main 方法时，就是要创建 p1 和 p2 对象，可以看到先执行了父类的 score 对象的创建，接着执行 People 的构造方法，然后执行子类的 hobby 对象的创建，再执行子类的构造方法。总之，是先执行属性变量的定义，然后再执行构造方法，只不过要先执行父类的属性定义、父类的构造方法，再执行子类的属性定义、子类的构造方法。

父类的类变量和 static 代码块、子类的类变量都只执行了 1 次，但是 People 的属性 score 和构造方法、子类的 hobby 属性和构造方法执行了 2 次，因为创建了 2 个对象。

经过分析，有继承时的执行顺序总结如下。

(1) 父类的类变量和 static 代码块。

(2) 子类的类变量和 static 代码块。

(3) 父类的实例变量。

(4) 父类的构造方法。

(5) 子类的实例变量。

(6) 子类的构造方法。

其中，(1)、(2)只执行一次，(3)～(6)要根据创建的对象个数决定，创建几个对象就重复执行几次。

4.11 案例实训：银行账户功能扩展

在第3章银行账户类的业务基础上，通过增加继承功能，来加深对面向对象和继承的理解，掌握面向对象程序设计的思路。

1. 题目要求

在第3章银行账户类Account的基础上，增加两个子类账户：定期账户和信用卡账户。定期账户要求开户时存入钱数，并设定一个期限，这里以天数作为存期，到期才可以提取，而且提取时要一次全部提取完毕，其他时候不能存入也不能提取。信用卡账户除了具有一般账户的功能外，还增加透支功能，每个信用卡账户有一个透支额度，在透支额度内可以取钱，当然账户内有余额的话也可以提取，但提取总数不能超过账户余额加透支额度的总和。

在Bank类的基础上，创建一个定期账户，账号为“003”，户名为“王五”，开户时存入10000元，存期为365天；创建一个信用卡账户，账号为“004”，户名为“李丽”，开户时存入1000元，透支额度设定为5000元。然后测试王五再次存钱1000元、取钱500元的功能，测试李丽存钱2000元、取钱30000元的功能。

2. 题目分析

定期账户和信用卡账户都是在原有账户的基础上增加了限制条件，因而都可以定义成Account类的子类，然后重新修改存钱、取钱、转账方法。具体设计如下。

(1) 定期账户。增加存期属性，开户时(即在构造方法中)确定存期；修改存钱方法，提示定期账户不能再存钱；修改取钱方法，判断取钱时间和开户时间的差是否达到存期，到期了可以取出来，不到期不能提取。同时判断取钱额度，必须是开户时存入的总钱数，不能取一部分，也不能超过总钱数；修改转账方法，提示定期账户不能转账。

(2) 信用卡账户。增加透支额度属性，开户时(即在构造方法中)确定透支额度，也可以在以后修改透支额度；存钱方法不用修改，继承Account的存钱方法即可；修改取钱方法，判断取钱额度是否大于透支额度加账户余额的和，如果大于，则提示超过提取额度，不能取钱，否则可以提取；修改转账方法，判断转账额度是否大于透支额度加账户余额的和，如果大于，则提示超过转账额度，不能转账，否则可以转账。

3. 程序实现

根据上面的分析，程序的实现步骤如下。

(1) 定义定期账户类DepositAccount。具体代码如下：

```
public class DepositAccount extends Account{
    private int term;   //存期，用天数来表示
    //term对应的set和get方法略
    public DepositAccount(String id, String name, double balance, int term) {
        super(id, name, balance);
```

```
        this.term = term;
    }
    @Override
    public void deposite(double money) {
        System.out.println("定期账户不能再次存钱");
    }
    @Override
    public void withdraw(double money) {
        //计算距离开户的天数，time 保存天数
        Date d1 = new Date();   //d1 是取钱的时间点
        int time = (int)(d1.getTime()-this.getDatetime().getTime())/1000/3600/24;
        if(time<this.getTerm()){
            System.out.println("定期存款不到期，不能支取"); return;
        }
        if(money!=this.getBalance()){
            System.out.println("定期存款必须一次全部支取"); return;
        }
        this.setBalance(0);
    }
    @Override
    public void changeMoney(Account other, double money) {
        System.out.println("定期账户不能转账");
    }
}
```

其中，“@Override”是一个注解，作用是表明后面的方法是覆盖父类的方法。注解也可以省略。写上注解的好处是，如果后面的方法跟父类的方法不同，集成开发环境(例如 Eclipse)可以提示。例如，把“withdraw”方法写成了“withDraw”，则会提示“The method withDraw(double) of type DepositAccount must override or implement a supertype method”。

this.getDatetime()得到的是开户时间 datetime 的值，即当初开户时的时间点。d1.getTime()得到的是从 1970 年 1 月 1 日 0 时 0 分 0 秒开始到 d1 时刻所经历的毫秒数。同理，this.getDatetime().getTime()得到的是从 1970 年 1 月 1 日 0 时 0 分 0 秒开始到开户时刻所经历的毫秒数。time 则是从开户时刻到取钱时刻所经历的天数。

(2) 定义信用卡账户类 CreditAccount。具体代码如下：

```
public class CreditAccount extends Account{
    private double overdraftMoney;   //透支额度
    public CreditAccount(String id, String name, double balance,
                         double overdraftMoney) {
        super(id, name, balance);
        this.overdraftMoney = overdraftMoney;
    }
    //overdraftMoney 对应的 get 和 set 方法略
    @Override
    public void withdraw(double money) {
        //判断支取金额是否大于透支额度加原来账户余额的和
        if(money>(this.getBalance()+this.getOverdraftMoney())){
            System.out.println("支取金额超过了限度，不能支取");
            return;
        }
```

```
        this.setBalance(this.getBalance()-money);
    }
    @Override
    public void changeMoney(Account other, double money) {
        //判断转账金额是否大于透支额度加原来账户余额的和
        if(money>(this.getBalance()+this.getOverdraftMoney())){
            System.out.println("转账金额超过了限度，不能转账");
            return;
        }
        this.setBalance(this.getBalance()-money);  //当前账户余额减去转账金额
        other.setBalance(other.getBalance()+money);  //目标账户余额加上转账金额
    }
}
```

(3) 主程序保存在 Bank.java 文件中。具体代码如下：

```
public class Bank {
    public static void main(String[] args) {
        //给王五开一个定期账户
        DepositAccount wangWu = new DepositAccount("003","王五",10000,365);
        //给李丽开一个信用卡账户
        CreditAccount liLi = new CreditAccount("004","李丽",1000,5000);
        wangWu.deposite(1000);  //王五再次存钱 1000 元
        wangWu.withdraw(500);   //王五取钱 500 元
        liLi.deposite(2000);    //李丽存钱 2000 元
        liLi.withdraw(30000);   //李丽取钱 30000 元
    }
}
```

运行 Bank 类，结果如下：

```
定期账户不能再次存钱
定期存款不到期，不能支取
支取金额超过了限度，不能支取
```

以上代码完成了具体办理业务的过程，注释也写得很详细，这里就不再解释了。

本章小结

本章介绍了继承的概念，要求读者理解什么是继承，继承有什么好处，区分父类和子类，在 Java 中如何编写父类和子类。下面是本章的有关要点。

(1) this 和 super 的用法。要求掌握什么情况下使用 this，什么情况下使用 super。

(2) 变量的隐藏和方法的覆盖。当父类和子类定义的变量名一样时，在子类中实际上有两个变量，但是默认使用的是子类定义的变量，这称为子类变量隐藏了父类的变量。当子类和父类定义的方法一样时，在子类中只保留了自己定义的方法，父类定义的相同的方法在子类中不再存在，这称为方法的覆盖。

(3) 4 种访问控制符。要求掌握 4 种访问控制符的含义、作用、访问规则。

(4) 类变量、实例变量和局部变量。类变量保存在类的内存空间里，被所有对象所共享，当任何一个对象修改了该类变量时，所有对象看到的变量值都变了，因为只有一个同名的类变量。实例变量保存在对象的内存空间里，每个对象有自己的实例变量，跟别的对象没有关系，一个对象的实例变量改变了，不影响其他对象的实例变量。局部变量是方法中定义的变量，作用域只在方法中，局部变量必须被赋值后才能使用。

(5) 类方法和实例方法。类方法保存在类的内存空间中，被所有对象所共享；实例方法保存在对象的内存空间中，每个对象有自己的实例方法。

(6) static 代码块。static 代码块是一段特殊的代码，放在类体内、方法外，当加载类时会自动执行这段代码。

(7) final 修饰符。final 可以用来修饰类、变量、方法。final 修饰类，表示该类不能被继承；final 修饰变量，表示该变量只能被赋值一次，以后不能修改它的值；final 修饰方法，表示该方法在子类中不能被覆盖。

(8) 对象的初始化顺序。在没有继承的单个类执行的时候，从类变量和 static 代码块开始执行，然后再执行属性定义语句，最后执行构造方法创建对象。静态部分只执行 1 次，因为类只加载一次；但是属性定义语句、构造方法要根据创建的对象个数来确定执行几次，创建几个对象就执行几次。有子类时，则是从父类的类变量和 static 代码块、子类的类变量和 static 代码块开始执行，直到父类和子类都加载完毕，这部分只执行 1 次。然后开始创建对象的代码。创建对象时先执行父类属性定义语句，再执行父类构造方法，接着执行子类的属性定义语句，然后执行子类的构造方法，完成对象的创建，并且创建几个对象就重复执行几次。

本章最后通过给银行存/取款系统增加定期存款账户和信用卡账户，介绍了如何使用继承，通过这个例子，读者应该能够体会到继承的用法，以及用 Java 代码如何解决实际业务。

本章中容易出错的地方有以下几点。

(1) 在 main 方法中没有创建对象就调用实例变量或实例方法。

(2) 局部变量没有赋值就开始使用。

(3) 对类变量和实例变量的含义区分不清。

(4) 在类方法中引用实例变量或调用实例方法。

(5) 分不清对象的初始化顺序，误以为先执行构造方法再执行属性定义语句。

(6) 子类中有无参数的空构造方法，而父类中只写了有参数的构造方法，此时子类的无参数构造方法会自动调用父类的无参数的构造方法，但由于父类没有无参数构造方法，造成调用失败。

习题

1. this 有哪几种用法？super 有哪几种用法？
2. 变量的隐藏和方法的覆盖有什么区别？
3. 请介绍一下 4 种访问控制权限的作用。
4. 类变量和实例变量有什么区别？
5. 类方法如何调用？是否必须创建对象才能调用类方法？
6. 实例方法如何调用？
7. final 修饰类、变量、方法时各有什么含义？

第5章 抽象类和接口

本章要点

(1) 抽象类和接口；
(2) 多态；
(3) 内部类。

学习目标

(1) 了解什么是抽象类，什么是接口；
(2) 掌握抽象类和接口的定义方法；
(3) 理解抽象类和接口的使用场景；
(4) 掌握多态的含义和用法；
(5) 掌握内部类的定义方法和使用方法。

本章介绍面向对象的另外一些重要概念：抽象类、向上转型、接口、内部类、匿名内部类，它们都是面向对象编程中常用的技术。

5.1 抽象类

把客观世界中相似的事物经过分析抽象就形成了类，类实例化就变成了对象。但是，并不是每一个类都能准确地刻画对象的行为。例如圆、长方形、三角形都是图形，都有求面积和周长的方法，但是图形这个类型不能准确地描述计算面积的方法，这个时候就可以把图形定义成抽象类。

5-1 抽象类

当一个类没有足够明确的信息来描述刻画对象时，这个类就要定义成抽象类。

当一个方法不能明确如何实现时，这个方法就要定义成抽象方法。

5.1.1 抽象类的定义

在 Java 语言中，用 abstract 关键字来修饰一个类时，这个类称为抽象类。用 abstract 关键字来修饰一个方法时，这个方法称为抽象方法。抽象类的定义格式如下：

```
[修饰符] abstract  class  类名 {     //抽象类
    … //类体
}
```

抽象方法的定义格式如下：

```
[修饰符] abstract  返回值类型  方法名([参数列表]);
```

关于抽象类和抽象方法的说明如下。

(1) 抽象方法只有声明，没有实现。

(2) 抽象类可以包含抽象方法，也可以不包含抽象方法。但是包含抽象方法的类必须定义成抽象类。

(3) 抽象类不能被实例化，抽象类可以被继承，所以不允许被定义成 final 类。

(4) 继承抽象类的类必须实现抽象类的抽象方法，否则，也必须定义成抽象类。

(5) 一个类实现某个接口，但没有实现该接口的所有方法，则必须定义成抽象类。

使用抽象类的目的，主要是可以把子类共有部分抽出来，并且实现所能实现的部分，从而为子类提供继承。但不必实现所有的方法，对于那些只需知道行为是什么，不用知道具体怎么做的方法，可以只给出说明，即定义成抽象的，而把具体的实现交给子类去做。

把那些共有的，但不能具体实现的行为抽出来，定义成抽象的方法，作用有两点：一是为子类规定了统一的规范，二是可以实现多态性。

【例 5-1】定义一个抽象类 Shape，具有求面积和周长的抽象方法，然后定义子类 Circle 和 Rectangle，在子类中实现父类中定义的抽象方法。

(1) 定义抽象类 Shape，声明抽象方法 getArea()和 getPerimeter ()。具体代码如下：

```
package ch5;
public abstract class Shape {
```

```
    public abstract double getArea();        //求图形面积的抽象方法
    public abstract double getPerimeter(); //求图形周长的抽象方法
}
```

(2) 定义圆类 Circle，继承 Shape 类，实现其中定义的两个抽象方法。具体代码如下：

```
package ch5;
public class Circle extends Shape {
    private double radius;                  //半径
    //radius 对应的 set 和 get 方法略
    public Circle(double radius) { this.radius = radius;  }
    public double getArea() {
        return Math.PI*radius*radius;   //计算面积
    }
    public double getPerimeter() {
        return 2*Math.PI*radius;        //计算周长
    }
}
```

(3) 定义长方形类 Rectangle，继承 Shape 类，实现其中定义的两个抽象方法。具体代码如下：

```
package ch5;
public class Rectangle extends Shape {
    private double x,y;     //长、宽
    //x、y 对应的 set 和 get 方法略
    public Rectangle(double x, double y) {
        this.x = x;
        this.y = y;
    }
    public double getArea() {
        return x*y;         //计算面积
    }
    public double getPerimeter() {
        return 2*(x+y);     //计算周长
    }
}
```

(4) 定义测试类 TestShape1。具体代码如下：

```
package ch5;
public class TestShape1 {
    public static void main(String[] args) {
        Circle c = new Circle(3);              //创建 Circle 的对象
        System.out.println("c.getArea()="+c.getArea());
        Rectangle r = new Rectangle(5,4);  //创建 Rectangle 的对象
        System.out.println("r.getPerimeter()="+r.getPerimeter());
    }
}
```

运行结果如下：

```
c.getArea()=28.274333882308138
r.getPerimeter()=18.0
```

5.1.2 向上转型

5-2 向上转型

在例 5-1 中，测试类 TestShape1.java 中创建了一个 Circle 对象 c 和一个 Rectangle 对象 r，这种用法实际上并不好，实践中应该用 Shape 来声明对象变量，使用子类的构造方法来创建对象，这要用到向上转型。向上转型是指把一个子类的对象转成一个父类的对象。向上转型也是实现多态的手段。

【例 5-2】利用向上转型编写测试类，代码保存在 TestShape2.java 中。具体代码如下：

```
public class TestShape2 {
    public static void main(String[] args) {
        Shape shape1 = new Circle(3);        //向上转型
        System.out.println("shape1.getArea()="+shape1.getArea());
        Shape shape2 = new Rectangle(5,4); //向上转型
        System.out.println("shape2.getPerimeter()="+shape2.getPerimeter());
        Circle c1 = (Circle)shape1;          //向下转型
        System.out.println("c1.getArea()="+c1.getArea());
    }
}
```

运行结果如下：

```
shape1.getArea()=28.274333882308138
shape2.getPerimeter()=18.0
c1.getArea()=28.274333882308138
```

注意，上面的程序用到了向上转型和向下转型。向上转型是指把一个子类的对象转成一个父类的对象。例如：

```
Shape shape1 = new Circle(3);   //向上转型
```

这行代码跟“Shape shape1=(Shape)new Circle(3);”效果是一样的，向上转型不需要强制类型转换。因为 Circle 的对象本身就属于 Shape 类型，所以转换也是安全的。

向下转型是指把一个父类对象转成一个子类对象。例如：

```
Circle c1 = (Circle)shape1;   //向下转型
```

这里 shape1 本身是一个 Shape 类型的对象，但是通过强制类型转换，把它变成了 Circle 类型，这行代码本身是没有问题的，因为 shape1 创建的时候确实是 Circle 类型。但是向下转型不一定安全，例如 shape2 也是 Shape 类型的，如果执行下列代码：

```
Circle c2 = (Circle)shape2;   //向下转型
```

这时会出现错误，因为 shape2 本身创建时是一个 Rectangle 类型的，转成 Circle 类型肯定要出错，所以向下转型是不安全的，不推荐使用，除非明确知道被转换对象的实际类型是什么，能够确保转换正确才行。

向上转型有什么好处呢？让我们再看一个例子。

【例 5-3】编写一个能够计算一组图形的面积和的程序。具体代码如下：

```
public class TestShape3 {
    //sumCircle 方法实现计算一组圆的面积的和
```

```
    public double sumCircle(Circle[] circles){
        double sum = 0;
        for(int i=0;i<circles.length;i++)
            sum = sum+circles[i].getArea();
        return sum;
    }
    //sumRectangle 方法实现计算一组长方形的面积的和
    public double sumRectangle(Rectangle[] rectangles){
        double sum = 0;
        for(int i=0;i<rectangles.length;i++)
            sum = sum+rectangles[i].getArea();
        return sum;
    }
    public static void main(String[] args) {
        Circle[] c = new Circle[2];  //c 是能够保存 2 个 Circle 对象的数组
        Rectangle[] r = new Rectangle[2];  //r 是能够保存 2 个 Rectangle 对象的数组
        c[0] = new Circle(3);
        c[1] = new Circle(4);
        r[0] = new Rectangle(4,3);
        r[1] = new Rectangle(5,4);
        TestShape3 ts = new TestShape3();//sumCircle 是实例方法，需要创建对象
        System.out.println("sumCircle="+ts.sumCircle(c));
        System.out.println("sumRectangle="+ts.sumRectangle(r));
    }
}
```

上面的代码中，为了计算一组圆的面积和一组长方形的面积，分别编写了 sumCircle、sumRectangle 两个方法，如果再有其他类的图形，还得再加方法。那么能否编写通用一点的方法呢？当然可以，可以用向上转型的方法。

【例 5-4】用向上转型重新修改上面的代码。具体代码如下：

```
public class TestShape4 {
    //sumShape 方法实现计算一组图形(数组 shapes)的面积的和
    //这组图形里面可能有 Circle，也可能有 Rectangle
    public double sumShape(Shape[] shapes){
        double sum = 0;
        for(int i=0;i<shapes.length;i++)
            sum = sum+shapes[i].getArea();
        return sum;
    }
    public static void main(String[] args) {
        Shape[] s = new Shape[4];     //s 是能够保存 4 个 Shape 类型对象的数组
        s[0] = new Circle(3);         //第 1 个元素是半径为 3 的 Circle
        s[1] = new Circle(4);         //第 2 个元素是半径为 4 的 Circle
        s[2] = new Rectangle(4,3);    //第 3 个元素是长为 4、宽为 3 的 Rectangle
        s[3] = new Rectangle(5,4);    //第 4 个元素是长为 5、宽为 4 的 Rectangle
        TestShape4 ts = new TestShape4();  //sumShape 是实例方法，需要创建对象
        System.out.println("sumShape="+ts.sumShape(s));
    }
}
```

这里 sumShape(Shape[] shapes)方法的参数是抽象类 Shape 类型的数组 shapes，因此 shapes 里可以保存 Circle、Rectangle 类型的对象，当然，如果再有其他 Shape 类型的子类对象(比如三角形)也是可以的，这样 sumShape 方法就可以计算所有是 Shape 子类的一组对象的面积和，程序更通用。

同时，在 main 方法中，创建了 4 个图形对象，都是用 Shape 类来声明，使用向上转型能够让程序更通用。

5.2 接口

现实生活中，接口随处可见，比如 USB 接口、PCI 接口等，都是对一些设备跟其他设备交互的规范标准。软件中也可以使用接口来定义规范标准。

5-3 接口

Java 语言的接口是一些抽象方法的声明，是一些抽象方法的集合，这些方法都没有实现，需要在实现这些接口的类中来具体实现这些方法。不同的类可以有不同的实现，从而这些实现可以具有不同的行为(功能)。

既然抽象类也能实现抽象方法的集合，为什么还要有接口呢？

由于 Java 的继承跟现实生活中的继承不一样，一个类只能有一个直接父类，也就是单继承，要想增加规范的方法就必须修改父类，这会导致修改麻烦，所以 Java 增加了接口。接口支持多重继承，一个类也可以实现多个接口。接口弥补了类不能多重继承的缺点，而且一个类可以在不改变原来的继承结构的基础上，同时实现多个接口。

接口(interface)是一种与类相似的结构，但它只包含常量和抽象方法。接口在许多方面与抽象类相近，不同的是，它不能包含普通变量和具体的方法。

5.2.1 接口的定义

接口的定义格式为：

```
[public] interface 接口名 [extends  父接口名列表] {
  [public] static final type varable=value;    //常量列表
  [public] abstract type methodName(参数列表);  //抽象方法列表
}
```

注意，接口的定义跟外部类相似，只能定义成 public 权限或者默认权限。接口里的变量和方法都是公有的，即只能是 public 权限，但 public 可以省略。接口里的变量必须是 static、final 的，因而也可以称为静态常量。

虽然接口中可以定义静态常量，但一般接口主要是抽象方法的集合，是相关功能规范的描述。

【例 5-5】定义一个飞行器接口 IPlane，具有 fly(飞行)方法。具体代码如下：

```
public interface IPlane {
    public abstract void fly(double speed);
}
```

【例 5-6】定义一个轮船接口 IShip，具有 sail(航行)方法。具体代码如下：

```
public interface IShape {
    public abstract void sail(double speed);
}
```

【例 5-7】定义一个水上飞机接口 IAirBoat，继承 IPlane 和 IShip 接口。代码如下：

```
public interface IAirBoat extends IPlane,IShip{}
```

IAirBoat 既有飞机的功能，又有轮船的功能。

5.2.2 接口的实现

在 Java 中，一个类实现接口，使用 implements 关键字。格式如下：

```
[类修饰符]  class 类名[extends 父类名][implements 接口名列表] {
    成员变量定义;
    成员方法定义;
}
```

实现多个接口时，多个接口之间用“,”分隔开。

【例 5-8】定义一个战斗机类 FighterPlane 实现 IPlane 接口。具体代码如下：

```
class FighterPlane implements IPlane{
    private String name;   //战斗机名称
    //name 对应的 set、get 方法省略
    public FighterPlane(String name) {this.name = name;}
    public void fly(double speed) {
        //实现 IPlane 中定义的抽象方法 fly
        System.out.println("my name is:"+name+"; my speed is:"+speed);
    }
    public static void main(String args[]){
        IPlane plane = new FighterPlane("歼 20");
        plane.fly(2000);
    }
}
```

【例 5-9】定义一个中国水上飞机类 ChineseAirBoat 实现 IAirBoat 接口。具体代码如下：

```
public class ChineseAirBoat implements IAirBoat{
    private String type;
    //type 对应的 get、set 方法省略
    public ChineseAirBoat(String type) {   this.type = type;   }
    public void sail(double speed) {
        System.out.println("我的型号是:"+type+"; 我能以:"+speed+"的速度航行");
    }
    public void fly(double speed) {
        System.out.println("我的型号是:"+type+"; 我能以:"+speed+"的速度飞行");
    }
    public static void main(String args[]){
        IAirBoat airboat = new ChineseAirBoat("蛟龙-600");
        //向上转型，用 IAirBoat 接口声明变量 airboat
        airboat.fly(1000);   //调用 airboat 的 fly 方法
        airboat.sail(500);   //调用 airboat 的 sail 方法
```

```
        IShip ship = new ChineseAirBoat("蛟龙-500");
        //向上转型，用 IAirBoat 接口声明变量 ship
        ship.sail(400);       //调用 ship 的 sail 方法
        //ship.fly(800);      //错误，ship 不能调用 fly 方法
    }
}
```

运行结果如下：

```
我的型号是:蛟龙-600；我能以:1000.0 的速度飞行
我的型号是:蛟龙-600；我能以:500.0 的速度航行
我的型号是:蛟龙-500；我能以:400.0 的速度航行
```

注意，airboat 是 IAirBoat 类型的，IAirBoat 接口继承了 IPlane 和 IShip 接口，具有 fly 和 sail 方法，而且使用了 ChineseAirBoat 类的构造方法来创建对象，因而内存中确实有 fly 和 sail 方法。

ship 是 IShip 类型的，IShip 接口只有 sail 方法，没有 fly 方法。尽管 ship 是使用的 ChineseAirBoat 类的构造方法来创建对象，内存里是有 fly 方法的，但是 ship 只知道自己是 IShip 类型的，因而 fly 方法对 ship 来说是不可见的，不能调用 fly 方法。

5.2.3 抽象类和接口的区别

抽象类与接口的作用相似。然而接口又比抽象类更抽象，这主要体现在它们的差别上。

(1) 类可以实现多个接口，但仅能从一个抽象(或任何其他类型)类继承，从抽象类派生的类仍可实现接口。接口可以支持多重继承。

(2) 抽象类中可以有普通方法；接口里的方法都是抽象方法，且都是 public 方法。

(3) 抽象类中的成员变量可以被不同的修饰符修饰，可以有实例变量，也可以有类变量；接口中的成员变量默认的都是 public、static、final 的变量。

(4) 抽象类中有构造方法；接口中不能有构造方法，因而也不能创建对象。

(5) 抽象类是对象的抽象，里面的抽象方法是对子类的一种规范，也可以有普通方法，这些普通方法子类可以继承使用；而接口只是一种行为规范。

(6) 抽象类的优点是里面可以有实例变量，有非抽象的方法，所以子类可以继承抽象类的这些变量和方法，实现代码的重用。但是如果一个类已经继承了某个类，则该类就不能再继承抽象类了。接口的优点是一个接口可以继承多个接口，而且如果一个类已经继承了某个类，又需要增加其他规范的功能方法时，可以通过实现接口的方式来实现接口中声明的抽象方法，所以接口的应用更灵活。

那么什么情况该用抽象类，什么情况该用接口呢？主要是看现实的应用场景。如果把现实问题抽象出来后更符合类的特征，具有实例变量、非抽象的方法，那么只能使用抽象类；如果实际问题只能抽象出需要规范的功能方法，而且这些方法不知道如何实现，需要在子类中实现，不能抽象出实例变量，那么就应该使用接口。当然这时使用抽象类也可以，但是会丧失灵活性，因为其他类继承该抽象类后就不能再继承别的类了。

例如，例 5-1 中定义的抽象类 Shape，具有求面积和周长的抽象方法，如果该 Shape 类只是声明了两个抽象方法，没有属性和非抽象方法，则可以把它定义成接口。

【例 5-10】定义一个接口 IShape，具有求面积和周长的抽象方法，新建类 MyCircle 和

MyRectangle 分别实现 IShape 接口。

(1) 定义接口。IShape.java 文件中的代码如下：

```
public interface IShape {
    public abstract double getArea();       //求图形面积的抽象方法
    public abstract double getPerimeter(); //求图形周长的抽象方法
}
```

(2) 新建 MyCircle.java，让 MyCircle 类实现 IShape 接口。具体代码如下：

```
public class MyCircle implements IShape {
    //与上面 Circle 的类体代码完全一样
}
```

(3) 新建 MyRectangle.java，让 MyRectangle 类实现 IShape 接口。具体代码如下：

```
public class MyRectangle implements IShape {
    //与上面 Rectangle 的类体代码完全一样
}
```

(4) 新建 TestShape5.java，计算一组图形的面积和。具体代码如下：

```
public class TestIShape {
    //sumShape 方法实现计算一组图形(数组 shapes)的面积和
    //这组图形里面可能有 MyCircle，也可能有 MyRectangle
    public double sumShape(IShape[] shapes){
        double sum = 0;
        for(int i=0;i<shapes.length;i++)
            sum = sum+shapes[i].getArea();
        return sum;
    }
    public static void main(String[] args) {
        IShape[] s = new IShape[4];    //s 是能够保存 4 个 IShape 类型对象的数组
        s[0] = new MyCircle(3);        //第 1 个元素是半径为 3 的 Circle
        s[1] = new MyCircle(4);        //第 2 个元素是半径为 4 的 Circle
        s[2] = new MyRectangle(4,3);   //第 3 个元素是长为 4、宽为 3 的 Rectangle
        s[3] = new MyRectangle(5,4);   //第 4 个元素是长为 5、宽为 4 的 Rectangle
        TestIShape ts = new TestIShape();
        System.out.println("sumShape="+ts.sumShape(s));
    }
}
```

5.3 多态

多态(polymorphism)按字面的意思就是“多种状态”。在面向对象语言中，接口的多种不同的实现方式即为多态。引用 Charlie Calverts 对多态的描述为：多态性是允许将父对象设置成为一个或更多的它的子对象相等的技术，赋值之后，父对象就可以根据当前赋值给它的子对象的特性以不同的方式运作。

5-4 多态

通俗地说，多态是指实现接口的多个类或一个父类的多个子类，虽然有相同的方法，但是具有不同的表现方式。例如，一个动物类具有喊叫的方法，但是子类猫和子类狗的喊叫效果却不一样。

Java 中多态有两种实现形式：一种是通过方法的重载；另一种是通过方法覆盖，即子类通过覆盖父类的方法或类实现接口的方法。

方法的重载是指一个类中定义了多个名字相同、参数不同的方法。当实际调用时，Java 编译器会根据参数的不同来自动决定调用哪个方法。这里的参数不同是指参数个数不同，或者是类型不同。如果参数类型、个数都一样，仅仅参数名字不一样，是不允许的，不是合法的方法。方法重载是在编译时就能决定调用哪个方法，因而也称为静态多态。

利用子类覆盖父类的方法或者利用实现接口的方法来实现的多态，是在程序运行期才能决定应该运行的哪个子类对象的方法，因而称为动态多态。例 5-1 和例 5-10 分别是通过覆盖父类的方法、实现接口的方法来实现的多态。即用父类 Shape 或接口 IShape 来声明变量，然后用子类来实例化对象，从而实现同一种类型的变量，运行的结果不一样，有的调用的是圆形的面积，有的调用的是长方形的面积。

【例 5-11】 用方法重载实现的静态多态。定义一个类，包含两个计算两个数字的和的方法，一个是计算两个 int 型数字的和，一个是计算两个 double 型数字的和。具体代码如下：

```
public class Calculator {
    //计算两个 int 型数字的和的方法
    public static int add(int a, int b){return a+b;}
    //计算两个 double 型数字的和的方法
    public static double add(double a, double b){return a+b;}
    public static void main(String[] args) {
        int a=3,b=4;
        double x=10.0,y=20.0;
        System.out.print("a+b="+add(a,b));
        System.out.println("  x+y="+add(x,y));
    }
}
```

运行结果：

```
a+b=7  x+y=30.0
```

其中，两个 add 方法是重载的方法，它们的参数类型不同，main 方法在调用时自动会根据实参 a、b 和 x、y 的类型来决定调用哪个方法。

注意，有的书上只把子类覆盖父类的方法或类实现接口的方法作为实现多态的方法，方法重载不算是实现多态的方法。作者也认为常规概念的多态是指动态多态，所以本书中把方法重载当作静态多态来介绍。读者只需要明确理解方法重载和方法覆盖的实际区别即可，不用过多纠结于概念上的问题。

5.4 内部类

如果把类定义在另一个类的里面，则这个里面的类就称为内部类。内部类的优点是它属于外部类的一个成员，与成员变量和成员方法一样，可以很方便地访问外部类定义的成员变量和成员方法，而且不用在外面额外增加一

5-5 内部类

个类的定义。内部类有 4 种形式：实例成员内部类、静态内部类、局部内部类、匿名内部类。

5.4.1 实例成员内部类

实例成员内部类是定义在类体内部、方法外面的一个类，它与实例变量的地位一样，属于外部类的对象所有，存在于对象的内存空间，只有创建了外部类的对象后，该对象内存空间才有内部类的定义，才能使用该内部类。

【例 5-12】定义外部类 Outer，里面有一个内部类 Inner，Inner 类中有 print()方法，print()方法的目的是输出外部类的成员变量。Outer 类也有一个 print()方法，它调用内部类的对象的 print()方法。

(1) 定义外部类。Outer.java 文件中的代码如下：

```
public class Outer {
    String name;                              //Outer 类的实例变量
    static String country = "中国";           //Outer 类的类变量
    public Outer(String name) {
        this.name = name;
    }
    public void print(){
        System.out.println("Outer 的 print 方法");
        new Inner().print();                  //调用内部类 Inner 的 print 方法
    }
    public class Inner{
        public void print(){
            System.out.println("name:"+name);             //访问实例变量
            System.out.println("country:"+country);       //访问类变量
        }
    }
}
```

(2) 定义测试类。TestOuter.java 文件中的代码如下：

```
public class TestOuter {
    public static void main(String[] args) {
        Outer outer = new Outer("张三");
        outer.print();
        //下面创建一个内部类的对象，需要先有外部类的对象
        Outer.Inner inner = outer.new Inner();
        inner.print();
    }
}
```

运行结果如下：

```
Outer 的 print 方法
name:张三
country:中国
name:张三
country:中国
```

观察外部类的 print()方法的代码：

```
public void print(){
    System.out.println("Outer 的 print 方法");
    new Inner().print();    //调用内部类 Inner 的 print 方法
}
```

可以看到，在外部类 Outer 中使用内部类 Inner 与使用普通的 Java 类完全一样。

观察内部类的 print()方法的代码：

```
public void print(){
    System.out.println("name:"+name);              //访问实例变量
    System.out.println("country:"+country);        //访问类变量
}
```

可以看到，在 Inner 类里面使用外部类的成员变量、成员方法也非常方便，与在外部类的方法体里面使用外部类的成员变量、成员方法完全一样，可以直接引用。

但是在测试类里使用内部类又与使用普通类的语法不一样，有单独的语法格式，需要分为两步，具体如下：

```
外部类  外部类对象名 = new  外部类构造方法(实参列表);
外部类.内部类  内部类对象名 = 外部类对象名.new  内部类构造方法(实参列表);
```

例如：

```
Outer outer = new Outer("张三","男");
Outer.Inner inner = outer.new Inner();
```

5.4.2 静态内部类

如果把一个内部类定义成 static，则该内部类就称为静态内部类。静态内部类存在于外部类的内存空间，而不是在外部类的对象内存空间，所以静态内部类不能访问外部类的实例变量和实例方法，只能访问外部类的 static 的成员变量和成员方法。同时，在测试类中使用静态内部类的语法也不一样，不需要创建外部类的对象。

【例 5-13】静态内部类。将例 5-12 中的内部类改成静态内部类，外部类重新命名为 OuterStatic，内部类命名为 InnerStatic。

(1) 定义外部类。OuterStatic.java 文件中的代码如下：

```
public class OuterStatic {
    String name;                        //外部类的实例变量
    static String country="中国";       //外部类的类变量
    public OuterStatic(String name) {
        this.name = name;
    }
    public void print(){
        System.out.println("Outer 的 print 方法");
        new InnerStatic().print();  //调用内部类的 print()方法
    }
    public static class InnerStatic{
        public void print(){
            //System.out.println("name:"+name);     //不能访问实例变量
```

```
            System.out.println("country:"+country);     //访问类变量
        }
    }
}
```

(2) 定义测试类。TestOuterStatic.java 文件中的代码如下：

```
public class TestOuterStatic {
    public static void main(String[] args) {
        OuterStatic outer = new OuterStatic("张三","男");
        outer.print();
        //下面创建一个内部类的对象，不需要先有外部类的对象
        OuterStatic.InnerStatic inner = new OuterStatic.InnerStatic();
        inner.print();
    }
}
```

可以看到，静态内部类不能访问外部类的实例变量，但可以访问外部类的类变量。

同样，观察在测试类中创建静态内部类对象的代码可以看到，不需要创建外部类的对象，就可以创建内部静态类的对象。格式如下：

```
外部类.内部类  内部类对象名 = new 外部类.内部类(实参列表);
```

5.4.3 局部内部类

定义在方法体内的类称为局部内部类，它的作用域仅限于其所在的方法体内。

【例 5-14】 方法体内的局部内部类。具体代码如下：

```
public class LocalInnerClass {
    int outerVar = 90;              //外部类的实例变量
    public void show(){
        int methodVar = 80;         //show 方法的局部变量
        class Inner{                //方法体内的局部内部类
            String name;
            public Inner(String name){ this.name=name; }
            public void print(){
                System.out.print("name:"+name+" ;outerVar:"+outerVar+";
                    methodVar:"+methodVar);
            }
        }
        Inner inner = new Inner("张三");
        inner.print();
    }
    public static void main(String[] args) {
        LocalInnerClass c = new LocalInnerClass();
        c.show();
    }
}
```

从代码中可以看到，在 show 方法中使用内部类跟使用普通类完全一样。在局部内部类 Inner 里可以直接使用外部类的成员变量和内部类所在的方法里的局部变量。局部内部类在实践中用得不多。

5.4.4 匿名内部类

匿名内部类就是没有名字的内部类，一般用在图形界面中，用作事件监听器。

创建匿名内部类必须事先有一个接口或者父类，把内部匿名类定义为接口的一个实现类或者是某个父类的子类。实际上是在创建对象的同时定义匿名内部类的类体。格式如下：

```
new 父类构造方法(参数列表){
    //匿名内部类的类体部分
}
```

或者：

```
new 接口(){
    //匿名内部类的类体部分
}
```

【例 5-15】内部匿名类的用法。定义一个抽象类 Fish，具有抽象方法 swim。在 TestFish 测试类中定义了一个 print 方法，print 方法的参数是一个 Fish 类型的对象 fish，目的是打印出 fish 的 swim 方法的返回值，即游过的距离。在 TestFish 的 main 方法中，使用内部匿名类创建了 Fish 的对象，并输出了该对象 swim 方法的返回值。具体代码如下：

```
public abstract class Fish{
    private String name;  //name 对应的 set 和 get 方法略
    public Fish(String name) {  this.name = name;  }
    public abstract double swim();
}
public class TestFish {
    public void print(Fish fish){
        System.out.println(fish.getName() + "已经游了 " + fish.swim() + "米");
    }
    public static void main(String[] args) {
        TestFish testFish = new TestFish();
        testFish.print(new Fish("鲸鱼") {//匿名类的类体
            public double swim() {  return 5000.0;  }
        });
    }
}
```

运行结果如下：

```
鲸鱼已经游了 5000.0 米
```

从代码中我们可以看到，“new Fish("鲸鱼")”后面的代码为：

```
{//匿名类的类体
    public double swim() {  return 5000.0;  }
}
```

这段代码其实就是一个继承 Fish 抽象类的一个子类的类体，只不过没有给它起一个类的名字，因而把这段代码称为内部匿名类。

如果给这段代码起个类名 MyFish，那就变成了下列代码：

```
class MyFish extends Fish{//匿名类的类体
    public MyFish(String name){super(name);}
    public double swim() { return 5000.0; }
}
```

然后“new Fish("鲸鱼")”就变成了“testFish.new MyFish("鲸鱼")”，这就成了普通的内部类了。(MyFish 类要放在 main 方法的外边，跟 main 方法并列。)

内部匿名类主要应用在图形界面的程序中，在后面将会看到它的应用。

5.5 面向接口编程

在一个面向对象的系统中，系统的各种功能是由许多不同对象协作完成的。在这种情况下，各个对象内部是如何实现自己的，对系统设计人员来讲，就不那么重要了；而各个对象之间的协作关系则成为系统设计的关键。小到不同类之间的通信，大到各模块之间的交互，在系统设计之初都是要着重考虑的，这也是系统设计的主要工作内容。面向接口编程就是指按照这种思想来编程。

5-6 面向接口编程

面向接口编程是先把客户的业务逻辑功能提取出来，作为接口，业务具体实现通过该接口的实现类来完成。将具体逻辑与实现分开，减少了各个类之间的相互依赖，当各个类变化时，不需要对已经编写的系统进行改动，添加新的实现类就可以了，不用担心新改动的类对系统的其他模块造成影响。其遵循的思想是：对扩展开放，对修改关闭。

当客户需求变化时，只需编写该业务逻辑的新的实现类，就可以完成需求，不需要改写现有代码，减少对系统的影响。

例如，在编写图形的计算面积、周长的功能时，只要编写一个 IShape 接口，里面定义求面积和周长的抽象方法即可。具体要计算圆形、长方形的面积和周长时，只要分别编写一个圆形类、长方形类来实现 IShape 接口即可。将来要计算三角形、五边形等的面积和周长时，现有的代码不需要改动，只要增加一个三角形类、五边形类，并让它们实现 IShape 接口即可。前面的例 5-10 就是一个面向接口编程的好例子。

5.6 案例实训：模拟读写数据

面向接口编程能够让设计和实现分开。设计阶段只要设计好接口，详细功能由编码人员编写具体的实现类即可。

1. 题目要求

编写一个模拟读写数据的程序。现在有 BusinessA、BusinessB、BusinessC 3 个业务类都要用到读写数据的功能。数据可能保存到数据库、文本文件、Excel 文件中。

2. 题目分析

根据题目要求，数据可能保存在数据库、文本文件、Excel 文件、Word 文件、移动设备中等，很多业务都要调用读写数据的功能。如果采用直接编写类的方法，设计阶段要等到把读写每种数据来源的类都设计完才能完成设计，编码阶段要等到所有类都编写完，别的功能才能调用这些读写数据的功能。如果采用面向接口的方法，只需要把读写数据的接口设计好，具体如何把数据从各种来源中读出来、写进去都不需要在设计阶段完成。同时，在编码阶段，调用者也只是调用接口即可，所以只要接口定义好了，业务逻辑类就可以调用了。至于数据如何读出来、写进去，由将来的实现类来完成。因此完全可以采用面向接口的编程方法，先设计接口，再设计业务类，最后设计实现接口的实现类。

3. 程序实现

根据上面的分析，程序的实现步骤如下。

(1) 先设计读写数据的接口 IReadSaveData。具体代码如下：

```
public interface IReadSaveData {
    public abstract void saveData(String data);   //保存数据的方法
    public abstract String getData();   //读数据的方法
}
```

有了接口 IReadSaveData，BusinessA、BusinessB、BusinessC 这 3 个类就可以调用接口了。

(2) 设计业务类 BusinessA、BusinessB、BusinessC。具体代码如下：

```
/**
 * 业务类BusinessA，需要用到读写数据的功能，数据可能保存在数据库中、文本文件中、Excel
文件中，也有可能增加别的数据来源
 * @author Administrator
 */
public class BusinessA {
    private IReadSaveData iReadSaveData;
    public IReadSaveData getiReadSaveData() {
        return iReadSaveData;
    }
    public void setiReadSaveData(IReadSaveData iReadSaveData) {
        this.iReadSaveData = iReadSaveData;
    }
    public BusinessA(IReadSaveData iReadSaveData) {
        this.iReadSaveData = iReadSaveData;
    }
    //业务方法，保存数据，保存到哪里由实际的对象 iReadSaveData 决定
    public void saveData(String data){
        iReadSaveData.saveData(data);
    }
    //业务方法，读取数据，从哪里读取由实际的对象 iReadSaveData 决定
    public String readData(){
        return iReadSaveData.getData();
    }
}

/**
 * 业务类BusinessB，需要用到读写数据的功能，数据可能保存在数据库中、文本文件中、Excel
文件中，也有可能增加别的数据来源
 * @author Administrator
```

```
*/
public class BusinessB {
    private  IreadSaveData  iReadSaveData;
    public IReadSaveData getiReadSaveData() {
        return iReadSaveData;
    }
    public void setiReadSaveData(IReadSaveData iReadSaveData) {
        this.iReadSaveData = iReadSaveData;
    }
    public BusinessB(IReadSaveData iReadSaveData) {
        this.iReadSaveData = iReadSaveData;
    }
    //业务方法，保存数据，保存到哪里由实际的对象 iReadSaveData 决定
    public void saveData(String data){
        iReadSaveData.saveData(data);
    }
    //业务方法，读取数据，从哪里读取由实际的对象 iReadSaveData 决定
    public String readData(){
        return iReadSaveData.getData();
    }
}
//同理，可以编写业务类 Business C
```

(3) 针对每种数据来源编写相应的读写数据的实现类。具体代码如下：

```
public class ReadSaveTextFile implements IReadSaveData {
    public void saveData(String data) {
        System.out.println("将数据保存到了文本文件中");
    }
    public String getData() {
        System.out.println("从文本文件中读取了数据");
        return null;
    }
}
public class ReadSaveWordFile implements IReadSaveData {
    public void saveData(String data) {
        System.out.println("将数据保存到了 Word 文件中");
    }
    public String getData() {
        System.out.println("从 Word 文件中读取了数据");
        return null;
    }
}
```

同理，可以编写从数据库中、Excel 文件中读写数据的实现类，以后增加别的数据来源时，可以直接编写相应的实现类，不需要更改已经编写好的代码。

(4) 编写测试类。具体代码如下：

```
public class TestReadSaveData {
    public static void main(String[] args) {
        //BusinessA 需要往文本文件中保存数据
        BusinessA businessA = new BusinessA(new ReadSaveTextFile());
```

```
        businessA.saveData("保存到文本文件中");
        //BusinessB 需要往 Word 文件中保存数据
        BusinessB businessB = new BusinessB(new ReadSaveWordFile());
        businessB.saveData("保存到 Word 文件中");
        //...只要传递不同的实现类对象，就能保存到不同的数据源中
    }
}
```

可以看到，通过面向接口编程，不用等到 ReadSaveTextFile、ReadSaveWordFile 类编写出来，就可以编写 BusinessA、BusinessB 等各种业务逻辑类，从而有利于设计和实现的分离，降低程序的耦合性，让程序易于扩展，有利于程序的维护。

本章小结

本章介绍了抽象类、接口、多态、内部类。抽象类使用 abstract 来声明，接口使用 interface 来声明。抽象类和接口都能对子类的通用方法进行规范，抽象类可以让子类继承一部分属性和方法，实现代码重用。接口主要是公用方法的规范定义，让所有实现接口的类都有统一的功能方法，同时接口还可以实现多重继承。

多态是面向对象程序设计的一个重要特征。多态有两种实现方式：一种是通过方法重载的方式，一种是通过方法覆盖的方式。实践中主要使用方法覆盖的方式来实现动态多态。方法覆盖是通过子类覆盖父类的方法，或者类实现接口中的方法，在声明对象变量时使用父类或接口来声明变量，创建对象则使用子类来创建。

内部类是定义在一个类体内部的类。内部类有 4 种形式：实例成员内部类、静态内部类、局部内部类、匿名内部类。

最后通过一个综合案例演示了面向接口编程的思路，体会面向接口编程的优点。

本章中需要强调的地方有以下几点。

(1) 抽象类的属性不能定义成 final，因为属性为 final 的类不能有子类，而抽象类必须通过子类来实现其中定义的抽象方法。

(2) 一个类在继承某个类的同时，还可以实现多个接口。

(3) 接口中的变量都是 public、static、final 的，但是可以省略这 3 个关键字。

(4) 接口中的方法都是 public、abstract 的。

习题

1. 接口与抽象类有什么区别？什么情况下使用接口？什么情况下使用抽象类？
2. 什么是多态？多态的好处是什么？多态有哪几种实现方式？
3. 内部类有哪几种形式？
4. 外部类里面如何使用实例成员内部类？其他类里如何使用实例成员内部类？
5. 在外部类里面如何使用 static 内部类？在其他类里如何使用 static 内部类？
6. 内部匿名类如何定义类体和创建对象？

第6章 异常处理

本章要点

(1) 异常和常见异常类;
(2) try、catch、finally 的用法;
(3) throws 和 throw;
(4) 自定义异常;
(5) 断言。

学习目标

(1) 掌握异常的概念及 Java 中的常见异常类;
(2) 掌握 Java 中如何捕获和处理异常;
(3) 掌握自定义异常类及其使用;
(4) 掌握断言的用法。

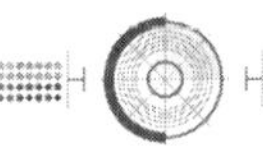

6.1 异常概述

6.1.1 什么是异常

6-1 异常处理机制

在编写程序的过程中，会出现各种错误。有语法错误，有的程序运行过程中出错，还有的程序运行过程中尽管没有报错，但出来的结果不对，这属于程序的逻辑错误。程序中的错误很难避免，只能尽可能地减少错误。对于语法错误，在编译时即可发现。当然，捕捉错误的最佳时机是在编译时。但是编译时不能发现错误怎么办？例如，想打开的文件不存在、网络连接中断、操作数超出预定范围、正在装载的类文件丢失、访问的数据库打不开等。这些状态在程序编译时无法发现错误，等到程序运行时才会出现问题。Java 把这些非正常的意外事件称为异常(exception，又称为“例外”)。

异常是指在某些情况下，正在执行的代码块或方法无法继续执行的问题。先来看一个例子。

【例 6-1】出现被零除异常的例子。具体代码如下：

```
public class TestException{
    public static void main(String [] args){
        int result = new Test().divide(3, 0);
        System.out.println("the result is" + result);
    }
}
class Test{
    public int divide(int x, int y){
        return x/y;
    }
}
```

程序编译成功，运行时报错。错误提示如下：

```
Exception in thread "main" java.lang.ArithmeticException: / by zero
    at ch6.Test.devide(TestException.java:10)
    at ch6.TestException.main(TestException.java:4)
```

程序运行时报告发生了算术异常(ArithmeticException)。根据给出的错误提示可知，发生错误是因为在算术表达式“3/0”中，0 作为除数出现。系统不再执行下去，提前结束。这种情况就是出现了异常。

由此可知，编译成功的程序未必可以正确运行。不能正确运行程序，意味着有异常产生。

为了保证程序的正常运行，及时有效地处理程序运行中的错误，Java 语言提供了一套优秀的异常处理机制。

6.1.2 Java 中常用的异常

异常类是处理运行时错误的特殊类，Java 针对各种常见的异常定义了相应的异常类，每种异常类对应一种特定的运行错误。异常分为系统定义异常和用户自定义异常。

◎ 系统定义异常：指 Java 中对一些常见问题提供了对应的异常类。

◎ 用户自定义异常：程序员对特定问题，根据 Java 规范编写的异常类。

我们现在来学习系统定义的异常。

Java 中所有的异常类都是 java.lang.Throwable 的子类。Throwable 类有两个直接子类：Error 类及 Exception 类，如图 6-1 所示。

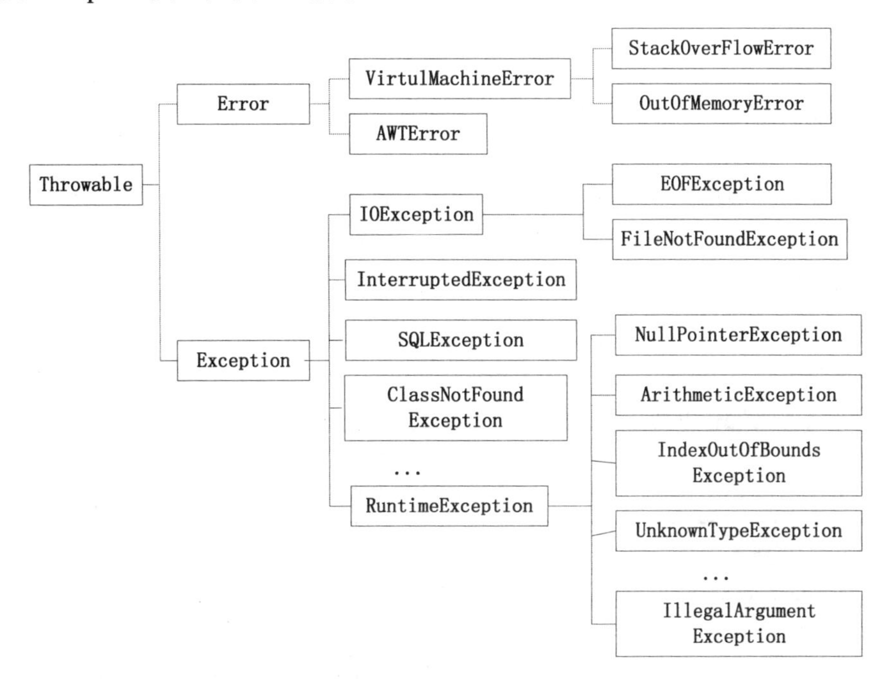

图 6-1　常用的异常类

(1) Error 类描述的是内部系统错误，包括动态链接失败、虚拟机错误等，Java 程序不做处理。这类异常主要与硬件有关系，而不是由程序本身抛出，通常不由 Java 程序处理，用户也无法捕获。

(2) Exception 类描述的是程序和外部环境引起的错误，这些错误能通过程序捕获和处理。Exception 出现的常见原因：打开的文件不存在、网络连接中断、操作数超过允许范围、想要加载的类文件不存在、试图通过空的引用型变量访问对象、数组下标越界等。

Java 中定义了许多 Exception 的子类，分为两种：运行时异常(RuntimeException)和非运行时异常。

1. 运行时异常

运行时异常是一些可以通过适当的处理而避免的异常，在程序运行中，可自动由 JVM 引发并处理，编程时不需捕获或声明，如被 0 除、数组下标越界等，这类异常是编码时考虑不周产生的，完全可以通过判断来避免，因此也称为非受检异常。常见的运行时异常如表 6-1 所示。

2. 非运行时异常

非运行时异常通常由环境因素引起，与程序员无关，如输入/输出异常(IOException)、文件不存在、无效的 URL 等。Java 编译器要求 Java 程序必须捕获或声明所有的非运行时异常，因此也称为受检异常。常见的非运行时异常如表 6-2 所示。

表 6-1　常见的运行时异常

运行时异常	对异常的描述
ArrayStoreException	试图将错误类型的对象存储到一个对象数组时抛出此异常
ArithmeticException	当出现异常的运算条件时抛出此异常，如整数除以 0
ClassCastException	当两个没有所属关系的类的实例进行类型转换时抛出此异常
IllegalArgumentException	不合法的变量或者不适当的参数被传递给方法时抛出此异常
IndexOutOfBoundsException	索引越界时抛出此异常
ArrayIndexOutOfBoundsException	数组索引小于 0 或者超过数组的最大长度时抛出此异常
StringIndexOutOfBoundsException	字符串索引小于 0，或者大于或等于字符串长度时抛出此异常
NegativeArraySizeException	如果试图创建一个长度为负数的数组，会抛出此异常
NullPointerException	当对象没有实例化就试图通过该对象的变量访问它时抛出此异常
SecurityException	由安全管理器抛出的异常，指示存在安全上的漏洞或威胁
UnsupportedOperationException	当不支持请求的操作时，抛出该异常

表 6-2　常见的非运行时异常

非运行时异常	对异常的描述
CloneNotSupportedException	当试图克隆一个没有实现 Cloneable 接口的对象时抛出此异常
InterruptedException	当线程在很长一段时间内一直处于正在等待、休眠或暂停状态，而另一个线程用 Thread 类中的 interrupt 方法中断它时抛出该异常
ClassNotFoundException	当程序使用 Class 类中的 forName 方法，或者 ClassLoader 类中的 findSystemClass 方法和 loadClass 方法试图载入某个类，而没有找到时抛出此异常
InstantiationException	当要被实例化的类是抽象类或接口时抛出此异常
IllegalAccessException	当某个方法试图载入其没有权限访问的类时抛出此异常
NoSuchMethodException	当某个特定的方法无法找到时抛出此异常
IOException	表示 I/O 操作时可能产生的各种异常
FileNotFoundException	文件找不到异常

6.2 Java 的异常处理机制

异常处理是 Java 语言提供的用于处理异常的一种机制。

Java 中针对各种运行错误定义了很多异常类，每个异常类都代表了一种运行错误。每当 Java 程序运行过程中某段代码发生一个可识别的运行错误时，Java 虚拟机都会产生一个相应的异常类对象，该对象封装了异常的有关信息：异常的名字、出现位置等。一旦一个异常对象产生了，程序中应该有相应的代码来处理它，确保不会出现死机或其他对操作系统的损害，从而保证了整个程序运行的安全。这就是 Java 的异常处理机制。

概括地说，Java 的异常处理机制就是要执行以下三个步骤。

(1) 异常的抛出。程序在执行过程中发生异常，Java 虚拟机会发现并产生一个异常对象，这个过程就是异常的抛出。可以由系统来抛出异常，也可以由程序员在代码中使用 throw 强制抛出某种类型的异常。

(2) 异常的捕获。出现异常后，Java 可以通过 try、catch、finally 语句来捕获异常，并做相应的处理，这个过程称为异常的捕获。

(3) 如果没有捕获异常的代码，程序将终止运行。

6.2.1 try-catch-finally 语句

try 和 catch 实际的意思是：尝试执行这块可能导致异常的代码，如果它执行正常，那么继续执行下面的程序。如果该代码无法执行，捕捉该异常并进入 catch 的代码块运行，由 catch 的代码对它进行处理。最后，无论是否有异常，都进入 finally 的代码块运行。

try-catch-finally 语句的基本格式如下：

```
try{
    //可能产生异常的代码放在此处
}
catch (异常类名 1  异常对象名){
    //在此处理异常类型 1 对应的异常
}
catch (异常类名 2  异常对象名){
    //在此处理异常类型 2 对应的异常
}
finally{
    //最终的程序出口，往往在此处写一些清理资源的语句
}
```

try-catch-finally 语句把可能产生异常的语句放入 try{}语句块中。若 try 代码块中的语句发生了异常，系统将这个异常发生的代码行号、类别等信息封装到一个对象中，并将这个对象传递给 catch 代码块。程序就会跳转到 catch 代码块中执行。

在 try{}语句后紧跟一个或多个 catch 代码块，用于对 try 代码块中所生成的异常对象进行处理，每一个 catch 代码块处理一种可能抛出的特定类型的异常。在运行时，如果 try{}语句块中产生的异常与某个 catch 代码块处理的异常类型相匹配(匹配是指异常参数类型与实际产生的异常类型一致或是其父类)，则将停止执行 try 代码块中的剩余语句，并跳转到 catch 代码块中执行该 catch 语句块。

finally 语句是异常处理的最后一步，通过 finally 语句为异常处理提供一个统一的出口。finally 子句是可选的。无论 try 所指定的程序块中是否抛出异常、抛出哪种异常，finally 语句中包含的代码都要被执行。因此，通常在 finally 语句中可以进行资源的清除工作，如关闭打开的文件、删除临时文件等。finally 中的代码块不能被执行的唯一情况是：在 try 或 catch 代码块中执行了 System.exit(0)。

关于 try、catch、finally，需要强调的内容如下。

(1) 一条 try 语句后可以有多条 catch 语句和一条 finally 语句。有 try 语句，后面必须有 catch 语句或 finally 语句。如果只有 try 和 finally，没有 catch 语句，则执行完 finally 后会

继续向上层代码抛出异常，上层代码可以继续使用 catch 捕获。

(2) 如果 try 代码块中某条语句出现异常，则该条语句后面的语句不再被执行，程序流程被转到相应的 catch 语句；如果 try 中没有出现异常，则执行后续语句。

(3) 系统根据抛出的异常种类执行相应的 catch 语句，且 catch 语句只能执行一次。

(4) 多个 catch 语句应当注意顺序，即先是具体的异常，后是一般的异常。也就是一般先捕获子类异常，再捕获父类异常。否则，编译时编译器会提示错误。

捕获异常的匹配规则如下。

(1) 抛出的异常对象与 catch 语句的参数类型相同。

(2) 抛出的异常对象是 catch 语句的参数类型的子类。

(3) catch 语句的参数类是一个接口时，发生的异常对象类实现了这一接口。

(4) 按 catch 语句的顺序捕获异常，匹配一个 catch 语句后，后面的 catch 语句不再执行。catch 关键字后面括号中的 Exception 类型的参数 e 就是 try 代码块中出现异常时，由 Java 虚拟机生成的异常对象。

【例 6-2】 使用 try-catch 来捕获异常。具体代码如下：

```
package ch6;
public class NullExceptionDemo1 {
    Bike bike;
    public void driveBike(){ bike.run(); }
    public static void main(String[] args) {
        try{
            NullExceptionDemo1 demo = new NullExceptionDemo1();
            demo.driveBike();   //会抛出空指针异常
            System.out.println("骑自行车成功");  //该行代码不会执行
        }catch(NullPointerException e){
            System.out.println("出现错误："+e.getMessage());
        }
        System.out.println("main 执行完毕");
    }
}
class Bike{
    public void run(){ System.out.println("开始跑了"); }
}
```

可以看到，因为 bike 并没有实例化，demo.driveBike()会抛出空指针异常，然后程序转到 catch 语句执行，最后输出“main 执行完毕”，说明程序并没有因为出现异常就终止运行，这就是 try-catch 的作用。

异常处理常用两个函数来获取异常的有关信息。

(1) getMessage()函数。得到错误信息，它是 Throwable 类所提供的方法，用来得到有关异常事件的信息。

(2) printStackTrace()函数。输出异常的类型、栈层次及出现在程序中的位置。

6.2.2 异常的抛出及声明

如果一个方法中的语句执行时可能生成某种异常，或者说语句执行时存在某种隐患，但是并不能确定如何处理，或者不想在此方法中处理，则可以将异常抛给调用该方法的程序。此时需要在方法首部声明该异常，表明该方法将不对这些异常进行处理，而由该方法的调用者负责处理。如果方法调用者仍不处理这些异常，可以继续抛出。直到 main 方法也无法处理，抛出后由 JVM 处理。

某个方法需要抛出异常，可以通过使用 throws 语句和 throw 语句来实现。throw 关键字是抛出异常对象，throws 关键字是声明该方法可能会抛出的异常类型。

1. throws

定义方法时，使用 throws 关键字来声明本方法可能抛出的异常类的格式如下：

```
[访问修饰符] 返回值类型 方法名([形参列表]) throws 异常类列表
{  ...  }
```

异常类之间用逗号分隔开。这些异常类的来源有两种情况。

(1) 方法中调用了可能抛出异常的方法而产生的异常。

(2) 方法体中生成并使用 throw 抛出的异常。

2. throw

在 Java 中，所有系统定义的运行时异常都可以由系统自动抛出，程序员也可以根据实际情况在程序中抛出一个异常。例如，用户自定义的异常不能由系统自动抛出，它必须在程序中明确抛出异常。

throw 语句用来抛出一个异常，后接一个可抛出的异常类对象。其格式如下：

```
throw  new 异常类名([参数列表]);
```

或者：

```
异常类名 对象名 = new 异常类名([参数列表]);
throw 对象名;
```

其中，异常类必须是 Throwable 类或其子类。

当 throw 语句执行时，它后面的语句将不执行，此时程序转向调用者程序。

【例 6-3】抛出异常的例子。源文件为 TestThrow.java，其中的代码如下：

```
package ch6;
public class TestThrow {
    static int divide(int a, int b) throws Exception{
        //divide 方法不处理异常，用 throw 关键字抛出异常对象给调用者
        if(b==0)
            throw new Exception("除数为零");
        int c = 0;
        c = a/b;
        return c;
    }
    public static void main(String[] args) {
        int a=3,b=0,c=0;
        try {
            c = divide(a,b);        //divide 方法会抛出异常
        } catch (Exception e) {     //捕获异常
```

```
            System.out.println("调用 divide 出现错误: "+e.getMessage());
        }
        System.out.println("c="+c);   //c 仍是初始值 0
    }
}
```

关于抛出异常，在编写子类继承父类的代码时要注意：一个方法被覆盖时，覆盖它的方法必须抛出跟被覆盖的方法相同的异常或者异常的子类，或者不抛出异常。如果父类抛出多个异常，那么重写(覆盖)的方法必须抛出那些异常的一个子集，也就是说，不能抛出新的异常。

【例 6-4】方法覆盖时异常的抛出规则演示。源文件为 A.java，其中的代码如下：

```
package ch6;
import java.io.IOException;
public class A{
    public void method() throws  IOException{  }
}
class B extends A{
    public void method() throws Exception{ }
}//错误，不能抛出 IOException 的父类
class C extends A{
    public void method() throws IOException , ClassNotFoundException{ }
}//错误，不能抛出新的异常类型
class D extends A{
    public void method(){   }
}//正确，不抛出异常
class E extends A{
    public void method() throws IOException {  }
}//正确，抛出的异常类型跟父类一样
class F{
    public void method() throws IOException, ClassNotFoundException{}
}
class G extends F{
    public void method() throws ClassNotFoundException{}
}//正确，抛出的异常类型是被覆盖方法抛出的异常类型的子集
```

在调用带异常的方法时，编译程序将检查调用者是否有异常处理代码，除非在调用者的方法声明中也声明抛出相应的异常，或者使用 try-catch-finally 来捕获处理异常，否则，编译时会给出异常未处理的错误提示。

6.3 自定义异常

尽管系统定义的异常能够处理系统可以预见的又较为常见的大多数运行错误，但有时，还可能出现系统没有考虑到的异常。对于某个应用程序所特有的运行错误，则需要编程人员根据程序的特殊逻辑，在用户程序里创建用户自定义的异常类和异常对象，这种用户自定义异常，主要用来处理用户程序中特定的逻辑运行错误。

6-2 系统定义异常和用户自定义异常

声明一个新的异常类，该异常类必须从 Java 已定义的异常类继承，如 Exception、IOException 等。因为 Java 异常处理机制只能处理 Throwable 类或其子类的对象，但在

Throwable 类的子类中，Error 是系统内部较严重的错误，一般不由程序处理，所以一般自定义异常类通过继承 Exception 类来实现。Exception 类自己没有定义任何方法，它继承了 Throwable 类提供的方法，因此，所有的异常(包括自定义异常)都可以获得 Throwable 定义的方法，当然，也可以在自定义的异常类里覆盖这些方法。

注意

一般不将自定义的异常类作为运行时异常类的子类，除非该类确实是一种运行时异常类型。另外，从 Exception 类派生的自定义异常类的名字一般以 Exception 结尾。

Throwable 类的几个常用方法如下。

◎ String getMessage()：返回一个异常的描述。

◎ void printStackTrace()：把堆栈轨迹输出到指定的输出流。

◎ String getLocalizedMessage()：返回一个异常的局部描述。

可以为新的异常类定义属性和方法，或覆盖父类的方法，使这些方法能够体现该类所对应的错误的信息。

【例 6-5】自定义年龄异常类。定义 People 类，具有姓名和年龄属性，假设人的年龄为 0～300 岁，年龄超过 300 岁或者小于 0 岁就抛出异常。在给年龄赋值时做判断，如果不符合年龄范围，则会抛出年龄异常。具体代码如下：

```
package ch6;
public class AgeException extends Exception{
    public AgeException(){
        //调用父类的构造方法，将“年龄超过范围”赋值给父类的 message 变量
        super("年龄超过范围");    //异常错误信息是固定的
    }
    public AgeException(String message){
        //调用父类的构造方法，将 message 传递给父类的 message 变量
        super(message);      //异常错误信息由调用者指定
    }
}
package ch6;
public class People {
    private String name;    //姓名
    private int age;        //年龄
    public String getName() { return name; }
    public void setName(String name) { this.name = name; }
    public int getAge() { return age; }
    public void setAge(int age) throws AgeException{
        if(age<0||age>300)
            throw new AgeException();
        this.age = age;
    }
    public static void main(String[] args) {
        People p = new People();
        try {
            p.setAge(400);
        } catch (AgeException e) {
            System.out.println("给 age 赋值错误："+e.getMessage());
```

```
        }
    }
}
```

程序中首先声明了一个自定义的异常类 AgeException，它是 Exception 的子类，然后重写了它的构造方法，并在 People 类的 setAge 方法中抛出异常信息。

6.4 断言

断言是 Java 程序的一种调试方法，严格地说不属于异常范畴。断言一般用于不想用异常处理来捕获的错误。当发生某个错误时，要求程序立即停止运行，这时可以使用断言。Java 默认是禁用断言的，可以在调试阶段打开断言，在发布阶段禁用断言；如果发布了程序后又需要调试，则可以重新启用断言。

6-3 断言及程序调试

断言有两种语法格式：

(1) assert booleanExpression;

(2) assert booleanExpression: message;

其中，booleanExpression 是一个布尔表达式，message 是一个字符串。

如果使用(1)格式的断言语句，则当 booleanExpression 为 true 时，程序继续执行；当 booleanExpression 为 false 时，程序停止执行。

如果使用(2)格式的断言语句，则当 booleanExpression 为 true 时，程序继续执行；当 booleanExpression 为 false 时，程序会输出 message 的值，并停止执行。

【例 6-6】使用断言的例子。具体代码如下：

```
package ch6;
public class AssertDemo {
    public static void main(String[] args) {
        int a=10,b=0,c=0;
        assert b!=0:"除数 b 为 0 了";
        c = a/b;
        System.out.println("c="+c);
    }
}
```

程序中断言 b!=0，如果 b 等于 0，则输出“除数 b 为 0 了”并停止执行。如果 b 不等于 0，则程序会输出 c 的结果。

上述程序如果直接编译运行，断言是不起作用的，相当于没有断言，因为断言默认是不启用的，所以会执行“c=a/b;”这句代码。直接运行的结果如下：

```
Exception in thread "main" java.lang.ArithmeticException: / by zero
    at ch6.AssertDemo.main(AssertDemo.java:7)
```

要想让断言起作用，必须启用断言。在命令行下启用断言运行，需要用以下语句：

```
java  -ea  AssertDemo
```

在 Eclipse 下启用断言运行，需要执行菜单命令 Run→Run Configurations，窗口如图 6-2 所示。

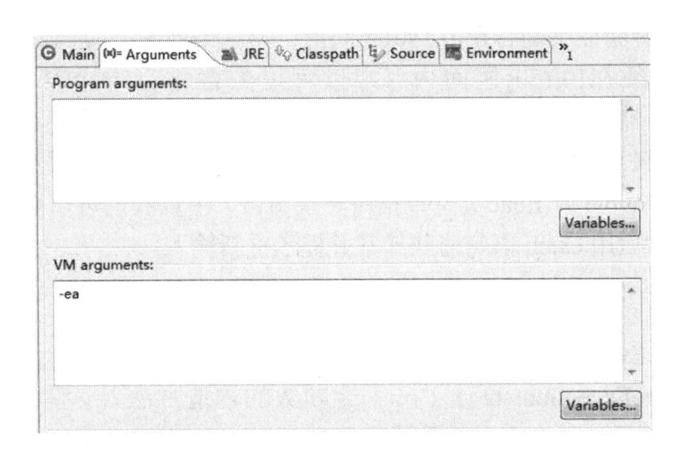

图 6-2　在 Eclipse 下设置启用断言

在 VM arguments 框中输入-ea，然后运行即可。运行结果如下：

```
Exception in thread "main" java.lang.AssertionError: 除数b为0了
    at ch6.AssertDemo.main(AssertDemo.java:6)
```

输出了断言设置的输出信息“除数 b 为 0 了”，程序停止运行，不再执行“c=a/b;”这句代码。

6.5 案例实训：学生成绩管理

本节通过一个综合案例来加深对异常的理解，掌握异常处理的机制。

1. 题目要求

已知学生具有学号、姓名、数学成绩、语文成绩等信息，其中数学和语文成绩必须在[0,150]区间内。要求如下。

(1) 编写一个学生类 Student，包含 id(学号)、name(姓名)、mathScore(数学成绩)、chineseScore(语文成绩)属性。

(2) 在给数学和语文成绩赋值时，如果成绩不在[0,150]区间则抛出成绩异常，异常信息为“成绩必须在[0,150]区间内”。

(3) 创建学生管理类 StudentManager，在 main 方法中，从键盘输入一个学生的学号、姓名、数学成绩、语文成绩，并创建一个学生对象。在从键盘输入学生成绩时，如果输入的不是数字，也能用异常处理机制处理，从而让用户重新输入。

2. 题目分析

第(1)个要求比较简单，按照面向对象的思路，设计一个 Student 类，里面包含 4 个私有属性即可。注意，学号和姓名一般设计成 string 类型，成绩可以设计成 float 或者 double 类型，然后增加 4 个参数的构造方法和 4 个属性对应的 setter 和 getter 方法。

第(2)个要求判断成绩是否在[0,150]区间内，如果不在这个区间则要抛出异常。这里涉及两个问题：一是在哪里判断？二是抛出什么异常？第一个问题，根据面向对象的思路，给属性赋值一般是在 setter 方法和构造方法中，所以我们需要在 setMathScore 和 setChineseScore

方法和构造方法中判断成绩是否在[0,150]区间内；第二个问题，我们可以简单地抛出 new Exception("成绩必须在[0,150]区间内")，也可以先自定义一个继承自 Exception 的 ScoreException 类，然后抛出 new ScoreException("成绩必须在[0,150]区间内")。

第(3)个要求从键盘输入成绩时，由于用户输入的信息中可能误输入了字母，从而造成用 Scanner 类读入 double 或 float 类型数据时转换出错，所以我们可以把读入数据的代码放在 try 代码块中，然后用 catch 语句捕获异常并提示重新输入。

3. 程序实现

1) 设计 ScoreException 类

这里只为 ScoreException 设计了一个无参数的构造方法，读者也可以参照前面的 AgeException 类，再设计一个有参数的构造方法。

ScoreException.java 的代码如下：

```
package ch6;
public class ScoreException extends Exception {
    public ScoreException(){
        super("成绩必须在[0,150]区间内");
    }
}
```

2) 设计 Student 类

Student.java 的代码如下：

```
package ch6;
public class Student {
    private String id,name;
    private double mathScore,chineseScore;
    public String getId() {
        return id;
    }
    public void setId(String id) {
        this.id = id;
    }
    public String getName() {
        return name;
    }
    public void setName(String name) {
        this.name = name;
    }
    public double getMathScore() {
        return mathScore;
    }
    public void setMathScore(double mathScore) throws ScoreException{
        if(mathScore<0||mathScore>150)
            throw new ScoreException();
        this.mathScore = mathScore;
    }
    public double getChineseScore() {
        return chineseScore;
```

```
    }
    public void setChineseScore(double chineseScore) throws ScoreException{
        if(chineseScore<0||chineseScore>150)
            throw new ScoreException();
        this.chineseScore = chineseScore;
    }
    public Student(String id, String name, double mathScore, double
chineseScore) throws ScoreException{
        if(mathScore<0||mathScore>150)
            throw new ScoreException();
        if(chineseScore<0||chineseScore>150)
            throw new ScoreException();
        this.id = id;
        this.name = name;
        this.mathScore = mathScore;
        this.chineseScore = chineseScore;
    }
}
```

3) 设计 StudentManager 类

StudentManager.java 的代码如下：

```
package ch6;
import java.util.InputMismatchException;
import java.util.Scanner;
public class StudentManager {
    public static void main(String[] args) {
        Scanner sc=new Scanner(System.in);
        //先读入学号和姓名
        System.out.println("请输入学号：");
        String id=sc.next();
        System.out.println("请输入姓名：");
        String name=sc.next();
        double mathScore,chineseScore;
        //读入数学成绩，放在循环语句中，如果输入错误就循环重新读入，否则退出循环
        while(true){
            try{
                System.out.println("请输入数学成绩：");
                mathScore=sc.nextDouble();
                break;//如果读入成功则退出循环
            }catch(InputMismatchException e){
                System.out.println("数学成绩必须是 double 类型数据");
                //输出错误信息，继续循环读入
                sc.nextLine();
                //错误的数学成绩会留在缓存中，需要用 nextLine()消耗掉，否则会死循环
            }
        }
        //读入语文成绩，放在循环语句中，如果输入错误就循环重新读入，否则退出循环
        while(true){
            try{
                System.out.println("请输入语文成绩：");
                chineseScore=sc.nextDouble();
```

```
                break;  //如果读入成功则退出循环
            }catch(InputMismatchException e){
                System.out.println("语文成绩必须是 double 类型数据");
                //输出错误信息，继续循环读入
                sc.nextLine();
                //错误的语文成绩会留在缓存中，需要用 nextLine()消耗掉，否则会死循环
            }
        }
        sc.close();     //关闭
        Student s1=null;
        try {
            s1=new Student(id,name,mathScore,chineseScore);
            System.out.println("s1 创建成功");
        } catch (ScoreException e) {
            System.out.println(e.getMessage());     //输出异常信息
        }
    }
}
```

以上代码完成了学生成绩管理，功能很简单，只完成创建一个学生对象而已，后续章节会继续完善这个成绩管理功能。上述案例中大部分代码都很简单，注释写得也比较详细。需要特别解释的是 StudentManager 类中读入成绩代码部分，在 catch 代码块中增加了 sc.nextLine()代码，这是因为在调用 sc.nextDouble()输入成绩时，如果用户输入了错误的数据，该错误数据没有被解释，仍留在输入流的缓存中，执行下次循环调用 sc.nextDouble()时仍会读到该错误数据，从而变成了死循环，所以需要调用 sc.nextLine()把该错误数据消耗掉，然后输入流中才能有重新输入的数据。

本章小结

在本章中，我们讲述了 Java 的异常处理机制。所谓异常，就是在程序的运行过程中发生的错误现象，但不包括程序的语法错误和系统级的错误。Java 根据错误类型，预先定义了一些异常类，当程序运行过程出现相应的错误时，虚拟机将抛出一个对应的异常对象。我们可以通过 try-catch-finally 语句对异常进行处理，可能发生异常的语句要放在 try 语句代码块里，要捕获的异常对象及相应的处理语句要放在 catch 语句代码块里，一些善后工作的代码可以放在 finally 语句代码块里。一个 try 语句必须至少与一个 catch 或 finally 语句配对出现，不能只有 try 语句。

Java 中出现的异常有运行时异常和非运行时异常。运行时异常一般不需要通过 try-catch 来捕获，应该通过完善代码来避免出现异常，例如，除数为 0 时异常，应该在代码中增加判断来避免异常的产生。非运行时异常不能通过代码判断来避免，必须使用 try-catch 来捕获与处理。

对一些在编程过程中可能出现的错误，但 Java 没有定义的异常，我们可以自己定义异常类，然后在程序中使用我们的异常类，这与 Java 语言预先定义的异常类的用法一样。

如果某个方法中的语句可能会出现异常，并且不希望在该方法中处理异常，而希望在调用该方法的外层的代码中处理，可以在该方法的定义中用 throws 语句声明该方法可能出

现的异常类型，在方法体中出现异常时，用 throw 语句抛出异常对象，这样就可以在外层的代码中用 try-catch 语句来捕获并处理异常了。

本章最后还介绍了断言的用法。断言是一种调试手段，默认是不启用断言的。断言主要用于调试程序，判断某个变量的中间结果是否是预想的值。如果是预想的值，程序就正常运行，否则就停止运行，从而便于程序员发现程序中的错误。

习题

一、问答题

1. 什么是异常？异常分为哪几种？
2. Java 通过什么语句来捕获异常？
3. 简述 Java 的异常处理机制。
4. 简述 try、catch、finally 的使用方法。

二、编程题

练习自定义异常的用法。定义一个年龄异常类 AgeException，定义一个 Person 类，具有 name(姓名)、age(年龄)属性，以及 setAge(int age)方法，当 age 属性的值不在 0～200 范围内时，抛出年龄异常。

第7章 常用类库

本章要点

(1) Java 类库的基本框架;

(2) 常用类(字符串类、日期类和包装类)的使用;

(3) 集合类的创建和使用。

学习目标

(1) 掌握 String、StringBuffer、StringTokenizer 等字符串类的使用方法;

(2) 掌握日期类 Date、Calendar 的使用方法;

(3) 了解集合框架，掌握常用集合类(List、ArrayList、Set、HashMap 等)的用法;

(4) 掌握集合对象的创建，以及在集合中添加、删除、遍历元素的方法。

Java 语言由语法规则和类库两部分组成。语法规则规定程序书写规范；类库是 Java 应用程序接口(application program interface，API)，可以帮助开发者方便、快捷地开发 Java 程序。

API 以包的形式来组织类库。Java 类库中一些常用的包如下。

◎ java.lang：默认导入的包，提供程序设计的常用基础类和接口，例如 Runnable 接口、Object、Math、String、StringBuffer、System、Thread 及 Throwable 类等。
◎ java.util：工具类库，提供包含集合框架、集合类、日期时间等实用工具类。
◎ java.io：Java 的标准输入输出类库。
◎ java.applet：实现 Java Applet 小程序的类库。
◎ java.net：提供实现网络应用与开发的类库。
◎ java.sql：提供访问并处理存储在数据源(通常是关系型数据库)中的数据。
◎ java.awt 和 javax.swing：提供用于构建图形用户界面的类库。
◎ java.awt.event：图形界面中的用户交互控制和事件响应类库。

本章将学习类库中的一些常用类(例如 String、StringBuffer、StringTokenizer、Date、Calendar、包装类、集合类等)的使用方法。

7.1 定义字符串的 String 类

1. 创建 String 类的对象

7-1 字符串类

用 String 创建的字符串是固定的、不可改变的对象，每一个字符串常量是字符串类 String 的一个对象。构造一个字符串对象的常用方法如下。

1) 遇到双引号自动创建 String 类的对象

可以使用双引号(" ")创建字符串常量。例如："大家好"，"88.9" ，String str="我是字符串常量"。

Java 提供字符串运算符“+”完成字符串的连接，例如：

```
System.out.println("Hello，"+"everyone");
```

2) 使用构造方法创建 String 类的对象

(1) public String()：创建空串。例如：

```
String s = new String();    //生成一个空字符串
```

(2) public String(String str)：创建一个以 str 为内容的新字符串。例如：

```
String s = new String("we are students");
```

(3) public String(char a[])：用字符数组 a 中的字符创建一个新字符串。例如：

```
char a[] = {'w', 'h', 'y'};
String s = new String(a);   //s="why"
```

(4) public String(char a[], int startIndex, int count)：将字符数组 a 中第 startIndex 个字符开始的 count 个字符组合起来创建为一个新字符串。startIndex 从 0 开始。例如：

```
char a[] = {'a', 't', 'b', 'u', 's', 'n', 'v'};
```

```
String s = new String(a,2,3);  //s="bus"
```

(5) public String(byte[] array)：用字节数组 array 创建一个新字符串。例如：

```
byte[] a = {54,55,56};
String s = new String(a);  //s="678"，'6'的 unicode 码是 54
```

(6) public String(byte[] array, int offset, int length)：将字节数组 array 的第 offset 个数组元素开始的 length 个字节创建为一个新字符串。例如：

```
byte[] a = {54,55,56};
String s = new String(a,1,2);  //s="78"
```

用双引号和 String 的构造方法创建字符串对象方式的区别是：通过双引号自动创建的字符串对象存在于常量池，通过构造方法创建的字符串对象存在于堆内存中。

2. String 类的对象可以调用的方法

String 类的对象可以调用很多实用成员方法，如获取字符串长度、字符串的比较等。

(1) public int length()：获取字符串长度。例如：

```
int n1 = "we are students".length();  //n1=15
```

(2) 字符串的比较有以下几种方法。

① public boolean equals(String s)：判断字符串的内容是否相同(区分大小写)。例如：

```
String first = new String("ABC"), second = new String("abc");
boolean bol = first.equals(second);    //bol 的值是 false
```

② public boolean equalsIgnoreCase(String s)：判断字符串是否相同(不区分大小写)。例如：

```
String first = new String("ABC"), sec = new String("abc");
boolean bol = first.equalsIgnoreCase(sec);  //bol 的值是 true
```

③ public boolean startsWith(String prefix)：判断字符串是否以字符串 prefix 为前缀。例如：

```
String first = "computer";
first.startsWith("com");   //返回 true
```

④ public boolean endsWith(String suffix)：判断该字符串是否以字符串 suffix 为后缀。例如：

```
String first = "computer";
first.endsWith("ter");  //返回 true
```

⑤ public int compareTo(String s)：按字典顺序进行字符串比较。例如：

```
String str="abc",s="cde";
int k = str.compareTo(s);          //k=-2，a 比 c 的 unicode 码少 2
int z = str.compareTo("abc");      //z=0
int i = str.compareTo("abcdef");   //i=-3，abc 比 abcdef 的长度少 3
```

注意，用“==”判断的话，比较的是两个字符串的引用是否相等，即地址是否相等。

用 equals 方法比较的是字符串的内容是否相同。例如：

```
String s1="abc",s2="abc";
```

s1==s2 为 true，因为用双引号创建字符串时，第二次出现相同的字符串就不再创建新的对象，直接把 s1 的地址赋给 s2，所以它俩的地址相同。

```
String s3 = new String("abc"), s4 = new String("abc");
```

s3==s4 为 false，因为 s3 和 s4 是通过构造方法创建的新对象，所以它俩的引用不同，是两个不同的对象。

s3.equals(s4)为 true，因为 s3 和 s4 的内容相同，都是"abc"。

(3) public String trim()：返回字符串的副本，去掉前导空格和尾部空格。例如：

```
String str = "  Hello  World    ".trim();  //得到的是"Hello  World"
```

(4) 字符串的检索有以下几种方法。

① public int indexOf(String s)：从第一个字符开始寻找 s 子串首次出现的位置。

② public int indexOf(String s, int startpoint)：从第 startpoint 个位置开始寻找 s 子串首次出现的位置。

③ public int lastIndexOf(String s)：从第一个字符开始寻找 s 子串最后出现的位置。

④ public int lastIndexOf(String s, int startpoint)：从 startpoint 位置开始从右到左寻找 str 子串第一次出现的位置，相当于从 0 到 startpoint 位置寻找最后一次出现 str 的位置。例如：

```
String first = "I am a good cat";
first.indexOf("a");          //值是 2，从 0 开始算，第一个字符的索引是 0
first.indexOf("good",2);     //值是 7
first.lastIndexOf("a",7);    //值是 5
```

(5) 字符的检索有以下几种方法。

① public int indexOf(int charp)：返回从第一个字符开始寻找字符 charp 首次出现的位置。

② public int indexOf(int charp, int startpoint)：返回从第 startpoint 个位置开始寻找字符 charp 首次出现的位置。

③ public int lastIndexOf(int charp)：返回从第一个字符开始寻找字符 charp 最后出现的位置。

④ public int lastIndexOf(int charp, int startpoint)：返回从索引 0 到索引 startpoint 之间字符 charp 最后出现的位置。

(6) 截取字符串有以下几种方法。

① public String substring(int startpoint)：返回从第 startpoint 个位置开始到结束截取的字符串。

② public String substring(int start, int end)：返回从 start 开始到 end(不包括 end 位置)截取的字符串。例如：

```
String first = "0.2345678";
String s = first.substring(2,5);   //s 为"234"
```

(7) 字符的替换有以下两种方法。

① public String replace(char oldChar, char newChar)：用新字符 newChar 替换字符串中的旧字符 oldChar，返回替换后的新字符串。

② public String replaceAll(String regex, String newString)：用新字符串 newString 替换字符串中的所有旧字符串 regex(regex 可以是一个正则表达式)，返回替换后的新字符串。例如：

```
String s = "I mist theep";
String temp = s.replace('t', 's');
//temp 是"I miss sheep"
```

(8) 字符串连接：public String concat(String s)。得到一个合并的字符串。例如：

```
String str="我是", s="中国人";
String kk = str.concat(s);   //kk 是"我是中国人"
```

(9) 字符串向字符数组转换有以下几种方法。

① public void getChars(int start, int end, char c[], int offset)：将字符串中从 start 到 (end-1)位置的字符复制到字符数组 c 中，并从 c 的第 offset 个位置开始存放这些字符。

② public char[] toCharArray()：将字符串中的全部字符复制到字符数组中，返回该数组的引用。

③ public byte[] getBytes()：将字符串转换成字节数组。

【例 7-1】判断一个字符串里的字符类型。具体代码如下：

```
public class CharacterDemo {
    public void test(String str) {
        char[] charArray = str.toCharArray();
        for (int i = 0; i < charArray.length; i++) {
            if (Character.isDigit(charArray[i])) {// 判断指定的字符是否为数字
                System.out.println(charArray[i] + " 是数字");
                continue;
            }
            if (Character.isLetter(charArray[i])) {// 判断指定的字符是否为字母
                if (Character.isUpperCase(charArray[i]))// 是否为大写字母
                    System.out.println(charArray[i] + " 是一个大写字母");
                else
                    System.out.println(charArray[i] + " 是一个小写字母");
                continue;
            }
            System.out.println(charArray[i] + " 不是数字也不是字母 ");
        }
    }
    public static void main(String[] args) {
        CharacterDemo cd = new CharacterDemo();
        cd.test("fyzFZY1 2");
    }
}
```

(10) public String[] split(String regex)：返回基于 regex 拆分此字符串后形成的字符串数

组。例如：

```
String s1 = "This is my cat";
String[] sArray1 = s1.split(" ");   //按空格拆分字符串 s1
for(int i=0;i<sArray1.length;i++)
    System.out.println("sArray1["+i+"]="+sArray1[i]);
```

(11) valueOf 方法：public static String valueOf(type var)。将 var 转换成字符串，type 可以是任何基本类型。例如：

```
String str = String.valueOf(120);   // str 的值为 120
```

7.2 StringBuffer 类

String 定义的字符串是不可变的，只要改变就会生成新对象，这种操作方式非常消耗系统内存。为了降低内存消耗和提高系统运行速度，Java 提供了可变字符串缓冲类——StringBuffer 类。该类可多次增、删、查、改字符串内容而不产生新对象，而且是线程安全的。每一个 StringBuffer 对象都有初始容量，只要字符长度不超过它的容量，就不需要再分配新的内部缓冲容量，否则容量自动增大。

7-2 变长字符串-StringBuffer 类

StringBuffer 对象的创建可以使用以下构造方法。

◎ public StringBuffer()：创建一个空的 StringBuffer 类的对象。

◎ public StringBuffer(int length)：创建一个长度为 length 的 StringBuffer 类的对象。

◎ public StringBuffer(String str)：用字符串 str 作参数来创建 StringBuffer 对象。

String 的大多数方法 StringBuffer 都可以使用，除此之外，还增加了 String 没有的插入和删除字符串的方法。StringBuffer 类支持的常用成员方法如下。

(1) StringBuffer append(type x)：type 可以是基本类型，可以是字符串，也可以是字符数组。例如：

```
double d = 3.14;
StringBuffer st = new StringBuffer();
st.append(true);
st.append('c').append(d).append(15);   //最终 st 的值为 truec3.1415
```

(2) public char charAt(int n)：获取字符串中索引是 n 的字符，索引从 0 开始。

(3) public void setCharAt(int n, char ch)：用 ch 替换字符串中索引为 n 的字符。

(4) public StringBuffer insert(int index, String str)：将 str 插入到字符串 index 的位置。

(5) public StringBuffer reverse()：字符串反转。

(6) public StringBuffer delete(int startIndex, int endIndex)：删除从 startIndex 到 endIndex (不含)的字符串。

(7) public void deleteCharAt(int index)：删除 index 位置的字符。

(8) public StringBuffer replace(int startIndex, int endIndex, String str)：将从 startIndex 到 endIndex 的字符串用 str 替换。

(9) public int capacity()：获取缓冲区的大小。

【例 7-2】StringBuffer 的用法示例。具体代码如下：

```
public class StringBufferDemo {
    public static void main(String[] args) {
        StringBuffer sb = new StringBuffer();
        sb.append(123);
        sb.append("abc");
        sb.append("de");
        char x = sb.charAt(1);   //索引从 0 开始，所以结果是'2'
        System.out.println("x="+x);
        String temp1 = sb.toString();
        System.out.println("temp1="+temp1);         //"123abcde"
        String temp2 = sb.reverse().toString();     //反转
        System.out.println("temp2="+temp2);         //"edcba321"
    }
}
```

7.3 StringTokenizer 类

StringTokenizer 类用于将一个字符串分解成若干子串。

1. 构造方法

StringTokenizer 常用的构造方法如下。

(1) public StringTokenizer(String str)：用于构造一个使用默认分隔符解析 str 的 StringTokenizer 对象，Java 默认分隔符包括空格、换行符、回车符、Tab 符、进纸符。

(2) public StringTokenizer(String str, String delim)：用于构造一个指定分隔符 delim 解析 str 的 StringTokenizer 对象。例如：

```
StringTokenizer skI = new StringTokenizer("我是 中国人");
StringTokenizer skII = new StringTokenizer("I,am,a,student",",");
```

2. 常用的成员方法

StringTokenizer 常用的成员方法如下。

(1) public boolean hasMoreTokens()：是否还有分隔符，如果有就返回 true，没有则返回 false。

(2) public String nextToken()：返回字符串中的下一个子串。

(3) public Object nextElement()：返回字符串中的下一个子串，与 nextToken 方法类似，不同之处在于本方法的返回值是 Object，而不是 String。

(4) public int countTokens()：返回字符串中的子串个数。

【例 7-3】StringTokenizer 的用法示例。具体代码如下：

```
import java.util.StringTokenizer;
public class StringTokenizerDemo {
    public static void main(String args[]) {
        String s = "abc,def.大家好";
        StringTokenizer token = new StringTokenizer(s, ",.");
```

```
        //用“,”和“.”作为分隔符
        while (token.hasMoreElements()) {
            System.out.println(token.nextElement());
        }
    }
}
```

结果为：

```
abc
def
大家好
```

7.4 日期类

1. Date 类

Date 类提供很多针对日期进行操作的方法。Date 类的常用构造方法如下。

◎ public Date()：无参数构造方法，通过调用 System 的 currentTimeMillis()方法来获取当前时间戳，这个时间戳是从格林尼治时间 1970 年 1 月 1 日 0 时 0 分 0 秒到当前时间的毫秒数。

◎ public Date(long date)：可以将一个毫秒级的数据定义为 Date 格式的日期。date 是自格林尼治时间 1970 年 1 月 1 日 0 时 0 分 0 秒以来的毫秒数。

Date 类中日期与毫秒值互换的成员方法如下。

(1) public long getTime()：可以将一个日期类型转换为 long 类型的数值，返回从格林尼治时间 1970 年 1 月 1 日 0 时 0 分 0 秒到 Date 对象所代表时间之间经过的毫秒数。

(2) public void setTime(long time)：设置一个 Date 对象，用来代表从格林尼治时间 1970 年 1 月 1 日 0 时 0 分 0 秒起到 time 毫秒后的时间点。

(3) public boolean before(Date when)：判断 Date 对象所代表的时间点是否在 when 所代表的时间点之前。

(4) public boolean after(Date when)：判断 Date 对象所代表的时间点是否在 when 所代表的时间点之后。

【例 7-4】 Date 的用法示例。具体代码如下：

```
import java.util.Date;
public class Excercise7_5 {
    public static void main(String args[]) {
        Date now = new Date();   //获取系统当前时间
        Date when = new Date(10201020097865L);   //定义指定时间点
        boolean b1 = now.after(when);   //当前时间是否在 when 时间点之后
        boolean b2 = now.before(when);   //当前时间是否在 when 时间点之前
        Long d1 = now.getTime(),d2 = when.getTime();
        System.out.println("now 值为：" + now+"when 值为：" + when);
        System.out.println("b1 值为：" + b1+"b2 值为：" + b2);
        System.out.println("d1 值为：" + d1+"d2 值为：" + d2);
    }
}
```

2. Calendar 类

Calendar 用于表示日历，用于对日期进行操作或运算，它是被 abstract 所修饰的抽象类，不能通过 new 的方式来获得对象，需要用成员方法 getInstance()来得到一个 Calendar 对象：

```
public static Calendar getInstance();
```

例如：

```
Calendar rightNow = Calendar.getInstance();
```

为了对日期进行便捷操作，Calendar 类对 YEAR、MONTH、DAY_OF_MONTH、HOUR 等日历字段之间的转换和操作日历字段(例如获得下星期的日期)提供了一些成员方法。

◎ public long getTimeInMillis()：返回从格林尼治时间 1970 年 1 月 1 日 0 时 0 分 0 秒起到此 Calendar 对象所表示的时间点之间所经过的毫秒数。

◎ public boolean after(Object when)：判断此 Calendar 表示的时间是否在参数 when 表示的时间之后，返回判断结果。

◎ public boolean before(Object when)：判断此 Calendar 表示的时间是否在参数 when 表示的时间之前，返回判断结果。

可以使用下面的方法设置日历对象的时间(月份从 0 开始，0 代表 1 月)。

(1) public void set(int year, int month, int date)：将该日历对象的年、月、日分别设置为 year、month、date。

(2) public void set(int year, int month, int date, int hour, int minute)：将该日历对象的年、月、日、小时、分钟分别设置为 year、month、date、hour、minute。

(3) public void set(int year, int month, int date, int hour, int minute, int second)：将该日历对象的年、月、日、小时、分钟、秒分别设置为 year、month、date、hour、minute、second。

(4) public int get(int field)：返回给定日历字段 field 的值。

(5) public void set(int field, int value)：将给定的日历字段 field 设置为给定值 value。其中 field 可以取如下值。

◎ Calendar.YEAR：表示年份。

◎ Calendar.MONTH：表示月份。

◎ Calendar.DAY_OF_MONTH：表示一个月中的某天。

◎ Calendar.HOUR：表示小时。

◎ Calendar.MINUTES：表示分钟。

◎ Calendar.SECOND：表示秒。

◎ Calendar.DAY_OF_YEAR：表示一年中的某天。

◎ Calendar. DAY_OF_WEEK：表示一个星期中的某天。

◎ Calendar. DAY_OF_WEEK_IN_MONTH：表示当前月中的第几个星期。

【例 7-5】Calendar 的用法示例。具体代码如下：

```
import java.util.Calendar;
import java.util.Date;
public class Excercise7_6 {
    public static void main(String args[]) {
        Calendar calendar = Calendar.getInstance();
        calendar.setTime(new Date());
```

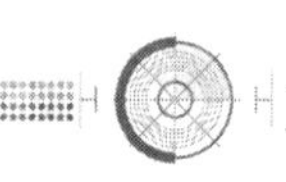


```
        System.out.println("现在时间是：" + new Date());
        String year = String.valueOf(calendar.get(Calendar.YEAR));
        String month = String.valueOf(calendar.get(Calendar.MONTH) + 1);
        String day = String.valueOf(calendar.get(Calendar.DAY_OF_MONTH));
        String week = String.valueOf(calendar.get(Calendar.DAY_OF_WEEK) - 1);
        System.out.println("当前时间："
            + year + "年" + month + "月" + day + "日，星期" + week);
        long year2009 = calendar.getTimeInMillis();
        calendar.set(1989, 9, 26);   //月份从 0 开始算，0 表示 1 月，9 表示 10 月
        long year1989 = calendar.getTimeInMillis();
        long days = (year2009 - year1989) / (1000 * 60 * 60 * 24);
        System.out.println("出生了" + days + "天。");
    }
}
```

【例 7-6】输入一个日期，判断该日期的第二天是哪一天。具体代码如下：

```
import java.util.Scanner;
public class DateApp {
    private static String nextDate(int y, int m, int d){
        boolean isLeap = false;   //默认不是闰年
        int dnum = 31;   //默认每月的天数是 31 天
        if (y < 1000 || y > 9999 || m < 1 || m > 12) {
            return "错误的日期";
        }
        if ((y % 400 == 0) || (y % 4 == 0 && y % 100 != 0)) {
            isLeap = true;
        }
        switch (m) {
        case 4:
        case 6:
        case 9:
        case 11:
            dnum = 30;
            break;
        case 2:
            if (isLeap) {
                dnum = 29;
            } else {
                dnum = 28;
            }
        }
        if (d < 1 || d > dnum) {
            return "错误的日期";
        }
        if (d != dnum) {
            d++;
        } else {
            if (m == 12) {
                y++;
                m = 1;
                d = 1;
            } else {
                m++;
```

```
                d = 1;
            }
        }
        return y + "-" + m + "-" + d;
    }
    public static void main(String[] args) {
        int y, m, d;   //年、月、日
        Scanner scanner = new Scanner(System.in);
        String date = scanner.nextLine();
        String ymd[] = date.split("-");
        y = Integer.parseInt(ymd[0]);
        m = Integer.parseInt(ymd[1]);
        d = Integer.parseInt(ymd[2]);
        String day=nextDate(y,m,d);
        System.out.println(day);
    }
}
```

7.5 包装类

Java 中数据类型可分为基本数据类型和引用数据类型。基本数据类型的数据不是对象，不能作为对象调用其 toString()、equals()等方法。为了使用方便，Java 将 8 种基本数据类型封装成包装类。除了 Integer 和 Character 类以外，其他 6 个类的类名和基本数据类型一致，将类名的第一个字母大写即可，详细对应关系如表 7-1 所示。

7-3 包装类

表 7-1 基本数据类型与包装类的对应关系

基本数据类型	包装类(Wrapper 类)
boolean	Boolean
char	Character
byte	Byte
short	Short
int	Integer
long	Long
float	Float
double	Double

以 Integer 类为例，其他包装类依此类推。

1. Integer 类简介

Integer 类是基本数据类型 int 对应的包装类。创建 Integer 对象的常用构造方法如下。

◎ public Integer(int value)：构造一个以 value 为值的 Integer 对象。

◎ public Integer(String s)：将 s 转变为 int 型数据，并以该数据为值构造一个 Integer 对象。s 中的字符必须是数字。

例如：

```
Integer i1 = new Integer(99);        // int 值 99 封装成 Integer 对象
Integer i1 = new Integer("99");      // 将字符串"99"封装成 Integer 对象
```

Integer 使用常量规定了数据类型的最大值、最小值。

◎ public static int MAX_VALUE：代表 int 类型的最大值的常量(值为 $2^{31}-1$)。

◎ public static int MIN_VALUE：代表 int 类型的最小值的常量(值为-2^{31})。

Integer 类提供一些非常有用的成员方法。

(1) public int intValue()：返回 Integer 对象对应的 int 值。例如：

```
Integer d1 = new Integer("5600");
int money = d1.intValue();   //返回 int 值 5600
```

(2) public static Integer valueOf(int i)：返回 int 型参数 i 对应的 Integer 对象。

(3) public static Integer valueOf(String s)：返回 String 型参数 s 对应的 Integer 对象，s 中的字符必须是数字。例如：

```
Integer intObject = Integer.valueOf("77");
```

(4) public int compareTo(Integer anotherInteger)：在数字上比较两个 Integer 对象。其他包装类依此类推。

例如：

```
Double doub1 = new Double(7.88);     //用 7.88 作参数构造 Double 类的对象 doub1
Double doub2 = new Double("7.88");   //用"7.88"作参数构造 Double 类的对象 doub2
double db = doub1.doubleValue();     //返回 doub1 对象对应的 double 值
Double doubleObject = Double.valueOf("12.88");
                                 //用"12.88"作参数生成 Double 类的对象 doubleObject
```

2. 字符串与数值的转换

1) 字符串转换为数值

包装类 Byte、Short、Integer、Long、Float、Double 分别有 parseByte、parseShort、parseInt、parseLong、parseFloat、parseDouble 方法，用于将字符串转换为对应的基本数据类型。同时包装类 Byte、Short、Integer、Long、Float、Double 还有 valueOf 方法，用于将字符串转换为对应的包装类对象。

(1) 字符串转换为整型。

① public static byte parseByte(String s)：字符串 s 转换为 byte 型。例如：

```
String s = "12";
byte k = Byte.parseByte(s);
```

② public static short parseShort(String s)：字符串 s 转换为 short 型。例如：

```
String s = "12";
short k = Short.parseShort(s);
```

③ public static int parseInt(String s)：字符串 s 转换为 int 型。例如：

```
String s = "12345";
int k = Integer.parseInt(s);
```

④ public static long parseLong(String s)：字符串 s 转换为 long 型。例如：

```
String s = "12345";
long k = Long.parseLong(s);
```

(2) 字符串转换为 Float 型。

① public static Float valueOf(String s)：字符串 s 转换为 Float 型。例如：

```
String s = "12345.88";
float k = Float.valueOf(s).floatValue();
```

② public static float parseFloat(String s)：Float 类的静态方法，将字符串 s 转换为 Float 型。例如：

```
String s = "12345.88";
float k = Float.parseFloat(s);
```

(3) 字符串转化为 Double 型。

① public static Double valueOf(String s) throws NumberFormatException：返回保持用参数字符串 s 对应 double 值的 Double 对象。例如：

```
String s = "12345.88";
double k = Double.valueOf(s).doubleValue();
```

② public static double parseDouble(String s) throws NumberFormatException：返回一个新的 double 值，该值被初始化为用指定 String 表示的值。例如：

```
String s = "12345.88";
double k = Double.parseDouble(s);
```

2) 数值转换为字符串

String 类有一系列静态方法，可以将数值转换为字符串。

public static valueOf(type var)：将 type 类型的变量 var 转化为字符串，type 可以是 int、double 等 8 种基本类型。例如：

```
float x = 123.987f;
String temp = String.valueOf(x);
```

3. Character 类

Character 类是基本数据类型 char 对应的包装类，构造方法为：public Character(char value)，构造字符 value 对应的 Character 对象。

Character 类中提供很多对字符操作的成员方法，其中大部分是静态方法。

(1) public static boolean isDigit(char ch)：如果 ch 是数字字符就返回 true，否则返回 false。

(2) public static boolean isLetter(char ch)：如果 ch 是字母就返回 true，否则返回 false。

(3) public static boolean isLetterOrDigit(char ch)：如果 ch 是数字字符或字母就返回 true，否则返回 false。

(4) public static boolean isLowerCase(char ch)：如果 ch 是小写字母就返回 true，否则返回 false。

(5) public static boolean isUpperCase(char ch)：如果 ch 是大写字母就返回 true，否则返

回 false。

(6) public static char toLowerCase(char ch)：返回 ch 的小写形式。

(7) public static char toUpperCase(char ch)：返回 ch 的大写形式。

【例 7-7】包装类的用法示例。具体代码如下：

```
public class Excercise7_7 {
    public static void main(String args[]) {
        Integer integer1 = Integer.valueOf(12);  //把一个 int 型数转换成 Integer 对象
        Integer integer2 = Integer.valueOf("12");  //把数字型字符串转换成 Integer 对象
        //把 Integer 对象转换成别的数，其他包装类也都有类似方法
        int a1 = integer1.intValue();
        double a2 = integer1.doubleValue();
        //用包装类 static 方法(parse***())把数字字符串转换成数值
        String s = "12";
        int b1 = Integer.parseInt(s);
        long b2= Long.parseLong(s);
        float b3 = Float.parseFloat(s);
        //把数值转换为字符串
        String s3 = String.valueOf(b1);
        String s4 = String.valueOf(b2);
        System.out.println(Character.isDigit('1'));
        System.out.println(Character.isDigit('a'));
    }
}
```

4. 装箱与拆箱

所谓装箱，是把基本数据类型用对应的包装类封装起来，例如，把 int 数据包装成 Integer 类的对象，或者把 double 数据包装成 Double 对象等。

拆箱跟装箱的方向相反，例如，将类似 Integer 及 Double 包装类的对象重新转换为基本数据类型的数值。

在 JDK 1.5 之前，使用手动方式进行装箱和拆箱的操作。例如：

```
public class IntegerDemo{
    public static void main(String[] agrs) {
        int i = 10;
        Integer j = new Integer(i);      //手动装箱操作
        int k = j.intValue();            //手动拆箱操作
        System.out.println(k*k);
    }
}
```

在 JDK 1.5 之后，可自动进行装箱和拆箱的操作。例如：

```
public class AutoIntegerDemo{
    public static void main(String[] agrs) {
        Integer j = 100;      //int 数据自动转换成 Integer 对象
        int k = j;            //Integer 对象自动转换成 int 数据
        System.out.println(++k);
    }
}
```

7.6 集合类

数组可以存储同一数据类型的数据，但长度固定，不适合在数组元素数量未知的情况下使用。集合弥补了数组的这一缺陷。集合 API 中的接口和类主要位于 java.util 包中。

注意

(1) 集合只能存放对象。比如将一个 int 型数据 201807 放入集合中，其实该数据是自动转换成 Integer 对象后存入集合中。

(2) 集合存放的是对象的引用(即对象的地址)，对象本身还是放在堆内存中。

(3) 集合元素数量可改变。

7.6.1 集合简介

7-4 List 和 Set

Collection 接口是集合层次框架的根接口，是存储单一对象的集合(即每个位置保存的是单一的对象)。集合框架的层次结构如图 7-1 所示。

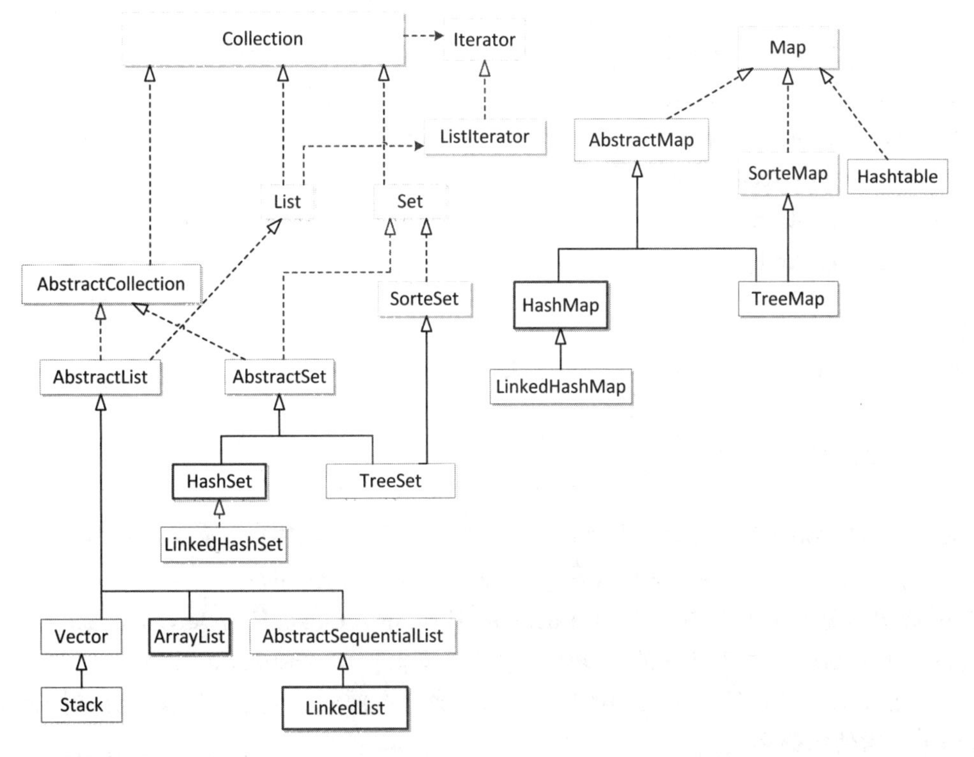

图 7-1　集合框架的层次结构

(1) Collection 接口有两个直接扩展的子接口：List 和 Set。

List 接口里存放的集合元素有顺序，可以重复。该接口常用的实现类主要有 ArrayList、Vector 和 LinkedList。ArrayList 和 Vector 类似，是顺序存储，支持对元素的快速访问，但是插入和删除速度慢。LinkedList 类是链式存储，元素插入和删除性能好。

Set 接口中不按顺序存放集合元素，不允许重复元素存在，只是简单地把对象加入集合中。Set 的实现类有 HashSet、LinkedHashSet、TreeSet 等。

(2) Iterator 是用于遍历集合元素的接口，相当于指向集合元素的指针。大部分集合类都能实现 Iterator 接口。该接口中的常用成员方法如下。

① public boolean hasNext()：是否还有下一个元素。

② public Object next()：指针移动到下一个元素，并返回下一个元素对象。

③ public void remove()：删除当前指针指向的元素。

(3) Map 是 java.util 包中的另一个集合接口，它和 Collection 接口没有关系，但都属于集合类的一部分。Map 集合中存储的是键值对，而不是单个的对象，键不能重复，值可以重复。

7.6.2 Collection 接口

Collection 接口定义了很多集合类共有的成员方法。

(1) public boolean add(Object obj)：将对象 obj 加入当前集合对象中。

(2) public boolean addAll(Collection c)：将集合 c 中的元素加入当前集合对象中。

(3) public void clear()：清除当前集合中的所有元素。

(4) public boolean contains(Object obj)：判断当前集合中是否包含 obj 对象。

(5) public Iterator iterator()：得到当前集合的迭代器(相当于指向元素的指针)。

(6) public boolean remove(Object obj)：删除当前集合中的 obj 对象。

(7) public int size()：得到当前集合中元素的总数。

(8) public boolean isEmpty()：判断当前集合是否为空。

(9) public Object[] toArray()：将当前集合对象转换成对象数组。

注意

集合类中许多方法的参数都是 Object 类型。

7.6.3 Set 接口

Set 接口是 Collection 接口的子接口。Set 中的元素没有顺序，不允许有重复的元素。不重复是指对于集合中任意两个对象 x 和 y，x.equals(y)始终为 false。

Set 接口常见的实现类主要有 AbstractSet、HashSet、LinkedHashSet、TreeSet 等。

(1) AbstractSet：所有 Set 的实现类直接或者间接继承 AbstractSet 父类。

(2) HashSet：使用哈希表实现的 Set 集合，允许存放 null 元素，不保证元素排列顺序，在编程中常常使用该类。

(3) LinkedHashSet：使用链表实现 Set 集合，既有 HashSet 的查询速度，又能保存元素的插入顺序。

(4) TreeSet：使用二叉树实现 Set 集合，用来对元素进行排序，保证元素的唯一性。

创建 HashSet 对象的构造方法如下。

(1) public HashSet()：构造一个空 HashSet 对象。

(2) public HashSet(Collection c)：构造一个包含指定集合 c 的 HashSet 对象。

【例 7-8】Set 和 HashSet 的用法示例。具体代码如下：

```
import java.util.*;
public class SetDemo {
    public static void main(String[] args) {
        Set set = new HashSet();
        set.add("a3");
        set.add("1");
        set.add(new Double(7.0));
        set.add(new Integer(1));
        set.add("a3");
        System.out.println("set = " + set);
        for(Object o:set)
            System.out.print("  " + o);
    }
}
```

以上代码的运行结果如下：

```
set = [1, 1, a3, 7.0]
1  1  a3  7.0
```

观察运行结果可以发现下述特点。

(1) 输出结果中，集合里的元素没有按照顺序(既没有按照输入顺序，也没有按照自然顺序)排序。

(2) 输出结果中，没有重复元素。如字符串 a3 就没有重复的。但是 1 有重复的，原因是这里的 1 是两个对象(字符串型的“1”和包装类 Integer 类型的“1”)。

7.6.4 List 接口

List 接口是 Collection 接口的子接口，定义一个允许重复元素存在的有序对象集合。List 中存放元素的数量(即 List 的容量)可以随着插入操作自动进行调整。

除了从 Collection 接口中继承的方法外，List 接口新增如下成员方法。

(1) public void add(int index, Object obj)：当前集合 index 位置插入对象 obj。

(2) public boolean addAll(int index, Collection c)：当前集合 index 位置插入集合 c。

(3) public Object set(int index, Object obj)：将 index 位置的元素用对象 obj 替换。

(4) public Object get(int index)：返回 index 位置的元素。

(5) public Object remove(int index)：删除 index 位置的元素。

(6) public int indexOf(Object o)：返回对象 o 在集合中第一次出现的位置，如果不存在则返回-1。

(7) public int lastIndexOf(Object o)：返回对象 o 在集合中最后一次出现的位置，如果不存在则返回-1。

(8) public List subList(int fromIndex, int toIndex)：得到一个从 fromIndex 开始到 toIndex(不含)处的当前集合的一个子集。

(9) public ListIterator listIterator()：返回当前集合中元素的列表迭代器对象。

(10) public ListIterator listIterator(int index)：从当前集合的指定位置 index 开始，返回列表中元素的列表迭代器。

List 接口的常用实现类有 ArrayList、Vector、LinkedList、Stack。

1. ArrayList 类

ArrayList 类使用顺序存储结构存储对象元素，随机访问速度快。但当从 ArrayList 集合的中间位置插入或者删除元素时，需要对元素进行复制、移动，代价比较高。因此，ArrayList 适合随机查找和遍历，插入和删除速度较慢。

ArrayList 类的构造方法如下。

(1) public Arraylist()：构造一个空 List 集合对象。

(2) public ArrayList(Collection c)：构造一个包含指定集合 c 的 List 集合对象。

(3) public ArrayList(int initialCapacity)：构造一个指定大小但内容为空的 List 集合对象。initialCapacity 参数就是初始容量大小。

【例 7-9】 List 和 ArrayList 的用法示例。具体代码如下：

```
import java.util.*;
public class ListDemo {
    public static void main(String[] args) {
        List list = new ArrayList();
        list.add("1");
        list.add(new Double(3.0));
        list.add("1");   //添加重复对象
        System.out.println("list = " + list);   // list = [1, 3.0, 1]
    }
}
```

2. Vector 类

Vector 类跟 ArrayList 类似，也是采用顺序存储结构存储元素对象。不同点是 Vector 是线程安全的，同时，可按指定个数扩大容量或翻倍扩大容量。而 ArrayList 不是线程安全的，按照 50%的比例扩大空间。

3. LinkedList 类

LinkedList 类用链表结构存储数据，适合数据动态插入和删除，随机访问和遍历速度慢。

LinkedList 类的构造方法如下。

◎ public LinkedList()：构造一个空 LinkedList 集合对象。

◎ public LinkedList(Collection c)：构造一个包含指定集合 c 的 LinkedList 集合对象。

LinkedList 类常用的成员方法如下。

(1) 添加数据方法。

① public boolean add(Object e)：往集合添加对象 e，添加成功返回 true，否则返回 false。

② public void add(int index, Object e)：在集合中的 index 位置插入元素 e。

③ public void addFirst(Object e)：在集合开始处插入一个元素 e。

④ public void addLast(Object e)：在集合最后添加一个元素 e。

(2) 删除数据方法。

① public Object remove()：移除集合中的第一个元素。

② public boolean remove(Object o)：移除集合中指定的元素。

③ public Object remove(int index)：移除集合中 index 位置的元素。

④ public Object removeFirst()：移除集合中的第一个元素。

⑤ public Object removeLast()：移除集合中的最后一个元素。

(3) 读取数据方法。

① public Object get(int index)：返回集合中 index 位置的元素对象。

② public Object getFirst()：获取第一个集合元素对象。

③ public Object getLast()：获取最后一个集合元素对象。

【例 7-10】LinkedList 类的用法示例。具体代码如下：

```
import java.util.*;
public class LinkedListDemo {
    public static void main(String[] args) {
        LinkedList list = new LinkedList();
        list.add("first");
        list.add("second");
        list.add("third");
        list.removeFirst();     //删除 first
        list.remove(1);         //删除 third
        System.out.println(list);           //[second]
        String temp = (String)list.get(0); //second
        System.out.println(temp);
    }
}
```

4. Stack 类

Stack(栈)是一种“先进后出”的数据结构，输入或输出数据的一端叫“栈顶”，另一端叫“栈底”。Stack 是专门用来实现栈的工具类，继承自 Vector 类。

Stack 类的构造方法为：

```
public Stack()
```

除了继承 Vector 定义的成员方法，Stack 也定义一些常用的成员方法。

(1) public boolean empty()：测试集合是否为空。

(2) public Object peek()：返回集合顶部的对象，但不从栈中移除它。

(3) public Object pop()：移除集合顶部的对象，返回该对象。

(4) public Object push(Object element)：把对象 element 压入集合顶部。

(5) public int search(Object element)：返回对象 element 在集合中的位置，最顶端为 1，向下依次增加。如不存在，则返回-1。

(6) public Object elementAt(int index)：得到 index 位置的元素，栈底第一个索引值为 0。

【例 7-11】编写程序完成 Stack 的入栈和出栈操作。具体代码如下：

```
import java.util.*;
public class StackDemo1 {
```

```
    public static void main(String[] args) {
        Stack stack = new Stack();
        stack.push("a1");
        stack.push("a2");
        stack.push("a3");
        String temp1 = (String)stack.pop();     //"a3"
        String temp2 = (String)stack.pop();     //"a2"
        String temp3 = (String)stack.pop();     //"a1"
    }
}
```

7.6.5 Iterator 接口

7-5 集合遍历

所有实现 Collection 接口的类都有一个 iterator()方法，用来返回一个实现 Iterator 接口的对象，其作用是对 Collection 的元素进行遍历等操作，只能单向移动。它有以下 3 个常用的成员方法。

(1) public boolean hasNext()：判断集合中是否还有元素。

(2) public Object next()：得到下一个元素。

(3) public void remove()：从集合中删除当前元素。

【例 7-12】利用 Iterator 接口遍历 Set 中的元素，关键代码如下：

```
Set set = new HashSet();           //创建一个 Set 集合
//往集合中添加两个元素
set.add("Tom");
set.add("Bob");
Iterator it = set.iterator();      //构造 set 的迭代器
//通过迭代器遍历集合元素
while(it.hasNext()){
    Object obj = it.next();
    System.out.println(obj);
}
```

7.6.6 ListIterator 接口

ListIterator 接口是 Iterator 接口的子接口，它针对 List 集合有序的特点提供双向检索和元素存取的功能。常用的成员方法如下。

(1) public boolean hasPrevious()：如果以反向遍历集合，判断集合是否还有元素，如果有则返回 true，否则返回 false。

(2) public Object previous()：返回集合中的前一个元素。

(3) public void add(Object o)：在当前位置将指定的元素插入列表中。

(4) public void set(Object o)：用指定元素替换当前元素。

【例 7-13】利用 ListIterator 接口遍历 ArrayList 中的元素。具体代码如下：

```
import java.util.*;
public class ListIteratorDemo {
    public static void main(String[] args) {
        List list = new ArrayList();
```

```
        list.add("a1");
        list.add("a2");
        ListIterator it = list.listIterator();
        while(it.hasNext())       //向后遍历
            System.out.println((String)it.next());
        while(it.hasPrevious()) //向前遍历
            System.out.println((String)it.previous());
    }
}
```

7.6.7 集合遍历的方法

1. 无序集合 Set 的遍历

(1) Iterator 迭代器遍历。代码如下：

```
Iterator it = set.iterator();
while(it.hasNext()){    //判断该迭代器中是否还有元素需要迭代，返回 true 或 false
     System.out.println(it.next());    //返回迭代的下一个元素，指针下移
}
```

(2) for-each 形式。

所有可以使用迭代器遍历的集合都可以用 for-each 形式遍历集合元素。for-each 语句格式如下：

```
for(数据类型 循环变量:需要遍历的集合对象) {
   循环体;
}
```

其中，数据类型是集合中元素的类型，循环变量是集合中遍历到的当前元素。该语句可以理解为“把集合中的每一个元素依次赋给循环变量，集合中有几个元素就执行几次循环体”。例如：

```
for(Object ob:list){
    System.out.println(ob);
}
```

该语句会打印输出 list 中的每一个元素。每循环一次，从 list 取出一个元素赋给 ob 对象，然后将 ob 打印输出。

2. 有序集合的遍历

(1) ListIterator 迭代器遍历。

通过创建 List 集合对象的 ListIterator 迭代器对象遍历集合元素。例如：

```
List list = new ArrayList();
list.add("first");
list.add("second");
ListIterator it = list.listIterator();
while(it.hasNext()){    //判断该迭代器中是否还有元素需要迭代，返回 true 或 false
    System.out.println(it.next());    //返回迭代器的下一个元素，指针下移
}
```

(2) for-each 形式。

同无序集合的方式一样。

(3) for 循环的方式。

```
for(int i=0;i<list.size();i++){
    Ojbect obj = list.get(i);
}
```

【例 7-14】用 for-each 方式和 for 循环方式遍历 ArrayList 集合。具体代码如下：

```
import java.util.*;
public class Excercise7_16 {
    public static void main(String args[]) {
        List list = new ArrayList();
        list.add("1");
        list.add("2");
        for (Object num : list)
            system.out.println(num);
        for(int i=0;i<list.size();i++){
            System.out.println(list.get(i));
        }
    }
}
```

7.6.8 Map 集合

7-6 Map 接口

Collection 接口是存储单一对象的集合，即集合中每个位置保存的是单一的对象。而 Map 中保存“关键字-值”形式的对象。严格来说，Map 并不是一个集合，而是两个集合及它们之间的映射关系。这两个集合每一组数据通过映射关系对应，该映射关系即 Entry(key,value)。Map 可以看成是由多个 Entry 组成的，Map 集合的映射关系如图 7-2 所示。Map 集合没有实现 Collection 接口，也没有实现 Iterable 接口，所以不能对 Map 集合进行 for-each 遍历。

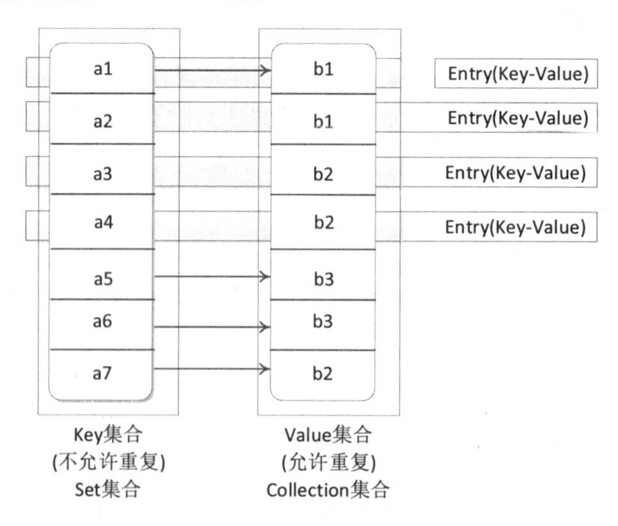

图 7-2 Map 的映射关系

1. Map 的常用成员方法

(1) public Set keySet()：返回 Map 中包含的键的 set 集合。

(2) public Collection values()：返回 Map 中包含的值的 collection 集合。

(3) public Set entrySet()：返回 Map 中包含的映射关系(键值对)的 set 集合。

(4) public void clear()：清空整个集合。

(5) public Object get(Object obj)：根据关键字 obj 得到对应的值。

(6) public Object put(Object key, Object value)：将键值对加入当前的 Map 中。

(7) public void remove(Object key)：从当前 Map 中删除 key 代表的键值对。

2. Map 的常用实现类

Map 的常用实现类是 HashMap、TreeMap、LinkedHashMap、Hashtable、Properties。

(1) HashMap 采用哈希表算法实现 Map 接口，不能保证其元素的存储顺序(即不保证放入与取出的顺序一致)，也不允许重复(key 判断重复的标准是：key1 和 key2 通过 equals 方法比较是否为 true，并且 hashCode 相等)。

(2) TreeMap 采用红黑树算法实现 Map 接口，key 会按照自然顺序或定制排序进行排序，也不允许重复(key 判断重复的标准是：compareTo/compare 的返回值是否为 0)。

(3) LinkedHashMap 采用链表和哈希表算法实现 Map 接口，key 会保证先后添加的顺序，不允许重复。key 判断重复的标准和 HashMap 中的 key 的标准相同。

(4) Hashtable 采用哈希表算法实现 Map 接口。

(5) Properties 是 Hashtable 的子类，要求 key 和 value 都是 String 类型，常用于加载资源文件。

在上述 Map 实现类中，HashMap 是比较常用的，下面进行具体介绍。

3. HashMap 类

HashMap 类是基于哈希表的 Map 接口的实现，以 Key-Value 的形式存在。在 HashMap 类中，会根据 hash 算法来计算 Key-Value 的存储位置并进行快速存取。

HashMap 类的构造方法如下。

◎ public HashMap()：创建一个具有默认容量和加载因子(哈希表在其容量自动增加之前可以达到多满的一种尺度)的空集合。

◎ public HashMap(int size)：创建一个容量为 size 和默认加载因子的空集合。

◎ public HashMap (Map map)：创建一个具有指定 map 映射的集合。

HashMap 类通过以下常用成员方法操作集合元素。

(1) public void clear()：清除 Map 集合中所有对象。

(2) public boolean containsKey(Object key)：判断此集合是否包含指定键 key。

(3) public boolean containsValue(Object value)：判断此集合是否包含指定值 value。

(4) public Set entrySet()：返回此集合所包含映射关系的 Set 集合对象。

(5) public Collection values()：返回此集合所包含值的 collection 集合对象。

(6) public V put(K key, V value)：在此集合中添加指定键值对 key 和 value。

(7) public V get(Object key)：返回指定键 key 在集合中所映射的值，如果不包含该 key

的任何映射关系，则返回 null。

(8) public booleanisEmpty()：判断此集合是否包含任何键值映射关系。

(9) public Set keySet()：返回此集合中键(key)的集合。

(10) public V remove(Object key)：如果此集合中存在 key 及对应的值，则将其删除。

(11) public int size()：返回此集合中键值对的数目。

【例 7-15】HashMap 的使用方法示例。具体代码如下：

```
import java.util.*;
public class MapDemo {
    public static void main(String[] args) {
        Map map = new HashMap();
        map.put("studentid", "001");
        map.put("name", "张三");
        Set keySet = map.keySet();        //键的集合
        Iterator keyIterator=keySet.iterator();
        while(keyIterator.hasNext())
            System.out.print(keyIterator.next()+"  ");
        Set entrySet = map.entrySet(); //entry 的集合
        Iterator entryIterator = entrySet.iterator();
        while(entryIterator.hasNext())
            System.out.print(entryIterator.next()+"  ");
        String name = (String)map.get("name");  //获取键为 name 的值，是“张三”
        System.out.println(name);
    }
}
```

运行结果如下：

```
studentid  name  studentid=001  name=张三  张三
```

7.6.9 Comparable 和 Comparator 接口

给一些对象排序是经常遇见的问题。比如，我们想给学生排序，大部分情况下会按照学号排序，这相当于对学生来说，默认是按照学号排序的，我们也称为按照自然顺序排序。但上体育课时可能会按照身高排序，学生排名时会按照成绩排序。因此，除了默认排序外，还可以定义别的排序标准。

Comparable 和 Comparator 接口都是用来实现集合中元素的比较、排序的，只是 Comparable 是定义对象本身的内在默认的排序标准，Comparator 是在对象外部定义其他排序标准。因此，如果想要让 A 类的对象本身具有默认的内在的排序标准，就需要让 A 类实现 Comparable 接口。例如，String、Integer 自己就可以完成比较大小操作，因为已经实现了 Comparable 接口。如果要给 A 类的对象增加其他的排序标准，则需要编写另外的类，比如定义一个 B 类实现 Comparator 接口，从而 B 类的对象就可以当作 A 类对象的一个比较器，B 类就相当于 A 类对象的一个比较器类。如果要定义多个比较器，定义多个类实现 Comparator 接口即可。

(1) Comparable 位于包 java.lang 下，其中只有一个抽象方法 compareTo，该接口的定义为：

```
public interface Comparable<T> {
    public int compareTo(T o);
}
```

其中，T 是泛型，使用时要用类或接口代替，代表要比较大小的类型。

int compareTo(T o)方法需要返回一个 int 型的数值，规则如下：

◎ 如果返回大于 0 的整数，表示当前对象 this 大于 o 对象。

◎ 如果返回小于 0 的整数，表示当前对象 this 小于 o 对象。

◎ 如果返回 0，表示当前对象 this 等于 o 对象。

(2) Comparator 位于包 java.util 下，该接口中有一个 compare 方法，定义为：

```
public interface Comparator<T> {
   int compare(T o1, T o2);
   //...其他方法
}
```

int compare(T o1, T o2)方法需要返回一个 int 型的数值，规则如下：

◎ 如果返回大于 0 的整数，表示对象 o1 大于 o2 对象。

◎ 如果返回小于 0 的整数，表示对象 o1 小于 o2 对象。

◎ 如果返回 0，表示对象 o1 等于 o2 对象。

我们知道了 compareTo 和 compare 方法的比较规则，下面的工作就是利用这个规则，让类的对象满足我们需要的比较标准。

【例 7-16】定义一个学生类，具有学号、姓名、年龄属性，默认学生是按照学号从小到大排序。但也可以按照姓名排序，还可以按照年龄从小到大排序。

(1) 学生类默认按照学号从小到大排序，也就是学号是学生类的自然排序标准，只需要让学生类实现 Comparable 接口，并实现 Comparable 接口中的 compareTo 方法。

Student 类的代码如下：

```
public class Student implements Comparable<Student>{
    private String studentID,studentName;
    private int age;
    //studentID、studentName、age 的 set 和 get 方法省略
    public Student(String studentID, String studentName, int age) {
        this.studentID = studentID;
        studentName = studentName;
        this.age = age;
    }
    public int compareTo(Student o) {
        //按照学号比较大小，学号大的学生对象也大
        return this.studentID.compareTo(o.studentID);
        //如果需要学号大的代表该学生对象小，则执行如下语句
        //return o.studentID.compareTo(this.studentID);
    }
    public String toString() {
        return "("+studentID+","+studentName+","+age+")";
    }
}
```

(2) 要想让 Student 类能够支持按照姓名和年龄排序，需要再定义两个类当作比较器类。

```
public class StudentNameComparator implements Comparator<Student>{
    //按照学生姓名比较的类
    public int compare(Student o1, Student o2) {
        //按照姓名比较大小，姓名大的代表该学生对象也大
        return o1.getStudentName().compareTo(o2.getStudentName());
        //如果需要让姓名大的代表该学生对象小，则执行如下语句
        //return o2.getStudentName().compareTo(o1.getStudentName());
    }
}
public class StudentAgeComparator  implements Comparator<Student>{
    //按照学生年龄比较的类
    public int compare(Student o1, Student o2) {
        //按照年龄比较大小，年龄大的代表该学生对象也大
        return o1.getAge()-o2.getAge();
        //如果需要让年龄大的代表该学生对象小，则执行如下语句
        //return o2.getAge()-o1.getAge();
    }
}
```

(3) 下面使用 Collections 类的 sort 方法进行排序，sort 方法能够把集合里的元素按照从小到大的规则排序。具体代码如下：

```
public class StudentSort {
    public static void main(String[] args) {
        List list = new ArrayList();
        list.add(new Student("002","张 1",35));
        list.add(new Student("001","张 2",32));
        list.add(new Student("003","张 3",30));
        Collections.sort(list);    //按自然顺序(即按学号)排序
        System.out.println(list);
        Collections.sort(list,new StudentNameComparator());    //按姓名排序
        System.out.println(list);
        Collections.sort(list,new StudentAgeComparator());     //按年龄排序
        System.out.println(list);
    }
}
```

运行结果如下：

```
[(001,张 2,32), (002,张 1,35), (003,张 3,30)]
[(002,张 1,35), (001,张 2,32), (003,张 3,30)]
[(003,张 3,30), (001,张 2,32), (002,张 1,35)]
```

7.7 案例实训：为学生成绩管理程序增加功能

本节通过为第 6 章的学生成绩管理案例增加功能，来加深读者对面向对象和 toString() 方法的理解，并熟练掌握 List 和 ArrayList 的用法。

1. 题目要求

在第 6 章的学生成绩管理案例的基础上，增加以下功能。

(1) 能够计算单个学生的总分和平均分，并在输出单个学生对象时输出(学号, 姓名, 数学成绩, 语文成绩)格式的字符串。

(2) 能够创建多个学生对象并保存到一个集合中。

(3) 能够根据学号查找学生，并能计算所有学生的数学平均分和语文平均分。

在 StudentManager 类的 main 方法中创建 3 个学生对象并保存到集合中；输出每个学生的总分和平均分，并输出所有学生的数学平均分和语文平均分；最后根据其中一个学号查找出该学生，并输出该学生的信息。

2. 题目分析

第(1)个功能要求能够计算单个学生的总分和平均分。因为单个学生的数学成绩和语文成绩都定义在 Student 类中，所以需要在 Student 类中分别增加计算总分的方法 sumScore()和计算平均分的方法 averageScore()。总分就是将两门课的分数求和，平均分则是将总分除以 2。要定义单个学生对象的输出格式，可以重新编写 toString()方法，覆盖 Object 类的 toString()方法，让该方法返回(学号, 姓名, 数学成绩, 语文成绩)格式的字符串即可。

第(2)个功能要求能够保存多个学生的数据到集合中。这里就需要创建一个能保存多个学生的 ArrayList 对象 studentList，该对象应该放在 StudentManager 类中，而不应该放在 Student 类中，Student 类用来处理单个学生的信息，而 StudentManager 类则是用来管理多个学生的。同时，在 StudentManager 类中增加一个往集合 studentList 中添加学生的方法 addStudent(Student student)。

第(3)个功能是根据学号查找学生，计算所有学生的数学平均分和语文平均分，这也是涉及多个学生的业务，所以应该在 StudentManager 类中增加一个根据学号查找学生的 findStudent(String id)方法、计算数学平均分的 averageMathScore()方法和计算语文平均分的 averageChineseScore()方法。

注意，Student 类中的计算总分和平均分的方法都属于单个学生对象，所以应该定义成实例方法。StudentManager 类中的集合和方法都是用来管理同一批学生的，因而定义成类变量和类方法即可，这样在 main 方法中调用也方便。当然定义成实例变量和实例方法也行，只是在调用时需要先创建 StudentManager 类的对象，然后用对象来调用集合和方法。

3. 程序实现

1) 修改 Student 类

在 Student.java 中增加的代码如下：

```
package ch6;
public class Student {
    …//省略原来的代码
    public double sumScore(){
        return mathScore+chineseScore;
    }
    public double averageScore(){
        return sumScore()/2;
```

```
    }
    public String toString(){
        return "("+id+","+name+","+mathScore+","+chineseScore+")";
    }
}
```

2) 修改 StudentManager 类

在 StudentManager.java 中增加的代码如下：

```
package ch6;
public class StudentManager {
    static List<Student> studentList=new ArrayList();
    …//省略原来的代码
    public static void addStudent(Student student){
        studentList.add(student);  //将参数 student 加入集合 studentList 中
    }
    public static Student findStudent(String id){
        Student student=null;  //student 作为返回的查询结果
        for(Student s:studentList){
            if(s.getId().equals(id)){  //如果当前的学生 id 等于要查找的 id，则查询结束
                student=s;
                break;
            }
        }
        return student;
    }
    public static double averageMathScore(){
        double average=0;   //保存数学平均分的变量
        double sum=0;       //保存数学总分的变量
        for(Student s:studentList){
            sum=sum+s.getMathScore();
        }
        average=sum/studentList.size();
        return average;
    }
    public static double averageChineseScore(){
        double average=0;   //保存语文平均分的变量
        double sum=0;       //保存语文总分的变量
        for(Student s:studentList){
            sum=sum+s.getChineseScore();
        }
        average=sum/studentList.size();
        return average;
    }
}
```

3) 将 StudentManager 类的 main 方法代码替换为以下内容

```
public class StudentManager {
    public static void main(String[] args) {
        try{
            Student student1=new Student("101","张三",78,84);
```

```
            Student student2=new Student("102","李四",81,88);
            Student student3=new Student("103","王五",86,94);
            addStudent(student1);
            addStudent(student2);
            addStudent(student3);
        }catch(ScoreException e){
            System.out.println(e.getMessage());
        }
        for(Student student:studentList){
            System.out.println(student.getName()+
"的总分："+student.sumScore());
            System.out.println(student.getName()+
"的平均分："+student.averageScore());
        }
        System.out.println("全部学生的数学平均分为："+averageMathScore());
        System.out.println("全部学生的语文平均分为："+averageChineseScore());
        Student student=findStudent("101");
        System.out.println("学号为101的学生信息为："+student);
    }
}
```

以上代码完成了学生成绩管理的功能，代码注释得比较全面，不需要再解释了。

本章小结

本章介绍了Java类库中一些常用类的使用，要求了解Java中常用基本类库的结构和主要功能；掌握字符串(String、StringBuffer、StringTokenizer)、集合(Collection、List、Set、Iterator、ListIterator、ArrayList、Vector、Stack、LinkedList、HashMap等)、日期类(Date、Calendar)、包装类的主要功能和使用方法。要求能够熟练使用这些类完成一定的业务逻辑。

本章有以下重要的知识点。

(1) String、StringBuffer、StringTokenizer成员方法的使用。

(2) 包装类、基本数据类型、String之间的转换。

(3) 根据不同的功能需求，选择集合类中各种实现类及其成员方法。

(4) 遍历集合的几种方法。

习题

1. 从键盘输入一个由空格和字符组成的字符串，首先用空格作为分隔符，把该字符串拆分成多个部分，然后把每个部分的字符倒序排列后输出。

2. 编写程序，功能如下：获取键盘输入的字符串，输出其中重复的字符、不重复的字符，以及消除重复字符后的字符串。

3. 定义一个Employee类，属性变量有name(String型)、age(int型)、salary(double型)。把若干Employee对象放在List中，排序并遍历输出。排序规则：按salary降序排序，salary相同时按age降序排序，age也相同时按照name升序排序。把若干Employee对象放在Set中并遍历，要求没有重复元素。

第8章 流与文件操作

本章要点

(1) 流的基本概念;
(2) 用 File 类操作文件和目录的方法;
(3) 字节流和字符流的创建及使用。

学习目标

(1) 掌握常用字节输入输出流类的用法;
(2) 掌握常用字符输入输出流类的用法;
(3) 掌握 File 类的用法。

输入/输出(I/O)操作用来处理数据传输，例如从键盘读取数据、从文件中读取数据或往文件中写数据、在网络链接上进行读写操作等。Java 对于输入/输出数据操作都是通过流(stream)实现的。流是指一串流动的字符，可以理解为一个以先进先出方式发送信息的数据序列。数据的操作过程如图 8-1 所示。

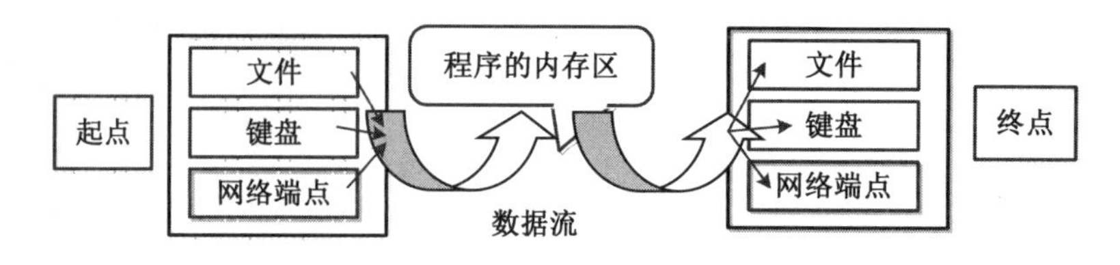

图 8-1　数据的操作过程

Java 为 I/O 提供了强大灵活的类库支撑，使其更广泛地应用到文件传输和网络编程中。Java 关于 I/O 操作的类库大部分位于 java.io 包中。这些类库提供全面的 I/O 接口，包含文件读写、大部分输入/输出操作，支持多种格式数据(例如基本数据类型、对象等)的读写。

本章主要的学习内容是标准文件类 File 和 I/O 流体系结构。

在正式学习 I/O 流体系之前，需要学习 File 类。该类可以对文件系统中的文件及目录进行封装，以便于在程序中操作外部设备上的文件及目录。

8.1 标准文件类 File

文件是记录在存储介质(例如磁盘、U 盘等)上的一组数据的集合。目录(即文件夹)是一组相关文件的集合。

8-1 标准文件类 File

java.io 包中的 File 类将存储介质上的文件和目录转换成程序代码中的对象。通过 File 类可以建立程序与磁盘文件的联系；可以用来获取、设置文件或目录的有关信息(例如文件名称、文件长度、文件的最后修改时间等)；可以对操作系统的文件进行管理；但不支持从文件里读取数据或者往文件里写数据。

8.1.1 File 类的构造方法

创建 File 对象是将磁盘文件或者目录封装成程序中可操作的对象。

File 类的构造方法如下。

(1) public File(String pathname)：通过给定路径名将对应的文件或者目录封装成一个新的 File 对象。形参 pathname 可以是相对路径，也可以是绝对路径。如果是相对路径，则创建的文件被认为是与当前应用程序在同一个目录中。例如：

```
File f1 = new File("autoexec.bat");        //相对路径
File f1 = new File("D:\\autoexec.bat");  //绝对路径，转义字符“\\”作为路径分隔符
```

注意

如果文件已经存在，创建 File 对象是将磁盘中真实存在的文件或目录转化为程序中的对象。如果文件不存在，则创建 File 对象后磁盘上的文件并没有真正生成，必须使用 File 类的成员方法 createNewFile()才能在磁盘上真正创建该文件。

```
public boolean createNewFile() throws IOException
```

createNewFile()方法是当且仅当磁盘上不存在此路径名的文件时创建该路径名对应的空文件，创建成功后返回 true，如果指定的文件已经存在，则返回 false。

创建目录对象一般使用绝对路径。例如：

```
File f2 = new File("D:\\mydir\\dir1");
```

File 对象产生后没有在磁盘上创建该目录，需要使用 mkdir()和 mkdirs()方法创建磁盘目录。

◎ public boolean mkdir()：创建此路径名指定的目录。当且仅当已创建目录时返回 true，否则返回 false。

◎ public boolean mkdirs()：创建此路径名指定的目录，包括创建必需但不存在的父目录。当且仅当已创建该目录以及所有必需的父目录时返回 true，否则返回 false。

(2) public File(String parent, String child)：根据 parent 路径名字符串和 child 路径名字符串创建一个 File 对象。例如：

```
File f3 = new File("D:\\test\\dir","2.txt");
//f3 代表 D:\test\dir 目录下的文件 2.txt，但只是一个变量，真的文件不一定存在
```

注意

D 盘下必须有目录 test 和 dir。

(3) public File(File parent, String child)：根据 File 类型的 parent 路径名对象和 child 路径名字符串创建一个 File 对象。例如：

```
File f4 = new File("D:\\test\\dir");
File file = new File(f4,"3.txt");
```

8.1.2 File 类的常用成员方法

File 类的一些常用成员方法如下。

(1) public boolean exists()：判断文件或目录是否存在。

(2) public boolean isFile()：判断 File 对象是不是文件。

(3) public boolean isDirectory()：判断 File 对象是不是目录。

(4) public String[] list()：返回目录中的文件和目录的名称所组成的字符串数组。如果此路径名不代表一个目录，则返回 null。

(5) public File[] listFiles()：以 File 对象数组形式返回当前目录下的所有文件和目录。

(6) public String getName()：仅返回文件名，文件路径信息被忽略。

(7) public String getPath()：返回整个路径名字符串。

(8) public String getAbsolutePath()：返回绝对路径名字符串。

(9) public long length()：返回文件长度。

(10) public long lastModified()：返回修改的时间(自 1970 年 1 月 1 日起的毫秒数)。

(11) public boolean delete()：删除文件或目录。当且仅当成功删除文件或目录时返回 true，否则返回 false。目录必须为空才能删除。

【例 8-1】File 类的使用示例。具体代码如下：

```
import java.io.File;
import java.util.Date;
class FileTest {
    public static void main(String args[]) {
        int dirNum = 0, fileNum = 0;
        File file = new File("D:\\auto.txt");
        if (!file.exists()) {
            try {
                file.createNewFile();
            } catch (Exception ex) {
                System.out.println("出异常");
            }
        }
        System.out.println("文件是否存在: " + file.exists());
        System.out.println("文件? "+file.isFile()+"\n"+"目录? "
                + file.isDirectory());
        System.out.println("文件名: "+file.getName()+"\n"+"路径名: "
                + file.getPath() + "\n" + "绝对路径名字符串: "
                + file.getAbsolutePath()+"文件长度: " + file.length());
        File directory = new File("D:\\myJava\\chapter7\\1");
        System.out.println(directory.mkdirs());
        File dir = new File("D:\\myJava");
        String str[] = dir.list();
        for (int i = 0; i < str.length; i++) {
            System.out.println(str[i]);
        }
        File[] fs = dir.listFiles();
        for (int i = 0; i < fs.length; i++) {
            System.out.println(fs[i]);
            System.out.println(fs[i].getName());
            System.out.print(new Date(fs[i].lastModified()) + "\t");
            if (fs[i].isDirectory()) {
                dirNum++;
                System.out.print("<DIR>\t");
            } else {
                fileNum++;
                System.out.print(fs[i].length() + "\t");
            }
        }
        file.delete();   //删除文件
    }
}
```

8.2 输入流与输出流

8.2.1 流的基本概念

按照不同的分类标准，可以将流划分为不同的类型。从功能上可分为输入流和输出流；

从处理的数据类型上可分为字节流(以字节为处理单位)和字符流(以字符为处理单位)。

8-2 流的基本概念和字节流

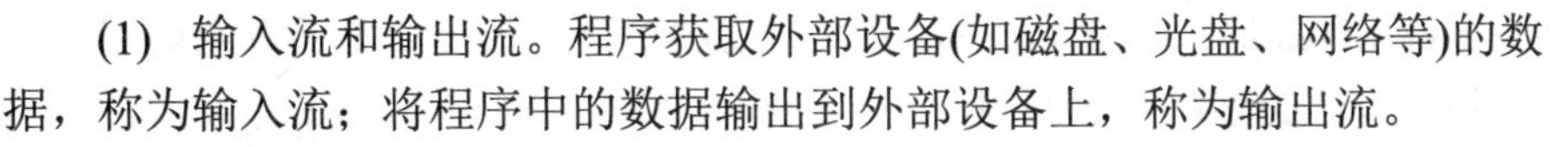

(1) 输入流和输出流。程序获取外部设备(如磁盘、光盘、网络等)的数据，称为输入流；将程序中的数据输出到外部设备上，称为输出流。

(2) 字节流和字符流。文件储存是字节(byte)的储存，因此字节流是最基本的流。读写二进制数据(如图像、音频、视频文件等)时需要使用字节流。但实际中很多数据是文本，Java 又提出了字符流的概念。字符流处理 2 字节的 Unicode 字符，操作对象是字符、字符数组或字符串。对应的流体系结构如图 8-2 所示。

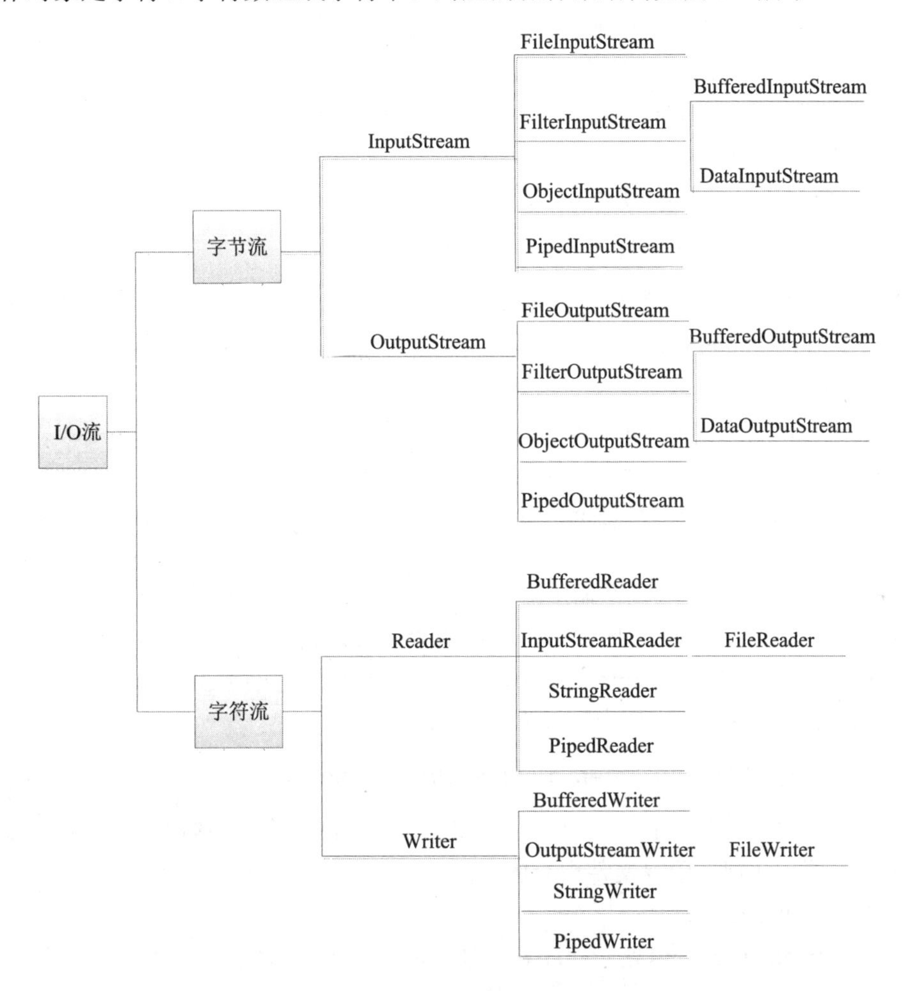

图 8-2　I/O 流的体系结构

8.2.2　字节流

字节流提供处理字节输入/输出的方法。InputStream 和 OutputStream 为各种输入、输出字节流的基类，其他字节流都继承这两个基类。

1. 字节输入流 InputStream 类

字节输入流的抽象父类是 InputStream 类，定义从输入流中读取字节数据到程序里的基本方法。常用的子类是 FileInputStream、BufferedInputStream、DataInputStream 等。

InputStream 类常用的成员方法如下。

(1) public abstract int read()：从输入流的当前位置读取流的一字节，返回读入的字节数据；如果已经读取到输入流的末端则返回-1。

(2) public int read(byte b[])：将输入流读到字节数组 b 中，返回读入的字节数。

(3) public int read(byte b[], int off, int len)：从输入流中读取最多 len 字节数据，并从字节数组 b 的第 off 个位置开始存放这些数据，返回读入的字节数；如果(off+len)大于 b.length，或者 off 和 len 中有一个是负数，那么会抛出 IndexOutOfBoundsException 异常。

上面三个 read()方法如果返回-1，则说明已经读取到输入流的末端，流结束。

(4) public void close()：关闭输入流，释放资源。流使用结束后须显式调用该方法。

(5) public int available()：返回流中尚未读取的字节的数量。

(6) public long skip(long n)：从输入流中跳过 n 字节不读，返回值为跳过的字节数；执行 skip()方法后，可以继续使用 read()方法，将会读取第(n+1)字节。

2. 字节输出流 OutputStream 类

字节输出流的抽象父类是 OutputStream 类，定义程序往外部设备写数据的基本方法。常用的子类是 FileOutputStream、BufferedOutputStream、DataOutputStream 等。

OutputStream 类中常用的成员方法如下。

(1) public abstract void write(int b)：往输出流中写一字节(b 的低 8 位)。

(2) public void write(byte b[])：往输出流中写一字节数组 b。

(3) public void write(byte b[], int off, int len)：把字节数组 b 中从下标 off 开始、长度为 len 的字节写入输出流中。

(4) public void flush()：刷空输出流，把缓存中的所有字节强制输出到流中。

(5) public void close()：关闭流，流使用结束后必须关闭。

InputStream 类的子类 FileInputStream 可以读取磁盘文件的数据。OutputStream 类的子类 FileOutputStream 可以把程序中的数据写入磁盘文件。

3. 文件字节流 FileInputStream 和 FileOutputStream 类

8-3 文件字节流

Java 中通过文件字节流 FileInputStream 和 FileOutputStream 连接磁盘文件并以字节为单位实现对磁盘文件内容的读写。

1) FileInputStream 类

FileInputStream 对象可以建立程序和文件之间的字节流传输通道，将文件中的数据读取到程序里。

FileInputStream 类的构造方法如下。

(1) public FileInputStream(String filename) throws FileNotFoundException：创建文件路径名 filename 对应的 FileInputStream 对象。例如：

```
FileInputStream fin = new FileInputStream("C:\\hello.java");
```

(2) public FileInputStream(File file) throws FileNotFoundException：创建 file 对象对应的 FileInputStream 对象。例如：

```
File f = new File("myfile.dat");
FileInputStream fis = new FileInputStream(f);
```

FileInputStream 对象创建后，可以通过它的成员方法从文件字节输入流中读取一字节或一组字节数据。FileInputStream 的常用成员方法如下。

(1) public int read()：从文件字节输入流中读取一字节数据。返回值是-1，则表示读到文件末尾。

(2) public int read(byte[] b)：从文件字节输入流中将最多 b.length 字节的数据读入字节数组 b 中。

(3) public int read(byte[] b, int off, int len)：从文件字节输入流中读入最多 len 字节的数据，并从字节数组 b 中下标是 off 的位置开始存放这些数据。

(4) public int available()：获得文件字节输入流中可以读取的字节数。

(5) public void close()：关闭此文件字节输入流并释放与此流有关的所有系统资源。

【例 8-2】利用 FileInputStream 类读 D:\Person.java 文件的内容并在控制台中显示。具体代码如下：

```
import java.io.*;
class FileInputStreamDemo {
    public static void main(String args[]) {
        File start = new File("D:\\Person.java");
                                        //创建文件对象，“\\”是转义字符，表示“\”
        FileInputStream fis = null;  //创建 FileInputStream 对象用于从文件读取数据
        try {
            fis = new FileInputStream(start);
            while (fis.available() > 0) {   //循环读取数据
                System.out.print((char)fis.read());
            }
        } catch (IOException ex) {
            System.out.println(ex.getMessage());
        } finally {
            if (fis != null) {
                try {
                    fis.close();    //关闭流
                } catch (IOException ex) {
                    ex.printStackTrace();
                }
                fis = null;          //即使 close 关不掉，也让垃圾回收器回收
            }
        }
    }
}
```

2) FileOutputStream 类

FileOutputStream 类用于将程序中的数据通过字节流写入文件中。

FileOutputStream 类的构造方法如下。

(1) public FileOutputStream(File file)：创建一个向 file 对象对应的文件中写入数据的文件字节输出流对象。该对象将从文件开始写入数据(覆盖原文件)。

(2) public FileOutputStream(File file, boolean append)：创建一个向 file 对象对应的文件

中写入数据的文件字节输出流对象。如果第二个参数为 true，则以追加方式写入数据，即将字节数据写入文件末尾处，否则，将从文件开始处写入字节数据。

(3) public FileOutputStream(String name)：创建一个向文件名为 name 的文件中写入数据的文件字节输出流对象。该对象将从文件开始处写入字节数据(覆盖原文件)。

(4) public FileOutputStream(String name, boolean append)：创建一个向文件名为 name 的文件写入数据的文件字节输出流对象。如果第二个参数为 true，则从文件末尾处开始写入字节数据，否则，从文件开始处写入字节数据。

FileOutputStream 类提供了多种数据写入方法，常用成员方法如下。

(1) public void write(int b)：将指定字节 b 写入 FileOutputStream 对象。

(2) public void write(byte[] b)：将字节数组 b 写入 FileOutputStream 对象。

(3) public void write(byte[] b, int off, int len)：将字节数组 b 中从偏移量为 off 开始的 len 字节写入 FileOutputStream 对象。

【例 8-3】将 D 盘的图片文件 MNLS.jpg 复制到 E 盘，并更名为 a.jpg。具体代码如下：

```
import java.io.*;
public class ImagCopy {
    public static void main(String[] args) throws IOException {
        //Step1：创建 FileInputStream 和 FileOutputStream 的对象
        File file = new File("D:\\MNLS.jpg");
        FileInputStream fin = new FileInputStream(file);
        FileOutputStream fo = new FileOutputStream(new File("E:\\a.jpg"));
        int num = 0;
        if (!file.exists()) {   //Step2：判断文件是否存在
            System.out.println("源文件不存在");
        } else {
            while ((num = fin.read()) != -1) {  //Step3：文件复制
                fo.write(num);
            }
            fo.flush();
            fin.close();
            fo.close();
        }
    }
}
```

4. 字节缓冲流 BufferedInputStream 和 BufferedOutputStream 类

8-4 字节缓冲流

BufferedInputStream 和 BufferedOutputStream 类是实现缓冲功能的字节输入流和字节输出流，不允许直接生成新流，只是对现有的流提供缓冲功能，读写效率高。

1) BufferedInputStream 类

当一个简单的读请求产生后，数据先读入到流的缓冲区(BufferedInputStream 中的字节数组)。当缓存读满后或关闭流时，随后的读请求直接从缓存中而不是从原始输入流中读取，这种方式可以减少从原始输入流读取数据的次数，提高了读取数据的效率。

BufferedInputStream 类的成员变量字节数组 buf 是用于存储数据的内部缓冲区。读取数据源(例如文件)时，BufferedInputStream 会尽量将 buf 填满。使用 read()方法实际上是先读取 buf 中的数据，而不是直接读取数据源。当 buf 中的数据不足时，再从指定的文件中提取数据。实现原理如图 8-3 所示。

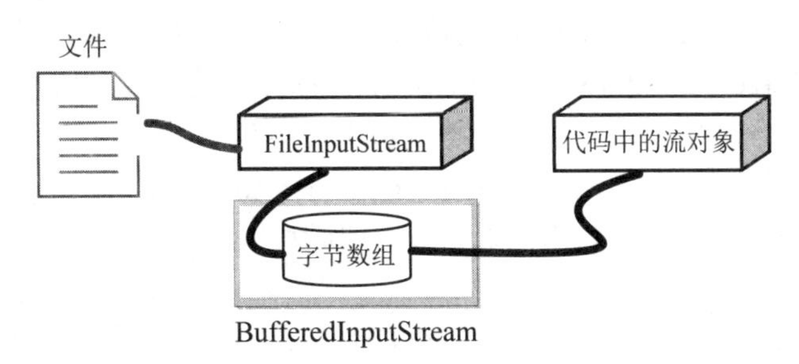

图 8-3　BufferedInputStream 的实现原理

BufferedInputStream 类的构造方法如下。

(1)　public BufferedInputStream(InputStream in)：以 in 为参数创建默认缓冲区大小的缓冲输入流对象，用于从 in 中读入数据。

(2)　public BufferedInputStream(InputStream in, int size)：以 in 为参数创建指定的缓冲区长度为 size 的缓冲输入流对象，用于从 in 中读入数据。

从上述构造方法中可以看出：必须基于一个 InputStream(如果是从文件读数据，则一般是 FileInputStream)创建 BufferedInputStream 对象，以提高读写效率。例如：

```
FileInputStream fis = new FileInputStream("D:\\hello.txt");
BufferedInputStream bis = new BufferedInputStream(fis);
```

BufferedInputStream 类提供如下成员方法，以便于从输入流中读取数据。

(1)　public int read()：从字节输入流对象中读取下一字节数据。

(2)　public int read(byte[] b, int off, int len)：在字节输入流对象中读取最多 len 字节的数据，并从字节数组 b 的 off 位置开始存放这些数据。

(3)　public int available()：返回可以不受阻塞地从此输入流读取的字节数。

(4)　public void close()：关闭此输入流并释放与该流关联的所有系统资源。

【例 8-4】读取磁盘文件 1.txt 的数据并在控制台中显示。具体代码如下：

```
import java.io.*;
class BufferedInputStreamDemo {
    public static void main(String args[]) throws IOException{
        //创建一个底层输入流对象，用于从文件 1.txt 直接读取数据
        InputStream input = new FileInputStream("D:\\1.txt");
        BufferedInputStream bis = null;   //创建一个缓冲输入流对象
        bis = new BufferedInputStream(input, 1024);
        int num;
        while ((num = bis.read()) != -1) {
            System.out.print((char) num);
        }
        bis.close();
        input.close();
    }
}
```

2) BufferedOutputStream 类

字节缓冲输出流 BufferedOutputStream 是带缓冲区的输出流，缓冲区的大小可以通过入口参数指定，也可以使用默认字节数，可以提高数据写出效率。

(1) BufferedOutputStream 类提供的构造方法如下。

① public BufferedOutputStream(OutputStream out): 以 out 为参数创建缓冲输出流对象，其缓冲区长度默认为 512 字节，用于写数据到输出流对象 out。

② public BufferedOutputStream(OutputStream out, int size)：创建缓冲区长度为 size 的缓冲输出流对象，用于写数据到输出流对象 out。例如：

```
FileOutputStream fos = new FileOutputStream("D:\\hello.txt");
BufferedOutputStream bos = new BufferedOutputStream(fos);
```

(2) BufferedOutputStream 类常用的成员方法如下。

① public void write(int b)：将整数 b 写入输出流对象。

② public void write(byte b[])：将字节数组写入输出流对象。

③ public void write(byte b[], int off, int len)：从字节数组 b 的第 off 个位置开始向输出流对象写入 len 字节。

④ public void flush()：强制将输出流保存在缓冲区中的数据写入目标数据源。

⑤ public void close()：先调用 flush()方法，然后关闭输出流，释放系统资源。

【例 8-5】复制文件内容示例。具体代码如下：

```
import java.io.*;
class BufferDemo {
    public static void copyFile() throws FileNotFoundException,IOException{
        //创建一个底层输入流，用于从文件 1.txt 中直接读取数据
        InputStream input = new FileInputStream("D:\\1.txt");
        //创建一个缓冲输入流对象
        BufferedInputStream bis = new BufferedInputStream(input, 1024);
        FileOutputStream output = new FileOutputStream("d:\\2.txt");
        BufferedOutputStream bos = new BufferedOutputStream(output);
        int num = 0;
        while ((num = bis.read()) != -1) {
                bos.write(num);    //将数据写入缓冲输出流对象中
            }
        bos.flush();
        bos.close();
        output.close();
        bis.close();
        input.close();
        System.out.println("复制完成");
    }
}
```

5. 基本数据类型操作流 DataInputStream 和 DataOutputStream 类

8-5 基本数据类型操作流

前面学习了如何对一个文件进行字节读写，但只能读写字节数据，这确实给文件的输入和输出造成很多不便。那么如何对 int、long、double 及字符等数据进行读写操作呢？DataOutputStream 和 DataInputStream 类可以

解决这一问题。

DataOutputStream 和 DataInputStream 类是对普通流的一个扩展，可以方便地读取 int、long、字符等类型数据。DataInputStream 类专门负责读取使用 DataOutputStream 类输出的数据。

1) DataOutputStream 类

DataOutputStream 类是 OutputStream 的子类，用来将 Java 基本数据类型数据写入底层输出流对象。

DataOutputStream 类的构造方法如下。

public DataOutputStream(OutputStream out)：创建往输出流 out 写数据的数据输出流对象。

DataOutputStream 类使用 writeXXX()方法将基本数据类型写入磁盘文件。

(1) public final void wirteBoolean(boolean v)：将 boolean 型数据写入输出流对象。

(2) public final void writeChar(int v)：将 char 型数据写入输出流对象。

(3) public final void writeInt(int v)：将 int 型数据写入输出流对象。

(4) public final void writeDouble(double v)：将 double 型数据写入输出流对象。

(5) public final void writeFloat(float v)：将 float 型数据写入输出流对象。

(6) public final void writeChars(String s)：将字符串 s 中的所有字符按顺序写入输出流对象。

(7) public final void write(byte[] b, int off, int len)throws IOException：将字节数组 b 中从位置 off 开始的 len 字节数据写入输出流对象。

(8) public final int write(byte[] b) throws IOException：将字节数组 b 写入输出流对象。

(9) public final void writeBytes(String s) throws IOException：将字符串 s 以字节序列写入输出流对象。

(10) public void flush() throws IOException：刷新输出流对象并强制写出所有缓冲的输出字节。

【例 8-6】利用 DataOutputStream 类往 D:\order.txt 中写入不同类型的数据。具体代码如下：

```
import java.io.*;
public class DataOutputStreamDemo {
    public static void putData() throws Exception {     //所有异常抛出
        DataOutputStream dos = null;   //声明数据输出流对象
        File f = new File("D:" + File.separator + "order.txt");
            //文件的保存路径，File.separator 代表路径分隔符
        dos = new DataOutputStream(new FileOutputStream(f));  //创建输出流对象
        String names[] = { "巧克力", "泡芙", "汉堡" };       //商品名称
        float prices[] = { 98.3f, 30.3f, 50.5f };          //商品价格
        int nums[] = { 3, 2, 1 };                          //商品数量
        for (int i = 0; i < names.length; i++) {           //循环输出
            dos.writeChars(names[i]);                      //写入商品名称字符串
            dos.writeChar('\t');                           //写入分隔符
            dos.writeFloat(prices[i]);                     //写入商品价格
            dos.writeChar('\t');                           //写入分隔符
            dos.writeInt(nums[i]);                         //写入商品数量
```

```
            dos.writeChar('\n');     //写入换行符
        }
        dos.close();                 //关闭输出流
    }
}
```

使用 DataOutputStream 类写入文件的数据要使用 DataInputStream 类取出。

2) DataInputStream 类

DataInputStream 类用于提供一些基于多字节的读取方法，允许应用程序以与机器无关的方式从输入流中读写基本数据类型，例如 int、float、long、double 等。

DataInputStream 类的构造方法如下。

public DataInputStream(InputStream in)：创建从输入流 in 读数据的数据输入流对象。

DataInputStream 类使用 readXXX()方法从磁盘文件读取 Java 基本数据类型数据。

(1) public final int read(byte[] b, int off, int len) throws IOException：从输入流对象中将最多 len 字节数据读入字节数组 b 中，并从 b 的 off 位置开始存放读入的数据。

(2) public final int read(byte [] b) throws IOException：从输入流对象中读取字节数据存储到字节数组 b 中。

(3) public final boolean readBooolean() throws IOException：从输入流对象中读取 boolean 型数据。

(4) public final byte readByte() throws IOException：从输入流对象中读取字节型数据。

(5) public final short readShort() throws IOException：从输入流对象中读取 short 型数据。

(6) public final int readInt() throws IOException：从输入流对象中读取 int 型数据。

【例 8-7】在控制台中输出 D:\order.txt 中不同类型的数据。具体代码如下：

```
import java.io.*;
public class DataInputStreamDemo {
    public static void getData()throws Exception {    //声明可能抛出的异常
        File f = new File("D:" + File.separator + "order.txt"); //文件的保存路径
        DataInputStream dis = new DataInputStream(new FileInputStream(f));
        String name = null;      //商品名称
        int number = 0;          //商品数量
        float price = 0.0f;      //商品价格
        char temp[] = null;      //保存读入的多个字符，这些字符连接起来就是商品名称
        int length=0;            //保存读取数据的个数
        char c = 0;
        try {
            while (true) {
                temp = new char[1024];
                length = 0;
    //读取数据，直到读取到'\t'才完成读取一个字符串，未读取到'\t'表示还有数据
                while ((c = dis.readChar())!='\t') {
                    temp[length] = c;
                    length++; //读取长度加 1
                }
                name = new String(temp, 0, length);  //将字符数组变为 String 型
                price = dis.readFloat();      //读取价格
                dis.readChar();               //读取制表符'\t'
```

```
                number = dis.readInt();        //读取商品数量
                dis.readChar();                //读取换行符 '\n'
                System.out.print("名称:"+name+"价格:"+price+"数量:"
                    + number);
            }
        } catch(EOFException e) {
            System.out.println("\n 读取结束");}
        } catch(Exception e) {
            System.out.println("\n error"+e.getMessage());
        }
        if(dis!=null) dis.close();
    }
}
```

可以联合嵌套多个流对象(如 FileInputStream、FileOutputStream、BufferedInputStream、BufferedOutputStream、DataInputStream、DataOutputStream 等)进行文件的读写。

8-6 对象操作流

6. 对象操作流 ObjectInputStream 和 ObjectOutputStream 类

Java 程序里的很多数据都是以对象的方式存在于内存中的。有时需要将内存中的整个对象直接存储至文件，而不是只存储对象中的某些基本类型成员信息，在下一次程序运行时希望可以从文件中读出数据并还原为对象。Java 提供了将对象表示为一字节序列的对象序列化机制，可将序列化后的对象通过对象输出流(ObjectOutputStream)写到输出流中，也可以通过对象输入流(ObjectInputStream)从输入流中读取对象，对它进行反序列化，重新在内存中构建该对象。

1) ObjectOutputStream 类

如果要在文件中直接存储对象，需要该对象所属的类实现 java.io.Serializable 接口，从而变为可序列化的类。

【例 8-8】将 Employee 类定义为可序列化。具体代码如下：

```
class Employee implements Serializable{
    private int age;
    private String name;
    private float salary;
    public Employee(int age, String name, float salary) {
        ...//构造方法给属性赋值(略)
    }
    //set、get 方法略
    public String toString() {
        return "姓名: "+name+", 年龄: "+age+", 工资: "+salary;
    }
}
```

ObjectOutputStream 类能够将可以序列化的对象写到输出流中，实现对象的持久存储。ObjectOutputStream 类的构造方法如下。

(1) protected ObjectOutputStream()：创建一个空 ObjectOutputStream 对象。

(2) public ObjectOutputStream(OutputStream out)：创建写入指定输出流 out 的

ObjectOutputStream 对象。

ObjectOutputStream 类包含很多写方法，用来将各种数据类型的数据写入输出流，下面这个方法能够将对象序列化并写到输出流中。

public final void writeObject(Object obj) throws IOException：将指定的对象 obj 写入 ObjectOutputStream。

其他的 write()方法请参看帮助文档。

【例 8-9】创建一个 Employee 对象，将其写入 D:\obj.ini 文件。具体代码如下：

```
import java.io.*;
public class ObjectOutputTest {
    public static void main(String[] args) throws Exception {
        ObjectOutputTest test = new ObjectOutputTest();
        Employee em = new Employee(29, "james", 4000f);
        test.WriteObj(em);
    }
    //对象写的操作
    public void WriteObj(Object obj) throws Exception {
        FileOutputStream fo = null;
        ObjectOutputStream oos = null;
        fo = new FileOutputStream("D:\\obj.ini");
        oos = new ObjectOutputStream(fo);
        oos.writeObject(obj);
        oos.flush();
        oos.close();
        fo.close();
    }
}
```

ObjectOutputStream 流对象能提供对象的持久存储。当需要读取这些存储的对象时，可以使用 ObjectInputStream 类。

2) ObjectInputStream 类

使用 ObjectInputStream 类可读取 ObjectOutputStream 对象写入的基本类型数据和对象。

ObjectInputStream 类的构造方法如下。

public ObjectInputStream(InputStream in)：创建从指定输入流 in 读取数据的 ObjectInputStream 对象。

ObjectInputStream 类包含很多 read 方法来读取流中各种类型的数据，请参看帮助文档。下面的方法可以将已经序列化之后的输入流中的对象反序列化读取到程序中。

public final Object readObject()：该方法从流中取出对象，并将对象反序列化。它的返回值为 Object，需要强制转换为所需要的类型。

【例 8-10】从 D:\obj.ini 文件中读取 Employee 对象，并在控制台中显示对象的姓名。具体代码如下：

```
import java.io.*;
public class ObjectInputTest {
    public static void main(String[] args) throws Exception {
        ObjectInputTest test = new ObjectInputTest();
        System.out.println(((Employee) test.ReadObj()).getName());
```

```
    }
    public Object ReadObj() throws Exception {    //读配置信息
        FileInputStream fi = null;
        ObjectInputStream ois = null;
        Object obj = null;
        fi = new FileInputStream("D:\\obj.ini");
        ois = new ObjectInputStream(fi);
        obj = ois.readObject();
        ois.close();
        fi.close();
        return obj;
    }
}
```

8.2.3 字符流

8-7 字符流

字符是人们日常读写的文字和符号，而在计算机磁盘中或网络上存放的实际是二进制的字节。字节流 InputStream 与 OutputStream 用来处理基于字节的操作，对于处理字符文本不太方便。Java 为字符文本的输入/输出专门提供了字符流类。

字符流中有两个顶层抽象类：字符输入流 Reader 和字符输出流 Writer。字符输入流 Reader 把要读取的字节序列按照指定编码方式转为相应的字符序列读入内存中。字符输出流 Writer 把要输出的字符序列转为指定编码方式下的字节序列输出。

1. 字符输入流 Reader 类

Reader 是字符输入流的抽象类，子类有 FileReader、CharReader、StringReader、PipedReader、BufferedReader、FilterReader 等。

Reader 类定义字符输入流通用的成员方法如下。

(1) public int read()：从输入流读取一个字符。如果已到达流的末尾，则返回-1。

(2) public int read(char buf[])：从输入流中将字符读入到字符数组 buf 中，并返回读取成功的实际字符数目。如果已到达流的末尾，则返回-1。

(3) abstract int read(char buf[], int off, int len) ：从输入流中读入最多 len 个字符，并从数组 buf 的第 off 位置开始存放这些数据，返回读取成功的实际字符数目。如果已到达流的末尾，则返回-1。

(4) boolean ready()：判断是否做好流读取的准备。

(5) long skip(long n)：跳过输入流中的 n 个字符，返回实际跳过的字符数目。

(6) abstract public void close() throws IOException：关闭该流，释放与之关联的所有资源。

2. 字符输出流 Writer 类

Writer 类是字符输出流的抽象类，子类有 FileWriter、BufferedWriter、PrinterWriter、StringWriter、PipedWriter、CharArrayWriter、FilterWriter 等。

Writer 类定义了字符输出流通用的成员方法。

(1) public void write(int c) throws IOException：将整型值 c 写入输出流对象。

(2) public void write(char cbuf[]) throws IOException：将字符数组 cbuf 写入输出流对象。

(3) public abstract void write(char cbuf[], int off, int len) throws IOException：将字符数组 cbuf 中的位置 off 处开始的 len 个字符写入输出流对象。

(4) public void write(String str) throws IOException：将字符串 str 写入输出流对象。

(5) public void write(String str, int off, int len) throws IOException：将字符串 str 中从位置 off 开始的 len 个字符写入输出流对象。

(6) public Writer append(char c) throws IOException：将字符 c 追加到输出流对象。

(7) abstract public void flush() throws IOException：刷空输出流，输出缓存字节。

(8) public abstract void close() throws IOException：关闭流。如果是带缓冲区的流对象的 close()方法，在关闭流之前需刷新缓冲区，关闭后不能再写出。

3. FileReader 类

FileReader 是 Reader 的子类，用于从文件中读取字符数据。

(1) FileReader 类的构造方法如下。

① public FileReader(File file)：创建 File 对象 file 对应的 FileReader 对象。

② public FileReader(String file)：创建文件名为 file 对应的 FileReader 对象。

(2) FileReader 类常用的成员方法如下。

① public int read() throws IOException：读取字符，返回该字符对应的 int 值。

② public int read(char [] c, int offset, int len)：读取最多 len 个字符，并从数组 c 的第 offset 位置开始存放这些数据，返回读取的字符个数，如果已到达流的末尾，则返回-1。

【例 8-11】在控制台中显示从 D:\poem.txt 文件读取的内容。具体代码如下：

```
import java.io.*;
class ReaderDemo {
    public static void main(String[] args) throws IOException {
        FileReader fr = null;
        fr = new FileReader("D:\\poem.txt");
        char[] cbuf = new char[1024];   //cbuf 用来保存读入的数据
        int hasRead = 0;   //用于保存实际读取的字符数
        while ((hasRead = fr.read(cbuf)) > 0) {
            //将字符数组转换成字符串输出
            System.out.print(new String(cbuf, 0, hasRead));
        }
        fr.close();
    }
}
```

4. FileWriter 类

FileWriter 类是 Writer 的子类，用于向文件中写入字符。

(1) FileWriter 类的构造方法如下。

① public FileWriter(File file)：创建 File 对象 file 对应的 FileWriter 对象，默认从文件夹写入。

② public FileWriter(File file,boolean append)：创建 File 对象 file 对应的 FileWriter 对象，append 为 true 表示从文件尾追加写入，否则从文件开头写入。

③ public FileWriter(String fileName)：根据文件路径创建 FileWriter 类对象，如果文件不存在的话，则创建该文件。

④ public FileWriter(String fileName, boolean append)：根据文件名 fileName 创建 FileWriter 类对象。文件不存在的话，则创建该文件，append 为 true 表示从文件尾追加写入，否则从文件开头写入。

(2) 创建 FileWriter 对象成功后，可以使用以下成员方法操作字符。

① public void write(int c) throws IOException：往字符输出流对象中写入字符 c。

② public void write(char[] c, int offset, int len)：往字符输出流对象中写入字符数组中从第 offset 个位置开始长度为 len 的字符。

③ public void write(String s, int offset, int len)：往字符输出流对象中写入字符串中从位置 offset 开始的长度为 len 的字符。

【例 8-12】将李商隐的《锦瑟》写入磁盘文件 D:\poem.txt。具体代码如下：

```
import java.io.*;
class WriterDemo {
    public static void main(String args[]) throws IOException {
        FileWriter fw = null;
        fw = new FileWriter("D:\\poem.txt");
        fw.write("锦瑟--李商隐\r\n");
        fw.write("锦瑟无端五十弦，一弦一柱思华年。\r\n");
        fw.write("庄生晓梦迷蝴蝶，望帝春心托杜鹃。\r\n");
        fw.write("沧海月明珠有泪，蓝田日暖玉生烟。\r\n");
        fw.write("此情可待成追忆，只是当时已惘然。\r\n");
        fw.close();
    }
}
```

5. BufferedReader 类

字符缓冲输入流 BufferedReader 类从字符输入流中读取数据后提供缓冲区功能，从而实现高效读取。

BufferedReader 类提供两个构造方法。

(1) public BufferedReader(Reader in)：创建从 in 中读入数据的默认容量的字符缓冲输入流对象。

(2) public BufferedReader(Reader in, int size)：创建从 in 中读入数据的指定容量为 size 的字符缓冲输入流对象。

BufferedReader 类提供读入一行数据的 readLine 方法。

public String readLine() throws IOException：该方法读取一行文本。通过下列字符之一即可认为某行已终止：换行('\n')、回车('\r')或回车后直接跟着换行('\r' '\n')。它返回包含行内容的字符串，并不包含任何终止符，当已读到流的末尾时返回空。如果发生 I/O 错误，则抛出 IOException 异常。

【例 8-13】从键盘读入数据并在控制台中显示。具体代码如下：

```
import java.io.*;
class BufferReaderDemo {
```

```
    public static void readLineFromFile() throws IOException {
        //从文件中读取字符
        BufferedReader br = new BufferedReader(new FileReader("E:\\1.txt"));
        String str = null;
        while ((str = br.readLine()) != null) {
            System.out.println(str);
        }
        br.close();
    }
    public static void readFromKeyBoard() throws IOException {
        //从键盘读入数据
        //InputStreamReader 流对象读取字节并将其转换为字符
        BufferedReader bfreader = new BufferedReader(new
            InputStreamReader(System.in));
        String s = null;
        do {
            System.out.println("please write:
                (type \"exit\" to exit the program)");
            s = bfreader.readLine();
            System.out.println(s);
        } while (!s.equals("exit"));
        System.out.println("program terminated normally by typing \"exit\".");
    }
    public static void main(String args[]) throws IOException {
        System.out.println("测试从文件中读取字符");
        readLineFromFile();
        System.out.println("测试从键盘读取数据");
        readFromKeyBoard();
    }
}
```

6. BufferedWriter 类

字符缓冲输出流 BufferedWriter 可将字符文本写入字符流中，从而提高写入效率。

(1) BufferedWriter 类的构造方法如下。

① public BufferedWriter(Writer out)：创建写入 out 的默认缓冲区容量的字符缓冲输出流对象。

② public BufferedWriter(Writer out, int size)：创建写入 out 的缓冲区容量为 size 的字符缓冲输出流对象。

(2) BufferedWriter 类中一些常用的成员方法如下。

① public void newLine()：添加换行符，即写入行分隔符。

② public void write(char[] cbuf, int off, int len)：将字符数组 cbuf 中从 off 开始的 len 个字符写入输出流对象。

③ public void write(int c)：写入一个 unicode 码为 c 的字符。

④ public void write(String s, int off, int len)：写入指定字符串 s 从位置 off 开始的 len 个字符。

⑤ public void flush()：刷新该流的缓存区，将数据写出。

⑥ public void close()：关闭流。

【例 8-14】将李白的《静夜思》写入磁盘文件。具体代码如下：

```
import java.io.*;
public class FileWriterTest {
    public static void writePoem() throws IOException {
        FileWriter fw = new FileWriter("D:\\chaFile.txt");
        BufferedWriter bw = new BufferedWriter(fw);
        bw.write("床前明月光");
        bw.newLine();
        bw.write("疑是地上霜");
        bw.newLine();
        bw.write("举头望明月");
        bw.newLine();
        bw.write("低头思故乡");
        bw.newLine();
        bw.flush();
        bw.close();
        fw.close();
    }
}
```

8.2.4 转换流 InputStreamReader 和 OutputStreamWriter 类

字节流和字符流之间可以互相转换。Java 提供了转换流类：InputStreamReader 和 OutputStreamWriter。InputStreamReader 类是从字节输入流获得数据后转换为字符交给程序使用。OutputStreamWrite 类是将程序输出的字符数据转换为字节后写入输出流中。

1. InputStreamReader 类

Reader 的子类 InputStreamReader 是从字节流到字符流的桥梁，它读取字节数据并将其转换为指定字符编码的字符。每次调用 InputStreamReader 对象的 read()方法时，从字节输入流中读取一个或多个字节。

(1) InputStreamReader 类的构造方法如下。

① public InputStreamReader(InputStream in)：in 是字节流，该构造方法可以把字节流 in 转换成字符流对象。

② public InputStreamReader(InputStream in, String enc) throws UnsupportedEncodingException：基于字节流 in 创建指定字符集 enc 的 InputStreamReader 对象。enc 是编码方式，例如 ISO8859-1、UTF-8、UTF-16 等。

(2) InputStreamReader 类常用的成员方法如下。

① public int read() throws IOException：读取单个字符。

② public int read(char[] cbuf) throws IOException：将字符读入数组 cbuf。

③ public int read(char[] cbuf, int offset, int length) throws IOException：读入最多 length 个字符，并从数组 cbuf 的第 offset 个位置开始存放这些数据。

【例 8-15】通过 InputStreamReader 读取磁盘文件的内容。具体代码如下：

```
import java.io.*;
```

```
public class InputStreamDemo {
    public static void readOneStr() throws IOException {
        InputStreamReader isr =
            new InputStreamReader(new FileInputStream("E:\\test\\1.txt"));
        int ch = 0;
        while ((ch = isr.read()) != -1) {
            System.out.print((char) ch);
        }
        isr.close();
    }
    public static void readOneStrArr() throws IOException {
        InputStreamReader isr =
            new InputStreamReader(new FileInputStream("E:\\test\\1.txt"));
        char[] ch = new char[1024];
        int len = 0;
        while ((len = isr.read(ch)) != -1) {
            System.out.print(new String(ch, 0, len));
        }
        isr.close();
    }
    public static void readOneStrArrLen() throws IOException {
        InputStreamReader isr =
            new InputStreamReader(new FileInputStream("E:\\test\\1.txt"));
        char[] ch = new char[1024];
        int len = 0;
        while ((len = isr.read(ch, 0, ch.length)) != -1) {
            System.out.print(new String(ch, 0, len));
        }
        isr.close();
    }
}
```

为了提高读取效率，通常将 InputStreamReader 与 BufferedReader 封装在一起使用。例如：

```
InputStreamReader stdin = new InputStreamReader(System.in);
BufferedReader bufin = new BufferedReader(stdin);
```

或者：

```
BufferedReader bufin = new BufferedReader(new InputStreamReader(System.in));
```

上述语句被执行以后，将创建通过 System.in 连接到键盘的 BufferedReader 对象。

【例 8-16】读取 D:\chaFile.txt 文件中的字符内容。具体代码如下：

```
import java.io.*;
public class FileReaderTest {
    public static void main(String[] args) throws Exception {
        FileInputStream fis = new FileInputStream("D:\\chaFile.txt");
        InputStreamReader isr = new InputStreamReader(fis);
        BufferedReader br = new BufferedReader(isr);
        String str = null;
        while ((str = br.readLine()) != null) {
            System.out.println(str);
```

```
        }
        br.close();
        isr.close();
        fis.close();
    }
}
```

2. OutputStreamWriter

Writer 的子类 OutputStreamWriter 是字符流通向字节流的桥梁，可使用指定的字符集将要写入流中的字符编码成字节。

(1) OutputStreamWriter 类常用的构造方法如下。

① public OutputStreamWriter(OutputStream out, String charsetName)：创建编码格式为 charsetName 的向 out 写入数据的 OutputStreamWriter 对象。

② public OutputStreamWriter(OutputStream out)：创建使用默认字符编码的向 out 写入数据的 OutputStreamWriter 对象。

(2) OutputStreamWriter 类常用的成员方法如下。

① public void write(int c) throws IOException：将 c 代表的单个字符写入输出流。

② public void write(char[] cbuf) throws IOException：将字符数组 cbuf 写入输出流。

③ public abstract void write(char[] cbuf, int off, int len) throws IOException：将字符数组 cbuf 中从 off 位置开始的 len 个字符写入输出流。

④ public void write(String str) throws IOException：将字符串 str 写入输出流。

⑤ public void write(String str, int off, int len) throws IOException：将字符串 str 中从第 off 个字符开始的 len 个字符写入输出流。

【例 8-17】通过 OutputStreamWriter 的 write()方法将字符数据写入文件。具体代码如下：

```
import java.io.*;
public class OutputStreamWriterTest {
    public static void writerOneChar() throws IOException {
        OutputStreamWriter osw =
            new OutputStreamWriter(new FileOutputStream("E:\\test\\1.txt"));
        osw.write(97);// char ch=(char)97;
        osw.write('c');
        osw.flush();
        osw.close();
    }
    public static void writerCharArr() throws IOException {
        OutputStreamWriter osw =
            new OutputStreamWriter(new FileOutputStream("E:\\test\\1.txt"));
        char[] ch = new char[] { '我', '爱', '中', '国' };
        osw.write(ch);
        osw.flush();
        osw.close();
    }
    public static void writerCharArrLen() throws IOException {
```

```
        OutputStreamWriter osw =
            new OutputStreamWriter(new FileOutputStream("E:\\test\\1.txt"));
        char[] ch = new char[] { '我', '爱', '中', '国' };
        osw.write(ch, 0, ch.length - 1);
        osw.flush();
        osw.close();
    }
    public static void writerOneStr() throws IOException {
        OutputStreamWriter osw =
            new OutputStreamWriter(new FileOutputStream("E:\\test\\1.txt"));
        osw.write("中国");
        osw.flush();
        osw.close();
    }
    public static void writerOneStrArrLen() throws IOException {
        OutputStreamWriter osw =
            new OutputStreamWriter(new FileOutputStream("E:\\test\\1.txt"));
        String str = "我爱中国";
        osw.write(str, 0, str.length() - 2);
        osw.flush();
        osw.close();
    }
}
```

上述流操作是按顺序进行的，例如读取流中的数据、向流中写入数据都是按从头到尾的顺序读或写。如果想对文件内容进行随机读写，Java 提供了支持文件内容随机访问类 RandomAccessFile。

8.3 随机访问类 RandomAccessFile

RandomAccessFile 类的主要功能是随机读取文件数据，既可以读取文件内容，也可以向文件写入数据，并且支持跳到文件任意位置读写数据。

RandomAccessFile 类的定义如下：

```
public class RandomAccessFile extends Object implements DataOutput,DataInput,
Closeable
```

可以看出 RandomAccessFile 类的父类是 Object，而不是 InputStream 或 OutputStream 的子类，实现 DataOutput、DataInput 接口，因此，RandomAccessFile 可以读取或写入基本数据类型的数据，以及字节数据、字符数据。

RandomAccessFile 类中包含一个可以自由移动的标识当前读写位置的记录指针。当程序创建一个新的 RandomAccessFile 对象时，该对象的文件记录指针位于文件头(也就是 0 处)，当读写 n 字节后，文件记录指针将会向后移动 n 字节。

RandomAccessFile 类的构造方法如下。

(1) public RandomAccessFile(File file, String mode)。

(2) public RandomAccessFile(String name, String mode)。

第一个参数 file 或 name 代表要操作的文件；第二个参数 mode 指定 RandomAccessFile

对文件的访问模式。mode 可以有如下 4 个值。

◎ r：以只读方式打开指定文件。如果试图对该 RandomAccessFile 指定的文件执行 write 写入方法，则会抛出 IOException 异常。

◎ rw：以读取、写入方式打开指定文件。如果该文件不存在，则尝试创建文件。

◎ rws：以读取、写入方式打开指定文件。相对于 rw 模式，还要求对文件的内容或元数据的每个更新都同步写入到底层存储设备。

◎ rwd：与 rws 类似，但仅对文件的内容同步更新到底层存储设备。

RandomAccessFile 类除了实现 DataInput 和 DataOutput 接口中的方法外，还增加与文件相关的方法来操作文件记录指针。

(1) public long length() throws IOException：返回文件长度。

(2) public void seek(long pos) throws IOException：将下次读写的位置定位到距离文件开始 pos 字节处。

(3) public long getFilePointer() throws IOException：得到当前读写位置。

【例 8-18】将一个 int 型数据 100、一个字符型数据 a 写入文件中，再将字符型数据读出来显示在控制台中，然后继续写入 int 型数据 5678，最后读取第一个数据并输出到控制台中。具体代码如下：

```
public class RandomAccessFileDemo {
    public static void writeData() {
        RandomAccessFile randomAccessFile = null;
        try {
            randomAccessFile = new RandomAccessFile("D:\\2.txt", "rw");
            randomAccessFile.writeInt(100);
            randomAccessFile.writeChar('a');
            randomAccessFile.seek(4);   //调整指针位置
            char charData = randomAccessFile.readChar();
            System.out.println("charData = " + charData);
            randomAccessFile.writeInt(5678);
            randomAccessFile.seek(0);
            int a = randomAccessFile.readInt();
            System.out.println("int=" + a);
        } catch (Exception e) {
            e.printStackTrace();
        } finally {
            if (randomAccessFile != null) {
                try {
                    randomAccessFile.close();
                } catch (IOException e) {
                }
            }
        }
    }
}
```

8.4 案例实训：为学生成绩管理程序增加持久化功能

第 7 章的学生成绩管理案例是把所有学生信息都保存到一个集合中，集合数据放在内存中，下次重新运行程序时原来的学生数据会丢失，需要重新录入。我们需要为学生成绩管理增加持久化功能，从而保存原来输入的学生数据。另外，学生集合中的学生学号必须唯一，不能有重复的学生学号。

1. 题目要求

在第 7 章的学生成绩管理案例基础上，增加以下功能。

(1) 往学生集合中添加一个学生时，不能重复加入学号相同的学生，如果加入成功，则能够保存到硬盘文件中。

(2) 重新运行程序时，学生集合中能够保留原来的学生数据。

2. 题目分析

第(1)个功能要求学生集合不能加入学号相同的学生，我们只需要在 StudentManager 类的 addStudent(Student student)方法中增加判断学号是否存在的代码即可。另外，要把学生数据保存到硬盘文件中，可以有多种写入文件的方法，例如，我们可以把每个学生的学号、姓名、数学成绩、语文成绩分别用 DataOutputStream 写入文件中，也可以利用 ObjectOutputStream 一次把一个学生对象写入文件中，还可以利用 ObjectOutputStream 把整个集合一次写入文件中。

第(2)个功能要求重新运行程序时，学生集合中能够保留原来的学生数据，要实现这个功能，我们只需要在 StudentManager 类的 main 方法中，先从硬盘文件中读取数据到集合中即可。从文件读取数据需要根据当初将数据写入文件的方法，从而用相应的从文件读取数据的方法来读数据。如果当初是用 DataOutputStream 把每个学生的多个属性写入文件中，则需要循环使用 DataInputStream 来读取每个学生的每个属性，然后利用这些属性创建 Student 对象并添加到学生集合中。如果是使用 ObjectOutputStream 一次把一个学生对象写入文件中，则需要用 ObjectInputStream 循环多次读取多个学生对象并添加到学生集合中。如果是使用 DataOutputStream 把整个学生集合写入文件中，则只需要用 ObjectInputStream 一次读取整个集合即可，这种方式最简单，所以下面我们使用这种方式来编写程序。

3. 程序实现

(1) 修改 Student 类，让 Student 类实现 Serializable 接口，因为我们要将整个学生集合写入文件中，就需要 Student 类能够序列化。

在 Student.java 中修改 Student 类的代码如下：

```
package ch8;
import java.io.Serializable;
public class Student implements Serializable{
    private static final long serialVersionUID = 6833110175523322909L;
    …//省略原来的代码
}
```

(2) 在 StudentManager 类中增加从硬盘文件读取数据到学生集合的 readData()方法和将

学生集合写入硬盘文件的 writeData()方法。

在 StudentManager.java 中增加的代码如下：

```
package ch8;
import java.io.FileInputStream;
import java.io.FileOutputStream;
import java.io.IOException;
import java.io.ObjectInputStream;
import java.io.ObjectOutputStream;
import java.util.ArrayList;
import java.util.InputMismatchException;
import java.util.List;
public class StudentManager {
    …//省略原来的代码
    public static void readData(){
        ObjectInputStream din=null;
        try {
            din=new ObjectInputStream
            (newFileInputStream("d:/students.bin"));
            studentList=(List<Student>)din.readObject();
        } catch (IOException e) {
            System.out.println("从文件读入数据失败");
        } catch (ClassNotFoundException e) {
            System.out.println("d:/students.bin 文件不存在");
        }finally{
            if(din!=null){
                try {
                    din.close();
                } catch (IOException e) {
                    System.out.println("关闭 din 失败");
                }
            }
        }
    }
    public static void writeData(){
        ObjectOutputStream dout=null;
        try {
            dout=new ObjectOutputStream
            (new FileOutputStream("d:/students.bin"));
            dout.writeObject(studentList);
        } catch (IOException e) {
            System.out.println("往文件写入数据失败");
        }finally{
            if(dout!=null){
                try {
                    dout.close();
                } catch (IOException e) {
                    System.out.println("关闭 dout 失败");
                }
            }
```

```
        }
    }
}
```

(3) 修改 StudentManager 类的 addStudent(Student student)方法，增加判断学号重复的功能和保存到文件的功能。代码如下：

```
package ch8;
//省略 import 用到的类
public class StudentManager{
    public static void addStudent(Student student){
        //先判断学生是否存在，如果存在就返回
        if(findStudent(student.getId())!=null){
            System.out.println("学号为"+student.getId()+"的学生已存在");
            return;
        }
        studentList.add(student);   //将该 student 加入集合中
        writeData();//将该 studentList 写入文件
    }
    …//省略原来的代码
}
```

(4) 修改 StudentManager 类的 main 方法，让程序一开始就读取文件中的数据并放到 studentList 集合中。代码如下：

```
package ch8;
//省略 imort 用到的类
public class StudentManager{
    public static void main(String[] args) {
        //先从文件读取数据放到 studentList 集合中
        readData();
         …//省略原来的代码
    }
    …//省略原来的代码
}
```

至此程序修改完毕。需要说明的是，在 Student 类中增加了 private static final long serialVersionUID = 6833110175523322909L;，该代码是利用 Eclispse 自动生成的 serialVersionUID 变量。

在序列化过程中，类的结构可能会发生变化，如添加或删除字段。如果没有 serialVersionUID，反序列化过程可能无法正确恢复对象，因为实际类的结构与序列化时存储的结构不匹配。serialVersionUID 是一个 long 型数字，在 Java 序列化过程中用于验证序列化的类版本。当一个类被序列化后，它的 serialVersionUID 会与序列化的数据一起被存储下来。serialVersionUID 的作用是确保在反序列化过程中，用于反序列化的类与最初序列化该类时的类版本兼容。如果 serialVersionUID 不匹配，则会抛出 InvalidClassException 异常。

本章小结

本章介绍了常用的字节输入/输出流和字符输入/输出流的用法，要求能够分清字节流、字符流、输入流、输出流，能够理解流和对象可序列化机制的概念，掌握 File 类的使用，常见的 IO 流类(如 FileInputStream、FileOutputStream、DataOutputStream、DataInputStream、BufferedInputStream 、 BufferedOutputStream 、 ObjectInputStream 、 ObjectOutputStream 、FileWriter、FileReader、BufferedReader、BufferedWriter)的使用，字节流和字符流交换的桥梁流 InputStreamReader 和 OutputStreamWriter 类的使用，以及随机访问类 RandomAccessFile 的使用。

本章的难点如下。

(1) 流的基本概念的理解。

(2) 各种流类之间的嵌套使用。

(3) 输入流和输出流的选择。

(4) 使用对象流操作时需要先完成对象序列化。

习题

1. 编写 Java 应用程序，完成以下功能：在 D 盘下创建一个 HelloWorld.txt 文件，判断是文件还是目录；再创建一个目录 IODemo，之后将 HelloWorld.txt 文件移动到 IODemo 目录下；然后遍历 IODemo 目录下的文件。

2. 已知文件 a.txt 里的内容为“EEbcdea22dferwpliCC123yh”，编写程序读取该文件内容，要求去掉重复字母(区分大小写)并按照原来的顺序输出到 b.txt 文件中。即 b.txt 文件的内容应该为“Ebcdea2frwpliC13yh”这样的顺序输出。

3. 编写 Java 应用程序，其中用户 User 类有以下成员变量和成员方法。

◎ 成员变量：用户名 uname(String)、账号 uid(String)、密码 pwd(String)。

◎ 构造方法：有参构造方法和无参构造方法。

◎ 成员方法：成员变量对应的 get、set 方法，以及 toString 方法。

创建一个 User 对象，并将该对象写入 F:\obj.txt 文件。

从 F:\obj.txt 文件中读取该对象数据，在控制台中显示。

4. 使用随机文件流类 RandomAccessFile 将一个文本文件倒置读出。

第9章 泛型

本章要点

(1) 泛型类、泛型数组、泛型接口;

(2) 泛型的上界;

(3) 泛型类的继承;

(4) 泛型方法。

学习目标

(1) 理解泛型的优点和作用;

(2) 掌握泛型类、泛型接口、泛型方法的定义方法;

(3) 掌握有界类型和通配符的使用;

(4) 学会用泛型来编写程序，解决实际问题。

9.1 为什么需要泛型

首先，我们来看在 JavaSE 1.5 版本以前使用集合时的情况。比如，要在一个集合中加入一个日期对象和一个字符串对象，然后再从中取出字符串对象并输出到显示器上，参见例 9-1。

9-1 泛型类的定义与实例化

【例 9-1】保存在 ListDemo1.java 文件中的代码如下：

```
import java.util.*;
1 public class ListDemo1 {
2   public static void main(String[] args) {
3       List list1 = new ArrayList();
4       list1.add(new Date());
5       list1.add(new String("dddd"));
6       String temp1 = (String)list1.get(1);
7       System.out.println("temp1="+temp1);
8   }
9 }
```

list1 中放入了一个日期对象和一个字符串对象，然后把第 2 个对象(对应的索引值是 1)取出来时增加了强制类型转换语句(String)，这是因为在集合中存入的对象默认是 Object 类型，取出来后必须经过强制类型转换才能恢复 String 类型。

除了必须进行强制类型转换外，还有可能发生下面的问题，比如，集合中放入的数据较多或者放入数据的代码是别人写的，那么在取出数据时有可能写成：

```
String temp1 = (String)list1.get(0);
```

把字符串对象所在的索引号写错了，list1.get(0)得到的尽管是 Object 类型，但它实际是 Date 类型，在转换成 String 时就会出现以下错误：

```
Exception in thread "main" java.lang.ClassCastException: java.util.Date cannot
be cast to java.lang.String at ch1.ArrayListDemo.main(ArrayListDemo.java:12)
```

即抛出数据类型转换异常，提示不能把 Date 型转换成字符串型。这种错误在编译时看不出来，只有在实际运行时才能出现，非常危险。

为了解决上述两个缺点，在 JDK 1.5 及以后的版本中加入了对泛型的支持，其中集合部分都实现了泛型。使用泛型，上述代码可以修改为下面的代码。

【例 9-2】用泛型修改后的代码(保存在 ListDemo2.java 文件中)如下：

```
import java.util.*;
public class ListDemo2 {
    public static void main(String[] args) {
        List<Date> list1 = new ArrayList<Date>();
        list1.add(new Date());
        List<String> list2 = new ArrayList<String>();
        list2.add(new String("dddd"));
        String temp1 = list2.get(0);
        System.out.println("temp1="+temp1);
    }
}
```

其中，List<Date>定义了集合变量 list1，通过<Date>指明 list1 只能保存 Date 类型的对象。List<String> 定义了集合变量 list2，通过<String>指明 list2 只能保存 String 类型的对象，因而从 list2 中提取数据时不需要经过强制类型转换，即可得到 String 对象 temp1。

如果试图向 list1 中加入 String 对象，即“list1.add(new String("dddd"));”，则编译器会提示错误。从而在编译期即可发现错误，避免了在运行期出错。

Java 引入泛型主要有两个优点：①省去了强制类型转换；②能够在编译期发现类型错误。

9.2 泛型类

例 9-2 中使用了泛型集合类 ArrayList 和泛型接口 List，这都是 Java 已经定义好的，可以直接使用。我们也可以定义自己的泛型类和泛型接口。

泛型类的声明格式如下：

```
[访问修饰符]  class 类名<泛型参数 1, 泛型参数 2, …>{
    泛型 1  泛型成员 1;
    泛型 2  泛型成员 2;
    //…
}
```

声明中的泛型参数 1、泛型参数 2 等泛型符号可以是任意合法的 Java 标识符，多个参数之间用逗号分隔开。一般习惯于用大写字母表示，比如 T、V、E 等。

【例 9-3】带一个泛型参数的类的例子。保存在 GenericTest1.java 文件中的代码如下：

```
1  public class GenericTest1<T>{
2     private T t;
3     public void setT(T t) {  this.t = t;  }
4     public T getT() { return t;}
5     public static void main(String [] args){
6        GenericTest1<Integer> test1 = new  GenericTest1<Integer>();
7        test1.setT(10);
8        Integer temp = test1.getT();
9        GenericTest1<String> test2 = new GenericTest1<String>();
10       test2.setT("hello");
11       String m = test2.getT();
12    }
13 }
```

以上第 1 行代码“public class GenericTest1<T>”中的<T>表示定义了一个泛型参数 T，T 可以代表任何类的类型，比如 Double、String、Date，以及自己定义的类型 Student、Car 等。

第 2 行代码“private T t;”用类型 T 定义了一个属性 t，即 t 的数据类型是 T，将来调用时再确定 T 是什么类型。

第 6 行代码是泛型类的实例化，定义 test1 对象时比原来使用泛型前的语法多了<Integer>，表示用 Integer 代替 T 类型，从而属性 t 就是 Integer 类型，getT()也是返回 Integer 类型。

第 8 行中 temp 就是 Integer 类型，不需要经过强制类型转换。

第 9 行代码也是泛型类的实例化，定义 test2 对象时比原来使用泛型前的语法多了<String>，表示用 String 代替泛型参数 T，从而属性 t 就是 String 类型，getT()也是返回 String 类型。同理，第 11 行也不需要强制类型转换。

需要说明的内容如下。

(1) 泛型类的属性变量可以是泛型类型，也可以是普通数据类型，比如 Double、Car 等。

(2) 如果某一属性变量已经定义为泛型类型，比如属性 t 的类型是 T，那么对应的 getT()方法就应该返回 T 类型，setT(T t)中的形参 t 也应该是 T 类型。

(3) 泛型类实例化时，可以将泛型参数 T 实例化为具体需要的某种数据类型，但必须是类或接口类型，即< >内必须是类或接口类型，不能是 int、double 等 8 种基本数据类型。

(4) 泛型类的 static(静态)成员不允许引用泛型类的类型参数。

(5) 同一种泛型可以对应多个版本(因为参数类型是不确定的)，不同版本的泛型类实例是不兼容的。注意以下代码：

```
GenericTest1<String> gt5 = new GenericTest1<String>();
GenericTest1<Object> gt4 = new GenericTest1<Object>();
gt4 = gt5;
//错误，虽然 Object 是 String 的父类，但 GenericTest1<Object>不是
//GenericTest1<String>的父类，它们之间没有关系
```

可以想象一下，如果 gt4=gt5 成立，则执行 gt4.setT(new Object())，此时成员变量 t 就是一个 Object 的对象，而 gt5.getT()得到的就不会是 String 类型的对象了，继而产生矛盾。这个特点也称为 Java 中的泛型不支持协变特性。

(6) 泛型类也可以当作普通类使用，即忽略泛型参数 T。

【例 9-4】泛型类当作普通类使用示例。具体代码如下：

```
public class GenericTest2<T>{
    private T t;
    public void setT(T t){  this.t = t;  }
    public T getT(){ return t;}
    public static void main(String[] args) {
        GenericTest2 test = new GenericTest2();  //不指定泛型参数类型，当普通类用
        test.setT("aaa");                        //放入一个字符串对象 aaa
        String temp = (String)test.getT();       //需要强制转换成 String 型
        System.out.print("temp="+temp);
        System.out.println("test.getT()的类型是: "
                         +test.getT().getClass().getName());
    }
}
```

输出结果为：

```
temp=aaa  test.getT()的类型是: java.lang.String
```

此时的泛型参数 T 默认为 Object 类型，即 test.getT()返回的是 Object 类型，使用时需要强制转换成实际保存的数据类型 String。注意，如果使用 test.getT().getClass().getName()，得到的是实际类型 java.lang.String，不是 Object。但编译时会发出警告信息：GenericTest1.java

使用了未经检查或不安全的操作。

注意

要了解详细信息，请使用-Xlint:unchecked 重新编译。

泛型类可以有多个泛型参数，下面是具有两个泛型参数的例子。

【例 9-5】 两个泛型参数的泛型类。保存在 GenericTest3.java 文件中的代码如下：

```
class GenericTest3<T, V> {
   private  T ob1;
   private  V ob2;
   public GenericTest3 (T o1, V o2){
      ob1 = o1;
      ob2 = o2;
   }
   void showTypes() {
      System.out.print ("ob1 的类型为: " + ob1.getClass().getName());
      System.out.println("ob2 的类型为: " + ob2.getClass().getName());
   }
   public T getOb1() {return ob1; }
   public V getOb2() {return ob2;}
   public void setOb1(T o1){ ob1=o1; }
   public void setOb2(V o2){ ob2=o2; }
}
```

在类 GenericTest3 后面写了<T, V>，表示为类定义了两个泛型参数 T 和 V。用泛型参数 T 定义了属性变量 ob1，用泛型参数 V 定义了属性变量 ob2。

该类的实例化可以有两种方法：使用泛型(指定 T、V 的类型)和不使用泛型(不指定 T、V 的类型，当作普通 Java 类使用)。

(1) 使用泛型的实例化方法为：

```
public static void main(String args[]){
 GenericTest3<String,Integer> gt1 = new GenericTest3<String,Integer>("John",
    new Integer(30));
 gt1.showTypes();
 GenericTest3<String,Integer> gt2 = new GenericTest3<String,Integer>("John",30);
 gt2.showTypes();
}
```

注意

该 main 方法必须写在某个类里才能执行。

代码通过 GenericTest3<String,Integer>语法，把 T、V 分别指定为 String、Integer 类型，即形参 T 用实参 String 代替，形参 V 用实参 Integer 代替，因而 ob1 即为 String 类型，ob2 为 Integer 类型。

在实例化了对象 gt1 后，调用 gt1 的 showTypes()方法，输出 T 和 V 的数据类型，输出结果如下：

```
ob1 的类型为: java.lang.String  ob2 的类型为:java.lang.Integer
```

(2) 不使用泛型的实例化方法为：

```
public static void main(String args[]){
    GenericTest3 gt1 = new GenericTest3("John",10);
    gt1.showTypes();
    int temp = (Integer)gt1.getOb2();
    System.out.println("temp=" + temp);
}
```

输出结果为：

```
ob1 的类型为:java.lang.String  ob2 的类型为:java.lang.Integer
temp=10
```

把 GenericTest3 当作普通类使用，没有指定 T、V 的值，则 T、V 相当于 Object。

调用 showTypes 方法，通过调用 ob1 和 ob2 的 getClass()方法，因而能够返回 ob1 和 ob2 的真实类型，分别是 String 和 Integer 类型。

通过 getOb2()方法得到 ob2 属性，因为 ob2 设置的是 Integer 值，而 getOb2()方法默认是返回 Object 类型，需要强制转换成 Integer。Integer 可以自动拆箱成 int 型，因而可以直接赋值给 int 型变量 temp。

9.3 泛型数组

泛型类同普通类一样，也可以创建泛型类的数组，但语法格式与普通数组有些差别，以 GenericTest1 类为例，具体方法如下。

【例 9-6】泛型数组的用法示例。保存在 GenericArrayDemo.java 文件中的代码如下：

```
public class GenericArrayDemo {
    public static void main(String[] args) {
        GenericTest1<String>[] gt2 = new GenericTest1[2];  //可编译，但会发出警告
        gt2[0] = new GenericTest1<String>();    //创建第一个元素
        gt2[0].setT("John");
        gt2[1] = new GenericTest1<String>();    //创建第二个元素
        gt2[1].setT("Mary");
        //把泛型当作普通类来使用，定义数组如下
        GenericTest1[] gt3 = new GenericTest1[2];
        gt3[0] = new GenericTest1();                //给第一个元素赋值
        gt3[0].setT("Smith");                       //给 t 赋值为 String 对象 Smith
        String name = (String)gt3[0].getT();   //将属性 t 强制转换成 String 类型
    }
}
```

其中：

```
GenericTest1<String>[] gt2 = new GenericTest1[2];
```

即声明了 GenericTest1 数组，并开辟了两个元素的空间。这一行也可以分成两步，写成：

```
GenericTest1<String>[] gt2;
gt2 = new GenericTest1[2];
```

但在 new 后面不能写成“new GenericTest1<String> [2]”，即不能再加上<String>。也不能在声明数组时同时初始化元素，即不能写成：

```
GenericTest1<String>[] gt2 = {new GenericTest1<String>(),
new GenericTest1<String>()};
```

当然，如果把 GernericTest1 当作普通类使用，也可以声明成数组，但这时的 T 默认为 Object 类型，在通过 getT()得到 t 的值时，需要强制转换成实际的类型。

9.4 泛型成员的使用

泛型类中的泛型成员尽管一定是类或接口类型，但不能直接实例化，即不能写成如下的格式：

```
T t = new T();       //错误
T[] t = new T[2];    //错误
```

泛型成员变量必须通过方法的参数来间接赋值，比如，通过构造方法的参数或者 set 方法的参数来赋值，具体过程请看例 9-7。

【例 9-7】保存在 GenericTest4.java 文件中的代码如下：

```
public class GenericTest4<T,V> {
    private T t;      //定义成员变量 t，类型为 T
    private V[] v;    //定义成员数组变量 v，类型为 V
    public T getT() { return t; }
    public void setT(T t) {this.t = t; }//通过 set 方法的形参 t 给成员变量 t 赋值
    public V[] getV() { return v; }
    public GenericTest4(T t, V[] v) {
        this.t = t;
        this.v = v;
        //通过构造方法为成员变量 t 和 v 赋值
    }
    public GenericTest4() { }
    public void setV(V[] v) { this.v = v; } //通过 set 方法给成员数组变量 v 赋值
    public static void main(String[] args) {
        String name1 = "John";
        Integer[] score1 = {80,89,90};
        GenericTest4<String,Integer> gt1 = new GenericTest4<String,Integer>
            (name1,score1);  //通过构造方法赋值，此时 gt1 的成员变量 t 赋值为 name2
                             //成员数组变量 v 赋值为数组 score2
        String name2 = "Mary";
        Integer[] score2 = {92,89,95};
        GenericTest4<String,Integer> gt2 = new GenericTest4<String,Integer>();
        gt2.setT(name2);    //成员方法 setT 给 gt2 的成员变量 t 赋值为 name2
        gt2.setV(score2);   //成员方法 setT 给 gt2 的成员数组变量 v 赋值为数组 score2
    }
}
```

9.5 限制泛型类的上界

9-2 限制泛型类的上界、泛型类的继承等

泛型成员一定是类或接口类型，但具体是什么类型，需要等到实例化时才能确定，因而在泛型类里的泛型成员变量只能当作 Object 类来使用，也只能使用 Object 类具有的方法。例如 hashCode、equals、getClass 等。因此，这种类型的泛型参数用处不是很大。在实际使用中，我们经常要根据业务需求，把泛型参数限定在一定的范围内，从而该泛型参数可以具有一定的含义，可以使用更多的功能方法。Java 中提供 extends 关键字，用来限制泛型参数的上界，语法格式如下：

```
[访问修饰符] class 类名<泛型参数1 extends 上界类型1,泛型参数2 extends 上界类型2 ,…>{
    泛型1 泛型成员1;
    泛型2 泛型成员2;
    //…
}
```

其中，类型参数的上界可以是引用类型、接口类型、泛型类型。

假设有 4 个类：Animal、People、Man、Dog，它们的继承关系如图 9-1 所示。

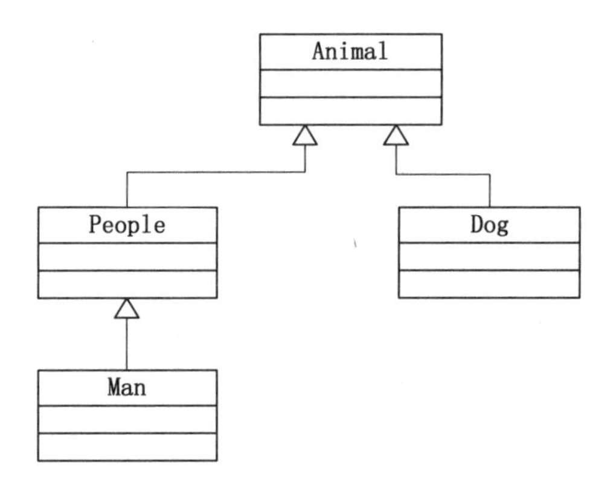

图 9-1 Animal、People、Man、Dog 的继承关系

```
class A<T extends Animal>{T t;}
```

这里的 T 的上界是 Animal，T 可以是 Animal、People、Man、Dog 中的任何一个类。

```
class B<T extends People>{T t;}
```

这里的 T 的上界是 People，因而 T 可以是 People、Man，不能是 Animal 和 Dog。

下面的例子展示了上界类型的用法。

【例 9-8】限制泛型类型的上界示例。保存在 GenericTest5.java 文件中的代码如下：

```
public class GenericTest5<T extends Shape> {    //泛型参数 T 的上界是 Shape
  T t;
  public GenericTest5(T t) { this.t = t; }
  public T getT() {  return t;  }
  public void setT(T t) { this.t = t; }
  public void printArea(){
```

```
        double area = t.getArea();
        System.out.println("area="+area);
    }
    public static void main(String[] args) {
        Circle c1 = new Circle(20);
        GenericTest5<Shape> gt1 = new GenericTest5<Shape>(c1);
        //GenericTest5<Shape> gt1 = new GenericTest5<Circle>(c1);   //错误
        GenericTest5<Circle> gt2 = new GenericTest5<Circle>(c1);
        //gt1=gt2;   //错误
        gt1.printArea();
        gt2.printArea();
    }
}
```

其中，Shape 和 Circle 的定义与第 5 章中例 5-1 中定义的一样，Circle 继承了 Shape，并实现了 Shape 中的抽象方法 getArea()。

GenericTest5 类通过<T extends Shape>，将 T 的上界限定到了 Shape 类型，限定了 T 只能是 Shape 及其子类 Circle 中的一种，不是一般的 Object 类。

用泛型 T 定义了成员变量 t，则 t 一定是 Shape 或 Circle 的对象，因而 t 除了具有 Object 类的方法外，还具有 getArea()方法。

printArea()方法中通过调用 t 的 getArea()方法来得到数据，充分利用了 T extends Shape 这一限制。

注意，在泛型类实例化时，左边声明对象和右边用 new 关键字创建对象的< >中的类型必须完全一致，即：

```
GenericTest5<Shape> gt1 = new GenericTest5<Shape>(c1);
```

或者：

```
GenericTest5<Circle> gt2 = new GenericTest5<Circle>(c1);
```

不能写成上面代码中第 13 行的样子：

```
GenericTest5<Shape> gt1 = new GenericTest5<Circle>(c1);
```

Java 泛型不支持协变特性，这是泛型类实例化的基本要求，不会因为 Shape 是 Circle 的父类而降低要求。同理，gt1=gt2 也是错的，gt1 和 gt2 是完全没有关系的两个对象，不能互相赋值。

让我们想一下，既然 T extends Shape，那么能否定义如下的 addT 方法呢？

```
public void addT(Shape tt){ this.t=tt; }
```

答案是否定的，因为在定义时，把成员变量 t 定义成了 T 类型，T 继承了 Shape，但是并不知道将来实例化时 T 到底是什么类型，T 可能是 Shape，也可能是 Circle，如果是 Circle 的话，则把 Shape 类型的变量 tt 赋值给 Circle 类型的成员变量 t 就不行，出现类型错误，所以在 T 不能确定到底是什么类型时，Java 不允许这样使用。

但是，下面的用法正确：

```
public Shape getTt(){  return this.t;  }
```

因为 T 是继承 Shape 的，将来实例化时无论 T 用什么类型替代，都一定属于 Shape，所以 t 一定是 Shape 类型的，因而是正确的。

还有一点要注意的是：

```
GenericTest5<Shape> gt1 = new GenericTest5<Shape>(c1); //正确
```

这里用 Shape 替换了泛型参数 T，要求 c1 是 Shape 类型的，满足：

```
GenericTest5<Circle> gt2 = new GenericTest5<Circle>(c1);//正确
```

这里用 Circle 替换了泛型参数 T，要求 c1 是 Circle 类型的，满足要求。即都可以用 c1 当作实参传递给 GenericTest5 的构造方法。但是，如果把 c1 的定义换成：

```
Shape c1 = new Circle(20);
```

则 c1 是 Shape 类型，不是 Circle 类型，所以下述代码错误：

```
GenericTest5<Circle> gt2 = new GenericTest5<Circle>(c1);//错误
```

不能用 c1 作参数实例化 GenericTest5<Circle>对象。

实际上例 9-3 中的 public class GenericTest1<T>{…}相当于 public class GenericTest1 <T extends Object>{…}。

【例 9-9】编写一个通用程序，能够计算一组图形的面积总和，这组图形既可以都是圆形，也可以都是长方形，但不能有的是圆形，有的是长方形。

首先，根据题目要求，要编写一个通用程序，这个通用程序应该把它抽象出一个类，这个程序能够计算一组图形的面积总和，从这里应该看到，还应该再抽象出一个图形类或接口。计算什么图形的面积呢？题目说可以是圆形和长方形，那么应该想到，应该抽象出一个圆形类和一个长方形类，而且它们是继承图形类或实现图形接口的。

有了类的大体划分，下面的工作是规划每个类应具有的功能和属性。

根据面向对象的思路，每个事物所具有的特点和功能都应该定义在自己的类中。因此每个类的功能分析如下。

(1) 主程序类应该具有计算一组图形面积的功能。一组图形，可以定义为一个图形数组，计算功能应该定义一个方法，方法的参数就是图形数组，可以是圆形数组，也可以是长方形数组，这里我们可以用泛型数组表示。

类名设计为 ShapeManage，并定义成泛型类，与泛型数组一致，方法名设计为 sumArea()。同时，主程序类还要有 main 函数，在其中创建两个数组，分别为圆形类数组和长方形类数组，并调用自己的 sumArea()方法计算面积。

(2) 图形类可以设计为一个抽象类，该类具有计算图形面积的抽象方法。

(3) 圆形类应该具有半径属性，同时具有计算自己的面积的方法 getArea。

(4) 长方形类应该具有长和宽属性，同时具有计算自己面积的方法 getArea，类名设计为 Rectangle，长和宽分别设计为 length 和 width。

根据以上分析，编写保存在 ShapeManage.java 文件中的代码如下：

```
public class ShapeManage<T extends Shape> {
    public double sumArea(T[] t){
        double totalArea = 0;
        for(int i=0;i<t.length;i++)
            totalArea += t[i].getArea();
```

```
        return totalArea;
    }
    public static void main(String[] args) {
        Circle[] c1 = {new Circle(20),new Circle(30),new Circle(40)};
        ShapeManage<Circle> m1 = new ShapeManage<Circle>();
        System.out.println("圆形面积的和为: "+m1.sumArea(c1));
        Rectangle[] r1 = {new Rectangle(2,3),new Rectangle(7,8)};
        ShapeManage<Rectangle> m2 = new ShapeManage<Rectangle>();
        System.out.println("长方形面积的和为: "+m2.sumArea(r1));
    }
}
```

其中，Shape、Circle、Rectangle类的定义与第5章的完全一样。

当然，上述程序不用泛型也能解决，可以把sumArea方法修改成sumArea(Shape[] t)，但是这样设计的话，数组t的类型限制不强了，t中可以同时放入圆形和长方形对象；或者是定义两个计算图形面积总和的方法sumArea(Circle[] t)、sumArea(Rectangle[] t)，这样也能实现，但都失去了泛型所具有的优点。

9.6 泛型类的继承

泛型类可以继承除了Throwable以及其子类以外的任何类，并且可以增加自己的泛型参数。

【例9-10】泛型类的继承，代码保存在GenericParent.java文件中。具体内容如下：

```
1  public class GenericParent<T> {
2     private T t;
3     public T getT() {  return t;  }
4     public GenericParent(T t) {  this.t = t;  }
5     public void setT(T t) {  this.t = t;  }
6  }
7  class GenericChild<T,V> extends GenericParent<T>{
8     private V v;
9     public V getV() {  return v;  }
10    public void setV(V v) {  this.v = v;  }
11    public GenericChild(T t, V v) { super(t); this.v = v;  }
12 }
```

程序的关键点说明如下。

第1行代码首先定义了带有一个泛型参数T的泛型类GenericParent。

第7行代码定义了子类GenericChild，具有两个泛型参数T、V，其中，T跟父类GenericParent中的泛型参数T一致，V是自己新定义的。

第11行代码定义了子类GenericChild的构造方法，具有两个参数t和v，方法中通过super(t)来调用父类GenericParent的构造函数，把形参t传递给父类的成员变量t。

例9-10演示的是父类和子类都有泛型参数，这时，子类定义的泛型参数要么包括父类的泛型参数，要么直接指明继承父类时父类泛型参数的实际类型。例如，子类继承父类时，直接指定父类的泛型参数T为String类型，则子类代码修改如下：

```
7  class GenericChild<V> extends GenericParent<String>{
8     private V v;
9     public V getV() {  return v;  }
10    public void setV(V v) {  this.v = v;  }
11    public GenericChild(String t, V v) {  super(t); this.v = v;  }
12 }
```

这里，只是修改了第 7 行代码和第 11 行代码。这时，子类不用再出现泛型参数 T 了，因为已经通过 extends GenericParent<String>指明了 T 为 String 类型，所以构造方法中要直接用 String t 来定义形参 t。

当然，如果父类只是一个普通类，没有泛型参数，则更简单，就像普通类继承一样，直接继承父类即可。

9.7 泛型接口

接口也可以定义为泛型接口，带有泛型参数，语法与定义泛型类的类似，格式如下：

```
interface 接口名<类型参数列表> { }
```

实现泛型接口的类的声明格式为：

```
class 类名 [<类型参数列表>] implements  接口名<类型参数列表> {  }
```

在类中实现泛型接口时有三种方式：第一种是实现类包含泛型类的所有泛型参数，第二种是实现类直接指定泛型接口的某些泛型参数类型，第三种是把泛型接口当作普通接口使用。

【例 9-11】泛型接口使用示例。

(1) 保存在 Info.java 文件中的代码如下：

```
public interface Info<T>{    //在接口上定义泛型
   public T getVar();        //定义抽象方法，抽象方法的返回值就是泛型类型
}
```

(2) 第一种实现方式(如保存在 InfoImpl1.java 文件中)的代码所示：

```
public class InfoImpl1 <T> implements Info<T>{      //定义泛型接口的子类
    private T var;    //定义属性
    public InfoImpl1(T var){    //通过构造方法设置属性内容
        this.setVar(var);
    }
    public void setVar(T var){this.var = var;}
    public T getVar(){return this.var;}
    public static void main(String arsg[]){
        Info<String> i = null;    //声明接口对象
        i = new InfoImpl1<String>("汤姆");              //通过子类实例化对象
        System.out.println("内容：" + i.getVar());
    }
}
```

(3) 第二种实现方式，即根据业务需要，在实现类实现泛型接口时直接指定泛型接口的某些泛型参数的类型，比如，指定 T 为 String(代码保存在 InfoImpl2.java 文件中)。具

体内容如下：

```
public class InfoImpl2 implements Info<String>{    //定义泛型接口的子类
    private String var;                          //定义属性
    public InfoImpl2(String var){                //通过构造方法设置属性内容
        this.setVar(var);
    }
    public void setVar(String var){this.var = var;}
    public String getVar(){return this.var;}
    public static void main(String arsg[]){
        Info<String>  i = null;                  //声明接口对象
        i = new InfoImpl2 ("汤姆");              //通过子类实例化对象
        System.out.println("内容：" + i.getVar());
    }
}
```

注意，代码 implements Info<String>，将泛型接口 Info 中的 T 指定为 String，则在类 InfoImpl2 中不再出现泛型参数 T(当然，可以增加自己需要的新的泛型参数)，将原来定义为 T 的地方都换成了 String。

在定义接口变量 i 时使用的语句是“Info<String> i”，因为后面要使用 InfoImpl2 类来实例化对象，所以将 i 指定为 String，但在用 InfoImpl 实例化时，则不再需要<String>，因为 InfoImpl2 不是泛型类。

(4) 第三种实现方式，把泛型接口当作普通接口使用。这时泛型接口中的泛型参数就默认为 Object 类型(代码保存在 InfoImpl3.java 文件中)。具体内容如下：

```
public class InfoImpl3  implements Info{  //定义泛型接口的子类，不指定泛型参数T的类型
    private  String var;                  //定义属性
    public InfoImpl3(String var){         //通过构造方法设置属性内容
        this.setVar(var);
    }
    public void setVar(String  var){this.var = var;}
    public String getVar(){return this.var;}
        //接口中默认是Object，实现的类可以是String
    public static void main(String arsg[]){
        Info i = null;                    //声明接口对象
        i = new InfoImpl3("汤姆");        //通过子类实例化对象
        System.out.println("内容：" + i.getVar());
    }
}
```

这样修改后，实际上 Info 完全当作普通接口使用了，在接口中 getVar()方法本来返回的是 T 类型，这里默认返回 Object 类型。实现类中：

```
public String getVar(){return this.var;}
```

可以使用 String 作为 getVar()的返回值类型，因为 String 也是继承 Object 的。代码如下：

```
Info i = null;   //声明接口对象
```

实际上可以写成“Info<String> i = null”，甚至写成“Info<Integer>i = null”都没有问题，都能运行。但最好写成“Info<String> i = null”，这样与 public String getVar()定义一致。

9.8 泛型方法

除了定义泛型类和泛型接口外，有时为了让某个方法变得通用，可以处理不同的参数类型，还可以单独定义泛型方法。比如，要编写一个求两个整型数最大值的方法：

```
public static Integer getMax(Integer x, Integer y){
    if(x>y)
        return x;
    else
        return y;
}
```

如果要能够比较两个 Double 型数据的大小，那么还要再编写一个重载的 getMax 方法：

```
public static Double getMax(Double x, Double y){
    if(x>y)
        return x;
    else
        return y;
}
```

这样，需要编写多个方法才能满足需要，代码量大。当然，我们也可以使用 Number 类型作为参数，重新编写，代码如下：

```
public Number getMax(Number x, Number y){
    if(x.doubleValue() > y.doubleValue())
        return x;
    else
        return y;
}
```

这样做能够减少代码量，但是返回的结果只能是 Number 类型，不能保持原来需要比较的两个数的类型。如果使用泛型方法，则可以很好地解决这个问题。泛型方法的定义格式是：

```
访问修饰符 <泛型参数列表> 返回类型 方法名(参数列表){
    ...
}
```

其中，泛型参数列表为用逗号分隔的合法 Java 标识符。

在泛型参数列表中声明的泛型，可用于该方法的返回值类型声明、参数类型声明和方法代码中的局部变量的类型声明。类中的其他方法不能使用当前方法声明的泛型。

【例 9-12】泛型方法使用示例。代码保存在 GenericMethod.java 文件中。具体内容如下：

```
1 public class GenericMethod {
2  public static <T extends Number> T getMax(T x, T y){
3   if(x.doubleValue()>y.doubleValue()) //每个 Number 对象都有 doubleValue()方法
4     return x;
5   else
6     return y;
```

```
7   }
8   public static void main(String[] args) {
9     Integer a=3, b=6;
10    Double x=12.3, y=22.5;
11    Integer maxI = GenericMethod.getMax(a, b);
    //Integer maxI = GenericMethod.<Integer>getMax(a, b); //<Integer>可省略
12    System.out.println("maxI="+maxI);
13    Double maxD = GenericMethod.getMax(x, y);
14    System.out.println("maxD="+maxD);
15  }
16 }
```

第1行代码定义了类GenericMethod，注意没有<>，所以不是泛型类。

第2行代码是泛型方法getMax的声明语句，注意在<>中声明了泛型T，T的上界是Number，该方法的返回值类型是T，两个形参也都是T类型的，将来可以根据实际调用的参数类型确定T的类型。同时该方法使用了static关键字，所以是static方法。

第11行代码是调用泛型方法getMax的语句。与泛型类的实例化不同，这里不需要用<Integer>来指明泛型的确切类型，编译器会自动根据实参的类型确定泛型的类型(除非编译器不能直接推断出类型，可以加上明确类型说明<类型>)。由于实参a和b是Integer类型的，所以泛型T就用Integer来替换。

第13行代码也是调用泛型方法getMax的语句。这里使用了Double类型的x和y来调用泛型方法，所以编译器自动把泛型T用Double替换。

现在，再来看一下例9-9，它是定义一个泛型类ShapeManage，类中定义了一个方法public double sumArea(T[] t)，目的是用来计算多个图形的面积和。因为T是在泛型类ShapeManage中声明的，所以只能定义为成员方法，即对象方法，不能定义成static方法，在调用时必须实例化ShapeManage类的对象。有了泛型方法后，可以只定义泛型方法，而不需要定义泛型类。

【例9-13】用泛型方法计算图形的面积，代码保存在ShapeManage2.java文件中。具体代码如下：

```
package ch9;
public class ShapeManage2 {
    public static <T extends Shape> double sumArea(T[] t){ //声明static泛型方法
        double totalArea = 0;
        for(int i=0;i<t.length;i++)
            totalArea += t[i].getArea();
        return totalArea;
    }
    public static void main(String[] args) {
        Circle[] c1 = {new Circle(20),new Circle(30),new Circle(40)};
        System.out.println("圆形面积的和为: "+ShapeManage2.sumArea(c1));
        Rectangle[] r1 = {new Rectangle(2,3),new Rectangle(7,8)};
        System.out.println("长方形面积的和为: "+ShapeManage2.sumArea(r1));
    }
}
```

当然泛型方法不是必须定义成static的，定义为成员方法也可以，只是泛型方法声明中

的泛型参数与泛型类中的泛型参数无关。

总之，如果某个方法不使用泛型类中的泛型参数，而用一个单独的泛型参数，则需要定义成泛型方法。

另外，在 Java 的泛型里，对于 static 方法而言，是无法访问泛型类的类型参数的。因此，如果想让 static 方法具有泛型能力，就必须使其成为泛型方法。

一个方法如果被声明成泛型方法，那么它将拥有一个或多个泛型参数，不过与泛型类不同，这些泛型参数只能在它所修饰的泛型方法中使用，泛型方法中声明的泛型参数与泛型类中声明的泛型参数无关，而且泛型方法调用时是根据实参的类型来确定的，不需要用 < >来指定。

9.9 泛型通配符

在前面我们介绍过，泛型类的不同类型实例之间是不兼容的。

```
GenericTest1<String> gt5 = new GenericTest1<String>();
GenericTest1<Object> gt4 = new GenericTest1<Object>();
gt4 = gt5; //错误，GenericTest1<Object>不是 GenericTest1
           //<String>的父类，它们之间没有关系
```

9-3 泛型通配符和类型擦除

这就为泛型的使用带来了不便，那么，怎么解决这个问题呢？Java 提供了通配符“?”来解决这个问题。

“?”可以代表任何类型，例如：

```
GenericTest1<?> gt = null;
GenericTest1<String> gt5 = new GenericTest1<String>();
gt  =gt5;     //正确
```

下面我们再看一个例子。

【例 9-14】通配符的使用示例。代码保存在 GenericTongPeiFu.java 文件中。具体内容如下：

```
import java.util.*;
1 public class GenericTongPeiFu {
2   public static void printList(List<Object> list) {
3       for(int i=0;i<list.size();i++)
4           System.out.println(list.get(i));
5   }
6   public static void main(String[] args) {
7       List<Object> list1 = new ArrayList<Object>();
8       list1.add(new Integer(30));
9       GenericTongPeiFu.printList(list1);      //正确
10      List<Integer> list2 = new ArrayList<Integer>();
11      list2.add(new Integer(20));
12      GenericTongPeiFu.printList(list2);      //错误
13  }
14 }
```

以上代码中，第 9 行代码正确，因为实参和形参的类型相同，都是 List<Object>。

第12行代码错误，编译时提示：类型 GenericTongPeiFu 中的方法 printList (List<Object>) 对于参数(List<Integer>)不适用。

这是因为 printList()方法要求一个 List<Object>作为参数，而 list2 是 List<Integer>，List<Integer>不是 List<Object>的子类，它们没有任何关系，所以类型不匹配。解决的方法也是使用通配符，将第2行代码修改为：

```
2   public static void printList(List<?> list) {
```

则第9行和第12行代码都可以使用。运行结果如下：

```
30
20
```

通配符可以使用上界或下界来限制，下面的例子是求一个集合中所有元素的平均值，该集合中保存的是 Number 或其子类的数据，例如 Integer 或 Double 等类型的数据。

【例 9-15】求一个集合中所有元素的平均值，代码保存在 ListAverage.java 文件中。具体内容如下：

```
import java.util.*;
1 public class ListAverage {
2   public static double getListAverage(List<? extends Number> list){
3       double sum=0,average=0;
4       for(int i=0;i<list.size();i++)
5           sum=sum+list.get(i).doubleValue();
6       average=sum/list.size();
7       return average;
8   }
9   public static void main(String[] args) {
10      List<Integer> list1 = new ArrayList<Integer>();
11      list1.add(new Integer(20));
12      list1.add(new Integer(30));
13      System.out.println(ListAverage.getListAverage(list1));
14      List<Double> list2 = new ArrayList<Double>();
15      list2.add(new Double(60));
16      list2.add(new Double(40));
17      System.out.println(ListAverage.getListAverage(list2));
18  }
19 }
```

以上代码中，第2行代码声明了一个方法 getListAverage，形参用 List<? extends Number> 的形式定义，因而参数可以是 List<Number>、List<Integer>、List<Double>等，只要< >中是 Number 或其子类即可。

第13行代码用 list1 作为实参来调用 getListAverage，list1 是一个 List<Integer>类型的集合，因而满足 getListAverage 的参数要求。

第17行代码用 list2 作为实参来调用 getListAverage，list2 是一个 List<Double>类型的集合，因而满足 getListAverage 的参数要求。

除了用 extends 来声明通配符的上界外，还可以用 super 来声明通配符的下界。例如：

```
List<? super Integer> list = new ArrayList<Integer>();
```

但是，要注意下述代码。

【例 9-16】保存在 GenericTongPeiFuError.java 文件中的代码如下：

```
import java.util.*;
1 public class GenericTongPeiFuError {
2   public static void main(String[] args) {
3       List<Integer> list1 = new ArrayList<Integer>();
4       list1.add(new Integer(20));
5       list1.add(new Integer(30));
6       List<? extends Number> list2 = list1;
7       list2.add(new Integer(30));     //错误
8       Number i = list2.get(1);        //正确
9       List<? super Integer> list3 = list1;
10      list3.add(new Integer(3));      //正确
11      Integer j = list3.get(1);       //错误
12  }
13 }
```

以上代码中，第 7 行代码错误，即 list2 不能加入 Integer 类型的数据，实际上 Number 类型也不行。因为 list2 是用通配符声明的，所以 list2 可能是 List<Number>、List<Integer> 或 List<Double>，也可能是 List<其他 Number 的子类>，编译器不能判断到底是哪种类型，所以不允许向 list2 中加入数据。

第 8 行代码正确，可以提取 Number 类型数据。因为编译器知道 list2 中保存的一定是 Number 类型数据，所以可以读取 Number 数据。

第 10 行代码正确，list3 可以加入 Integer 类型的数据，因为 list3 是用 List<? super Integer> 定义的，所以 list3 可能是 List<Integer>、List<Number>、List<Object>，也可能是 List<Integer> 的其他父类，不管是哪一种，都可以放入 Integer 类型数据。

第 11 行代码错误，list3 不能提取 Integer 类型的数据，因为 list3 可能是 List<Integer>、List<Number>、List<Object>，也可能是 List<Integer>的其他父类，所以编译器不能判断到底是哪种类型，如果是 List<Object>，那么里面的数据就不能保证是 Integer 类型的，所以不能返回 Integer 类型数据。

通过例 9-16 可以看出，在集合的操作中，“? extends 类名”一般用于读取数据，不适合放入数据；“? super 类名”一般用于放入数据，不适合读取数据。

另外，通配符可以用于声明泛型类的变量、方法的参数，但不能直接用于泛型类的声明。super 关键字也不能直接用于泛型类的声明，但 extends 关键字可以用于泛型类的声明来限制泛型的上界。注意下面的定义：

```
class MyClass1<? extends Number>{} //错误，通配符不能直接用于泛型类的定义
class MyClass2<T super Integer>{}  //错误，super 不能直接用于泛型类的定义
class MyClass3<T extends Comparable<? super T>>{}  //正确，间接使用可以
class MyClass4<T extends Comparable<?>>{}          //正确，间接使用可以
```

下面再看一个复杂的例子。

【例 9-17】要求编写一个能够查找一个集合中最大元素的程序，集合中的元素是能够比较大小的，类名为 ListManager，查找最大元素的方法名为 max，并分别找出一个交通工具集合、一个公共汽车集合里的最大元素。其中，交通工具类(Vehicle)具有颜色(color)、速

度(speed)属性，公共汽车类(Bus)继承交通工具类，并增加了票价(price)属性。交通工具是按照速度比较大小，速度高的大，速度低的小。

从题目中应该分析出需要定义三个类，分别是 ListManager、Vehicle、Bus。其中 ListManager 类中要有 max 方法，max 的作用是从一个集合中找出最大元素，因而参数应该是一个集合，而且集合中的元素都是能够比较大小的，即实现了 Comparable 接口的；Vehicle 类应该以 speed 为比较大小的标准，因而需要实现 Comparable 接口，除了 color、speed 属性外，还要编写 compareTo 方法；Bus 类继承 Vehicle 类，增加 price 属性即可。

保存在 GenericComplex.java 文件中的代码如下：

```
import java.util.*;
class Vehicle implements Comparable<Vehicle>{
    private int speed;
    private String color;
    public int getSpeed() { return speed; }
    public void setSpeed(int speed) { this.speed = speed; }
    public String getColor() { return color; }
    public void setColor(String color) { this.color = color; }
    public int compareTo(Vehicle v){ return this.speed -v.speed; }
    public Vehicle(int speed, String color){
        this.speed = speed;
        this.color = color;
    }
}
class Bus extends Vehicle{
    private int price;
    public int getPrice() { return price; }
    public void setPrice(int price) { this.price = price; }
    public Bus(int speed, String color, int price){
        super(speed, color);
        this.price = price;
    }
}
public class GenericComplex {
//public static <T extends Comparable<T>> T max(List<T> list){
    public static <T extends Comparable<? super T>> T max(List<T> list){
        if(list.size()==0) return null;
        T t = list.get(0);
        for(int i=1;i<list.size();i++){
            if(t.compareTo(list.get(i))<0)
                t = list.get(i);
        }
        return t;
    }
    public static void main(String[] args) {
        List<Integer> list1 = new ArrayList<Integer>();
        list1.add(10);
        list1.add(8);
        list1.add(18);
        list1.add(22);
```

```
        Integer max = max(list1);
        System.out.println("max="+max);
        List<Vehicle> list2 = new ArrayList<Vehicle>();
        list2.add(new Vehicle(80,"blue"));
        list2.add(new Vehicle(150,"black"));
        list2.add(new Bus(200,"green",2));
        Vehicle vehicle = max(list2);
        System.out.println("max vehicle:"+vehicle.getSpeed());
        //上面两个用<T extends Comparable<T>>即可
        List<Bus> list3 = new ArrayList<Bus>();
        list3.add(new Bus(80,"blue",1));
        list3.add(new Bus(150,"black",1));
        list3.add(new Bus(100,"green",1));
        Bus bus = max(list3);
        System.out.println("max bus:"+bus.getSpeed());
        //list3 必须用 <T extends Comparable<? super T>>
    }
}
```

在程序中，最难懂的是下面的两行代码：

```
//public static <T extends Comparable<T>> T max(List<T> list){
public static <T extends Comparable<? super T>> T max(List<T> list){
```

第 1 行代码已经添加了注释。根据题意，max 方法操作的集合元素应该能够比较大小，所以需要实现 Comparable 接口。而且 Comparable 接口是基于泛型的，所以第 1 行代码是我们首先可以想到的，即泛型 T 需要限制为 T extends Comparable<T>。如果集合中的元素都直接实现了 Comparable 接口，即如果：

```
class Vehicle implements Comparable<Vehicle>{...}
class Bus extends Vehicle implements Comparable<Bus>{...}
```

则 max 方法将泛型 T 限制为 T extends Comparable<T>是可以的，将来调用时，T 可以用 Vehicle 或 Bus 代替。

但目前的例子中，Bus 类没有实现 Comparable<Bus>，而是通过父类 Vehicle 实现了 Comparable<Vehicle>，这时如果 max 方法中的 T 要求 T extends Comparable<T>，则 Bus 不满足要求，调用是不能用 Bus 代替 T 的。因此需要再定义得灵活些，能够支持这种情况，即 T 的上界是实现了 Comparable<T 或 T 的父类>，这种语义需要使用 T extends Comparable<? super T>来表示。

一个泛型参数可以具有多个限制。例如，当您想要约束一个类型参数同时为 Comparable 和 Serializable 时，需要用符号&来分隔开，比如下面的类 MyClass 的定义为：

```
class MyClass<T extends Comparable<? super T>&Serializable>{…}
```

9.10 类型擦除

JDK 1.5 引入的泛型实际上是一种编译器层次上的技术，在虚拟机层次上并不直接支持泛型。为了使 Java 代码与以前版本兼容，编译器使用一种擦除技术——编译器在编译时会自动“去除”有关泛型的定义，而加入了强制类型转换。所有对泛型的引用被替换成泛型的上界(通常是 Object)，可以通过反编译泛型类来看到这一点。以例 9-3 中的代码为例，通过源代码和反编译后的代码来了解这种机制。

```
GenericTest1.java
package ch9;
public class GenericTest1<T> {
    private T t;
    public T getT(){return t;}
    public void setT(T t){this.t=t;}
    public GenericTest1(T t) {this.t = t;}
    public GenericTest1() {}
    public static void main(String[] args) {
        GenericTest1<String> gt1 = new GenericTest1<String>("john");
        String temp1 = gt1.getT();
        GenericTest1<Integer> gt2 = new GenericTest1<Integer>();
        gt2.setT(10);
        Integer temp2 = gt2.getT();
    }
}
```

编译为 GenericTest1.class，再通过 javap 命令来查看 GenericTest1.class 的情况。运行命令：javap-private GenericTest1，注意，命令要在 GenericTest1.class 所在文件夹下执行，可以得到如下代码：

```
1 public class ch9.GenericTest1 extends java.lang.Object{
2   private java.lang.Object t;
3   public java.lang.Object get();
4   public void setT(java.lang.Object);
5   public ch2.GenericTest1(java.lang.Object);
6   public ch2.GenericTest1();
7   public static void main(java.lang.String[]);
8 }
```

上面第 2～5 行代码中都出现了 Object，而没有 T，这说明 Java 源代码编译后，泛型 T 实际被 Object 代替，即编译后的类中其实已经不存在泛型了。另外，通过第三方的反编译工具，也可以看到 GenericTest1.class 中的 main()方法的代码，这里采用了 jd-gui.exe 工具反编译，得到的 main()方法代码如下：

```
1 public static void main(String[] args) {
2   GenericTest1 gt1 = new GenericTest1("john");
3   String temp1 = (String)gt1.getT();
4   GenericTest1 gt2 = new GenericTest1();
5   gt2.setT(Integer.valueOf(10));
6   Integer temp2 = (Integer)gt2.getT();
7 }
```

上面第 2 行代码中，gt1 的创建与普通类一样，已经没有了<String>。

第 3 行代码中在 gt1.getT()的前面增加了(String)，说明使用了强制类型转换。

因为 Java 泛型在编译之后会把泛型擦除，所以要注意以下问题。

(1) 不能使用 new E()和 new E[]()。把泛型参数 E 当作一个类使用来创建对象是不行的，即不能用语句“E e = new E();”来创建对象 e，因为在运行时泛型参数 E 是不存在的，只存在于编译期间。同理，不能创建泛型数组对象，例如，代码“E[] e = new E[10];”也是错误的。

(2) 尽管通过使用不同类型参数所实例化出的同一泛型类的实例是不兼容的，但在运行时，泛型类型具有相同的 Class 类型。例如：

```
GenericTest1 <String> gt1 = new GenericTest1 <String>();
GenericTest1 <Integer> gt2 = new GenericTest1 <Integer>();
System.out.println(gt1.getClass() == gt2.getClass());
```

输出结果为 true。

(3) instanceof 不能用于泛型。例如：

```
GenericTest1<String> gt2 = new GenericTest1<String>();
if(gt2 instanceof GenericTest1<String>){}  //错误，instanceof 不能用于泛型
if(gt2 instanceof GenericTest1){}          //正确
```

(4) 泛型类中，不能用类的泛型参数来定义 static 变量和 static 方法。因为 static 变量和 static 方法是在类的内存空间中，不在对象的空间中，而泛型类的泛型参数只有在实例化对象时才指定，所以 static 的成员变量和 static 方法不能使用泛型类的泛型参数。

(5) 异常类不能是泛型的。泛型类不能继承 Throwable，因为如果允许的话，那么意味着定义一个 MyException 继承 Exception，代码如下：

```
public class MyException<T> extends Exception{...}
```

调用时，Java 虚拟机必须检查 try 语句中抛出的异常，从而确定是否与 catch 语句中指定的类型匹配，但运行时类型信息是不会出现的：

```
try{…} catch(MyException<T> e){}
```

因此，泛型类不允许扩展 Throwable。

9.11 案例实训：单链表

本节以一个单链表为例，介绍泛型的用法。单链表是数据结构中常用并且很重要的一种数据存储结构，如图 9-2 所示。

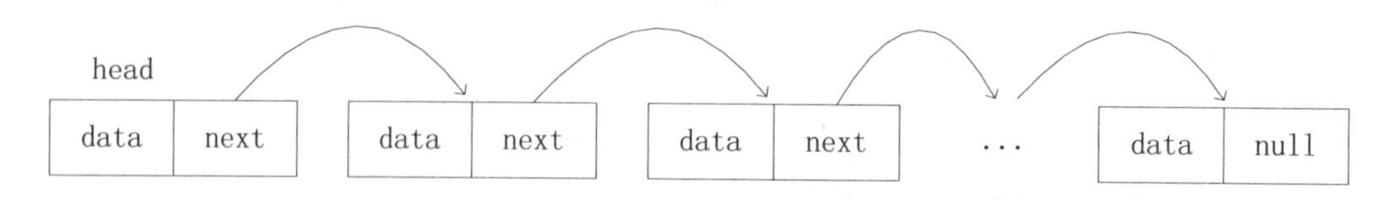

图 9-2　单链表存储结构

上面展示的是一个单链表的存储原理图。单链表保存一批结点(有些资料也称其为节点)，每个结点包括两部分：第一部分是数据域 data，保存一个数据；第二部分是指针域 next，指向下一个结点的地址。head 为头结点，它不存放任何数据，只是指向链表中真正存放数据的第 1 个结点，然后每一个中间结点都保存一个数据和一个指向下一个结点的指针，直到最后一个结点，它的 next 指向 null。

如果要删除某一个结点，只要把它上一个结点的 next 指向它下一个结点的地址即可，如图 9-3 所示。

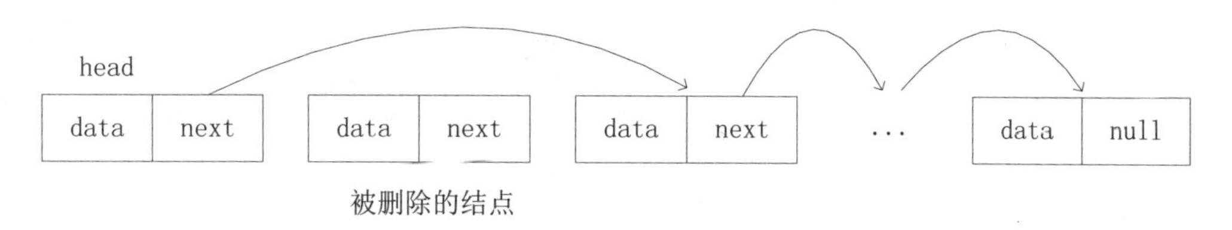

图 9-3　删除第 1 个结点

如果要插入一个结点，比如在第 1 个结点后面插入一个新结点，只要把第 1 个结点的 next 指针指向新结点地址，把新结点的 next 指针指向原来的第 2 个结点即可，如图 9-4 所示。

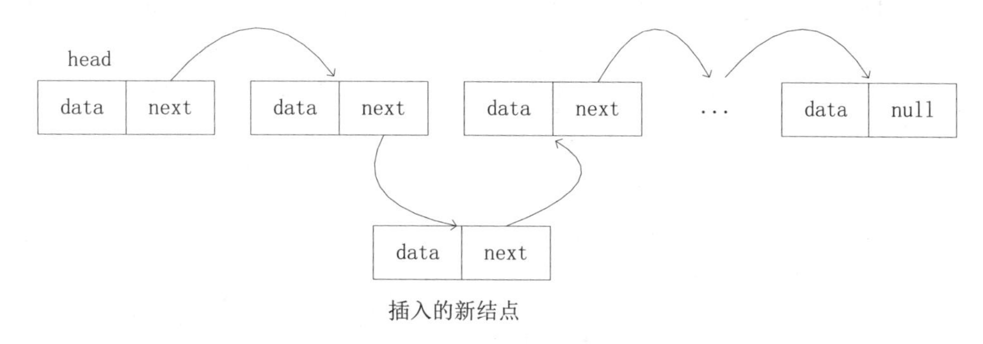

图 9-4　在第 1 个结点后面插入一个新结点

如果要在单链表最后增加一个结点，则只需要将最后一个结点的 next 指针指向新结点的地址即可，如图 9-5 所示。

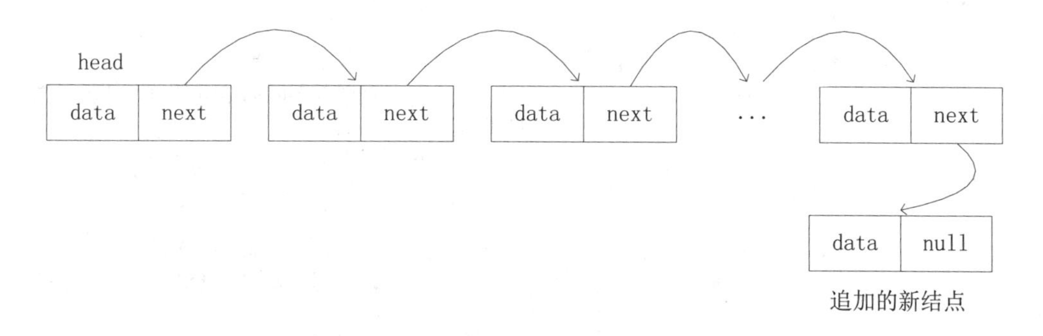

图 9-5　在单链表最后面追加一个新结点

1. 题目要求

完成一个单链表的程序，要求能够实现插入结点、删除结点、追加结点、返回结点个数、输出所有结点数据的功能。

2. 题目分析

根据题意，程序需要设计两个类：结点类和链表类。结点类刻画一个结点，具有两个属性：一个是数据，一个是指向下一个结点的指针。链表类刻画一个链表，链表是由多个结点组成的，具有两个属性：一个是结点个数，一个是头结点。

3. 程序实现

(1) 设计结点类 Node。Node 类的代码保存在 Node.java 中，代码如下：

```
public class Node<T> {
    public T data;              //保存数据的属性变量，为 T 类型
    public Node<T> next;        //保存下一个结点的属性变量，为 Node<T>类型
    public Node(){this(null);              //构造一个数据域、指针域都是 null 的结点}
    public Node(T data){this(data,null);  //构造一个有数据域但指针域为 null 的结点}
    public Node(T data,Node<T> next){
        this.data = data;
        this.next = next;}
}
```

(2) 设计链表类 NodeList。链表类 NodeList 保存在 NodeList.java 文件中，代码如下：

```
public class NodeList<T> {
    private int count = 0;  //保存链表中的有效结点个数，不包括头结点
    private Node<T> head;   //头结点，指向第一个有效结点
    public int getCount() {return count;    //返回结点个数}
    public Node<T> getHead() {return head;}
    public void setHead(Node<T> head) {this.head = head;}
    public NodeList() {
        this.head = new Node(null);            //创建一个空链表，里面只有一个头结点
    }
    public NodeList(Node<T> node) {
        //创建一个含有 node 元素的链表
        //首先创建一个头结点 head，然后把 head 指向第一个有效结点 node
        this.count = 1;
        this.head = new Node(null,node);
    }
    public void deleteNodeByIndex(int index){
        //删除第 index 个结点，index 从 1 开始算，不包括头结点
        if(index==0||index>count){             //判断要删除的结点是否在链表范围内
            System.out.println("您要删除的结点"+index+
                               "不存在，链表中只有"+count+"个结点");
            return;
        }
        Node<T> node = head;                   //遍历用的中间临时变量
        for(int i=0;i<index-1;i++){            //遍历到需要删除的结点的前一个结点
            node = node.next;
        }
        /*已经找到要删除的结点的前一个结点，让前一个结点的 next 指向下一个结点的 next。
如果是删除最后一个结点，最后一个结点的 next 是 null，也可以用下面的语句，相当于 node.next
= null*/
        node.next = node.next.next;
        count--;
    }
    public void insertNodeByIndex(int index, Node<T> newNode){
        //在第 index 个结点前插入新结点，新插入的结点位于 index 位置
        //原来的 index 结点移到 index+1 位置
        //index 从 1 开始算，不包括头结点，判断要插入的结点是否在链表范围内
        if(index==0||index>count){
```

```
            System.out.println("您要插入的结点位置"+index+
                                   "不存在，链表中只有"+count+"个结点");
            return;
        }
        Node<T> node=head;                    //遍历用的中间临时变量
        for(int i=0;i<index-1;i++){           //遍历到需要插入的结点的前一个结点
            node = node.next;
        }
        //已经找到要插入的结点的前一个结点
        //让新结点的next指向前一个结点的next，前一个结点的next指向新结点
        newNode.next = node.next;
        node.next = newNode;
        count++;
    }
    public void appendNode(Node<T> newNode){
        //在最后一个结点后面追加新结点，就是放在第count个结点的后面
        Node<T> node = head;                  //遍历用的中间临时变量
        for(int i=1;i<=count;i++){            //遍历到最后一个结点
            node = node.next;
        }
        //当前node是第count个结点，让它的next指向新结点，让新结点的next为null
        node.next = newNode;
        newNode.next = null;
        count++;
    }
    public void print(){
        System.out.println("链表中共有"+count+"个结点");
        Node<T> node=head;
        for(int i=1;i<=count;i++){
            node=node.next;
            System.out.println("第"+i+"个结点的值是："+node.data);
        }
    }
    public static void main(String args[]){
        NodeList<String> list = new NodeList<String>();
        list.appendNode(new Node<String>("String1"));
        list.appendNode(new Node<String>("String2"));
        list.appendNode(new Node<String>("String3"));
        list.insertNodeByIndex(4, new Node<String>("String4"));
        list.print();
        list.insertNodeByIndex(3, new Node<String>("String4"));
        list.deleteNodeByIndex(1);
        list.print();
    }
}
```

(3) 运行 NodeList 类的结果如下：

```
您要插入的结点位置4不存在，链表中只有3个结点
链表中共有3个结点
第1个结点的值是：String1
第2个结点的值是：String2
第3个结点的值是：String3
链表中共有3个结点
```

```
第 1 个结点的值是：String2
第 2 个结点的值是：String4
第 3 个结点的值是：String3
```

上面设计的这个链表没有排序功能，因为 Node 中的数据 data 是 T 类型的，不知道如何排序。下面设计一个可以排序的链表。

在 NodeList 的基础上设计一个可以排序的链表，具有从小到大排序的方法。同时具有插入结点、删除结点、追加结点、返回结点个数、输出所有结点数据的功能。

只要新建一个 SortedNodeList 类继承 NodeList 类，增加 sortByAscend()方法，实现从小到大排序整个链表即可。要想排序，必须对 Node 中的 data 变量进行限制，不能是任何的数据类型，T 必须是一个可以排序的类型，也就是 T extends Comparable<T>或者 T extends Comparable<T>的父类，所以为了通用，将 T 限制为：T extends Comparable<? super T>。SortedNodeList 类保存在 SortedNodeList.java 文件中，具体代码见课程资源中的 SortedNodeLis.java，这里不再罗列。

本章小结

本章主要讲述了泛型类、泛型接口、泛型方法的声明及其使用，需要掌握以下内容。

(1) 泛型类能够最大限度地实现代码重用，能够在编译期检查类型错误。

(2) 用泛型定义的成员变量不能用 new 关键字实例化，需要通过方法的参数赋值。

(3) 不能用泛型类定义的泛型参数来定义 static 成员变量和 static 方法。

(4) 可以用 extends 关键字声明泛型类的泛型参数的上界，不能用 super 关键字声明泛型类的泛型参数的下界。

(5) 可以用“?”来作为泛型参数的通配符，用 extends 和 super 来指定通配符的上界和下界。但“?”不能用于泛型类的声明。

(6) 在普通类内可以声明独立的泛型方法，也可以声明 static 的泛型方法。声明泛型方法时，泛型参数要放在方法的返回值类型之前。

(7) 泛型类的泛型参数只是在源代码和编译期起作用，编译后的字节码文件实际上擦除了泛型参数，因而只存在一个编译结果类，不存在多个类。

习题

一、问答题

1. 简述泛型的作用。
2. 简要介绍什么是类型擦除。

二、编程题

1. 编写一个泛型类，要求能够计算一个数值型数组的平均值。输入一个 Integer 类型数组和一个 Double 型数组，测试你编写的泛型类。

2. 编写一个 static 泛型方法，要求能够计算一个数值型数组的平均值。输入一个 Integer 类型数组和一个 Double 型数组，测试你编写的泛型方法。

第10章 图形界面

本章要点

(1) 图形界面程序涉及的常用基本组件和容器类的组件的用法;
(2) 常用布局管理器类的用法;
(3) Java 的事件处理机制;
(4) 常用事件、事件监听器接口和监听适配器类的用法;
(5) 对话框的用法;
(6) 菜单的用法。

学习目标

(1) 掌握图形界面程序编写的步骤、方法;
(2) 掌握常见的布局管理器的使用;
(3) 掌握 Swing 包中常用组件的用法;
(4) 掌握 Java 的事件处理机制;
(5) 掌握常用的事件、事件监听器接口和监听器适配器类的用法;
(6) 掌握常用对话框的用法;
(7) 掌握菜单的用法。

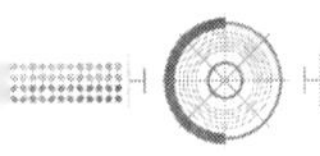

10.1 引言

前面几章输入数据的方法是从键盘读入，输出数据用 System.out.print 方法，用的都是字符界面。实际上 Java 提供了丰富的图形用户界面(graphics user interface，GUI)的类库，基于这些类库可以编写窗口程序，如图 10-1 和图 10-2 所示。

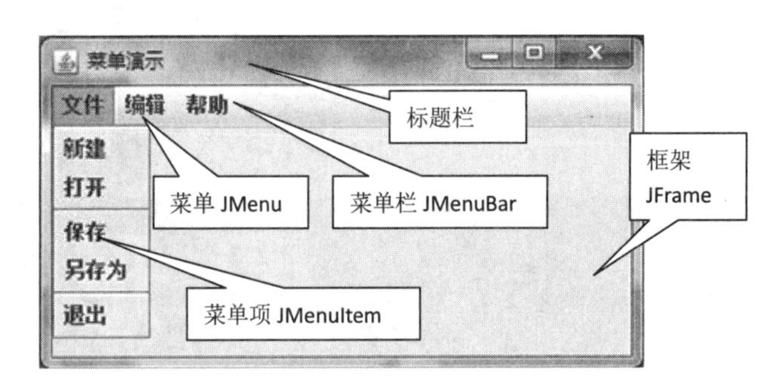

图 10-1　具有菜单的窗口程序界面

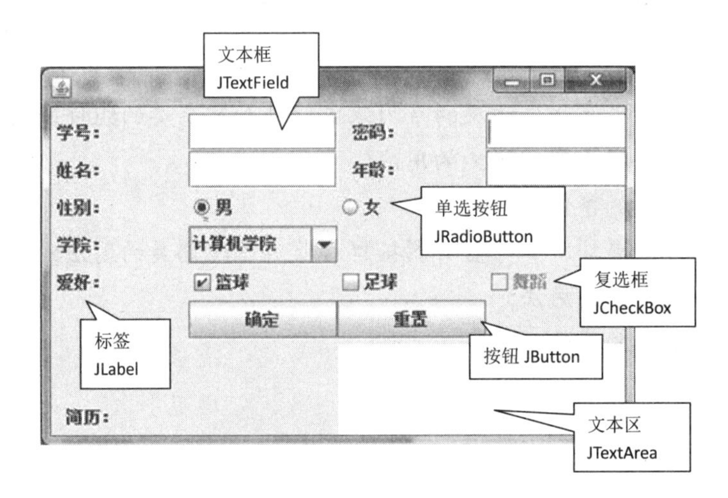

图 10-2　具有控件的窗口程序界面

图 10-1 中使用了菜单，图 10-2 中使用了按钮、标签、输入框和复选框等，通过 Java 提供的各种图形组件，可以编写出整齐规范的客户界面。Java 关于图形界面的类库主要放在 AWT 和 Swing 包下。

10.2 AWT 和 Swing

Java 在 1.0 版本中引入了 AWT(abstract window toolkit)组件。AWT 组件也称为重组件，针对不同的运行平台，AWT 组件会调用特定平台的组件。例如，生成一个 AWT 的复选框会导致 AWT 直接调用下层操作系统的例程来生成一个复选框。遗憾的是，一个 Windows 平台上的复选框同 Mac OS 平台或者各种 UNIX 风格平台上的复选框并不是那么相同，这使得 Java 所宣称的“一次编写，到处运行(write once, run anywhere)”变得不够贴切，因为

AWT并不能保证它们的应用在各种平台上表现得有多相似。一个AWT应用可能在Windows上表现很好，可是到了Macintosh上几乎不能使用，或者正好相反。而且AWT由于开发得较为简单，功能较弱，适合开发简单的GUI程序。因此，在Java 1.2版的开发包中引入了Swing类库，AWT的组件很大程度上被Swing工具包替代。Swing通过自己绘制组件而避免了AWT的种种弊端。Swing调用本地图形子系统中的底层例程，而不是依赖操作系统的高层用户界面模块。Swing类库是从AWT基础上开发出来的，命名规则是在每个组件的名字前面增加了字母J，比如AWT中的Button组件，在Swing中改成了JButton。

用于开发GUI的常用类如图10-3所示。

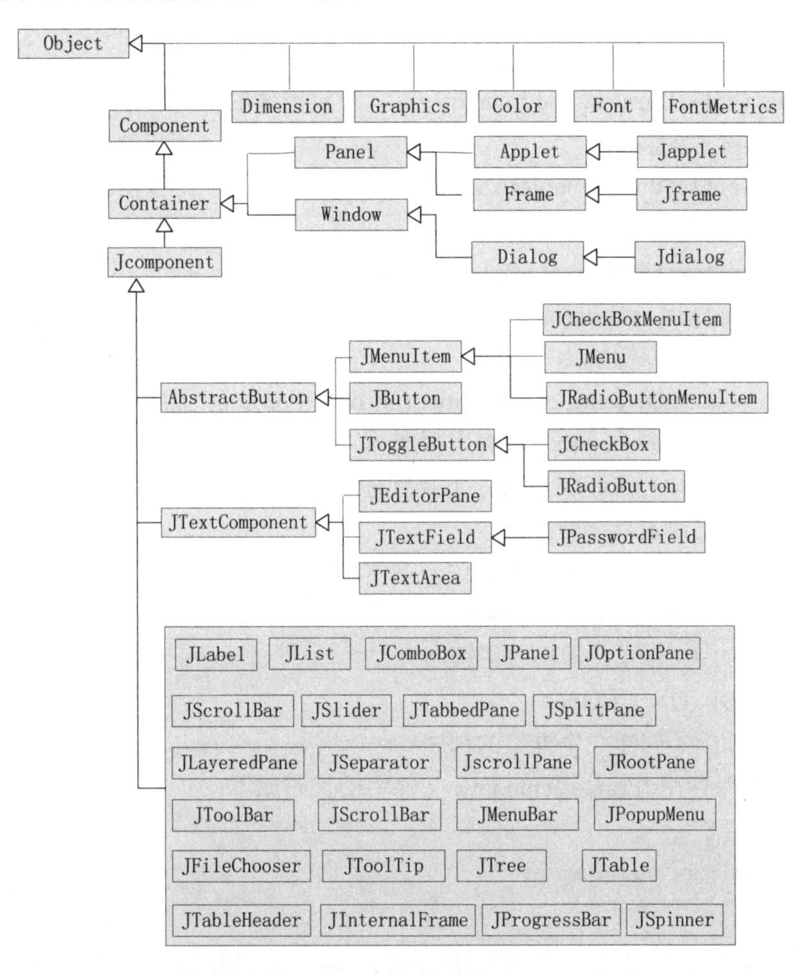

图10-3 GUI组件的关系

在众多GUI组件中，有一些容器类的组件，这些容器类组件可以当作容器，在里面放入其他组件。AWT中定义了一些容器类组件，例如Window、Panel、Applet、Frame和Dialog。Swing组件中定义了JApplet、JFrame、JDialog、JWindow、JPanel等容器组件。

在实际开发中，主要使用Swing组件来开发GUI程序。下面我们主要介绍常用的Swing组件的用法，包括JFrame、JPanel、JLabel、JTextField、JButton、JPassword、JTextArea、JRadioButton、ButtonGroup、JCheckBox、JComboBox、JScrollPane、Color、Font等。

10.2.1 JFrame

10-1 JFrame

编写图形界面首先要创建一个窗口，用以存放其他组件。Java 中使用 JFrame 类来创建一个窗口，也叫窗体或框架。JFrame 类位于 javax.swing 包中。

JFrame 类的构造方法如下。

(1) public JFrame()：构造一个初始时不可见的、没有标题的新窗体。

(2) public JFrame(String title)：创建一个初始不可见的、具有指定标题为 title 的 JFrame。

JFrame 的其他方法如下。

(1) public void setSize(int width, int height)：设定窗体的宽度和高度，宽度为 width，高度为 height，单位为像素。

(2) public void setVisible(boolean visible)：设定窗体是否可见，true 表示可见，false 表示不可见。

(3) public void setTitle(String title)：设定窗体标题为 title。

(4) public void setLocation(int x, int y)：设定窗体左上角的位置，x、y 为窗体左上角所在的横坐标和纵坐标，以像素为单位。

(5) public void setDefaultCloseOperation(int operation)：设置用户在此窗体上发起 close 时默认执行的操作。其中，operation 有下列选项。

◎ DO_NOTHING_ON_CLOSE：不执行任何操作。一般用于让程序员自己编写事件处理程序来决定具体做什么。

◎ HIDE_ON_CLOSE：隐藏该窗体。窗体对象仍存在，但不显示。

◎ DISPOSE_ON_CLOSE：隐藏并释放该窗体的资源。窗体对象不存在了。

◎ EXIT_ON_CLOSE：退出应用程序。

默认值是 HIDE_ON_CLOSE。

下面的例子演示了创建一个框架的程序。

【例 10-1】保存在 JFrameDemo.java 文件中的代码如下：

```
package ch10;
import javax.swing.JFrame;
public class JFrameDemo extends JFrame{
    public static void main(String[] args) {
        JFrame frame1 = new JFrame();          //没有标题的窗口
        frame1.setTitle("first frame");      //设置标题为 first frame
        frame1.setDefaultCloseOperation(JFrame.DISPOSE_ON_CLOSE);
            //设置当单击窗口右上角的×图标时的行为是关闭窗口
        frame1.setSize(200,150);     //设置窗口的大小，宽为 200 像素，高为 150 像素
        frame1.setVisible(true);          //设置窗口可见
        frame1.setLocation(100, 100);    //设置窗口的左上角坐标为(100,100)
    }
}
```

该程序的运行结果如图10-4所示。

上面的代码创建了一个 frame 窗口。现实中很少使用 JFrame 的构造方法来创建一个窗口，一般通过继承 JFrame 的方法来定义自己的窗口。

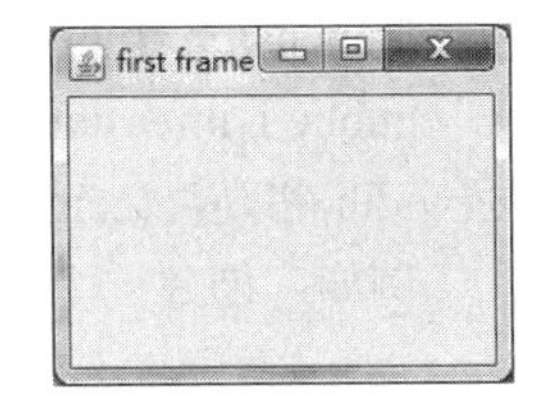

图10-4 first frame 窗口

【例10-2】使用继承 JFrame 的方法来定义窗口，保存在 MyFirstFrame.java 文件中的代码如下：

```
package ch10;
import javax.swing.JFrame;
public class MyFirstFrame extends JFrame{
    public MyFirstFrame(String title){
        super(title);                //调用父类 JFrame 的构造方法设置标题
    }
    public static void main(String[] args) {
        MyFirstFrame frame1 = new MyFirstFrame("my first frame");
        frame1.setDefaultCloseOperation(JFrame.DISPOSE_ON_CLOSE);
        frame1.setSize(200, 150);  //设置窗口的大小，宽为200像素，高为150像素
        frame1.setVisible(true);   //设置窗口可见
        frame1.setLocation(100, 100);  //设置窗口的左上角坐标为(100,100)
    }
}
```

10.2.2 JPanel

10-2 JPanel 和常用组件

JFrame 类创建的是一个完整的窗口，里面可以放很多其他组件。有时为了把窗口中的组件进行组合，可以采用 JPanel 类对应的组件(可简称 JPandel 组件，其他类似)，把按钮、文本输入框、单选按钮等放到一个 JPanel 组件中。

JPanel 组件也叫面板，是一个容器类的组件，可以容纳别的组件，但是 JPanel 不能独立存在，必须放到一个 JFrame 里面，在 JFrame 里面表现为一块区域。

JPanel 类的常用方法如下。

(1) public JPanel()：创建一个 JPanel 对象。

(2) public Component add(Component comp)：将指定组件 comp 追加到 JPanel 对象的尾部。

注意

如果窗口已经显示出来再将某个组件添加到面板上，则必须在此面板上调用 validate()，以显示新的组件。如果添加多个组件，那么可以在添加所有组件之后，通过只调用一次 validate()来提高效率。

(3) public void setBackground(Color c)：设置组件的背景色为 c。

(4) public void setPreferredSize(Dimension preferredSize)：设置此组件的首选大小为 preferredSize。

其中，Dimension 类封装单个对象中组件的宽度和高度(精确到整数)。

Dimension 类的构造方法如下。

public Dimension(int width, int height)：构造一个 Dimension，并将其初始化为指定的宽度(width)和高度(height)。

例如，创建一个 JPanel 的语法如下：

```
JPanel p = new JPanel();
```

10.2.3 JLabel

JLabel 组件也称为标签，用于显示单行文字、图像，或者同时显示文字和图像，显示的文字和图像不能被用户修改，只能用程序的代码来改变，即它是一种显示文字和图像的组件，不能用来接收用户输入。

(1) JLabel 类的构造方法如下。

① public JLabel()：创建显示内容为空的 JLabel。

② public JLabel(String text)：创建具有指定文本为 text 的 JLabel 实例。该标签与其显示区的开始边对齐，并垂直居中。

③ public JLabel(String text, Icon icon, int horizontalAlignment)：创建具有指定文本 text、图标 icon 和水平对齐方式 horizontalAlignment 的 JLabel 实例。

④ public JLabel(String text, int horizontalAlignment)：创建具有指定文本 text 和水平对齐方式 horizontalAlignment 的 JLabel 实例。其中，horizontalAlignment 可以取以下几种值。

- ◎ SwingConstants.LEFT：JLabel 的显示内容(文字和图片)位于 JLabel 组件本身显示区域的左侧，如果 JLabel 组件很小，刚好显示文字和图像，则看不出效果；当 JLabel 组件的宽度大于文字和图像的宽度时，能看出文字和图像位于 JLabel 组件的左侧。
- ◎ SwingConstants.CENTER：JLabel 的显示内容(文字和图片)位于 JLabel 组件本身显示区域的中间。
- ◎ SwingConstants.RIGHT：JLabel 的显示内容(文字和图片)位于 JLabel 组件本身显示区域的右侧。

(2) JLabel 类的其他常用方法如下。

① public String getText()：返回该标签所显示的文本字符串。

② public void setText(String text)：定义此组件将要显示的单行文本。

③ public void setIcon(Icon icon)：定义此组件将要显示的图标。

例如：

```
JLabel lblName = new JLabel("姓名");
JLabel lblPassword = new JLabel("密码");
lblPassword.setText("新密码");
```

10.2.4 JTextField

JTextField 组件是单行文本输入框。

(1) JTextField 类的构造方法如下。

① public JTextField()：构造一个空的文本输入框。

② public JTextField(int columns)：构造一个列数为 columns 的空文本输入框。

③ public JTextField(String text)：构造一个文本为 text 的文本输入框。

④ public JTextField(String text, int columns)：构造一个文本为 text 和列数为 columns 的文本输入框。

(2) JTextField 类的其他常用方法如下。

① public String getText()：返回此输入框中包含的文本。

② public void setText(String t)：将此输入框文本设置为指定文本。

③ public void setColumns(int columns)：设置此 TextField 中的列数。

④ public int getColumns()：返回此 TextField 中的列数。

⑤ public void setFont(Font f)：设置当前字体。这将移除缓存的行高和列宽，以便新的字体能够反映出来，设置字体后将调用 revalidate()。

例如：

```
JTextField txtName = new JTextField("张三");  //创建一个文字为“张三”的文本输入框
JTextField txtAddress = new JTextField(10);
//创建一个没有文字的文本输入框，宽度为 10 个字符
txtName.setColumns(10);  //设置 txtName 文本输入框的宽度为 10 个字符
String address = txtAddress.getText();  //得到 txtAddress 输入框中输入的文本
```

注意，虽然设置了宽度为 10 个字符，但可以输入超过 10 个字符的内容，只是文本框的显示宽度为 10 个字符的宽度。

10.2.5 JButton

JButton 组件是按钮，当单击按钮时一般会执行一段代码。

(1) JButton 类的构造方法如下。

① public JButton()：创建不带有设置文本和图标的按钮。

② public JButton(String text)：创建一个文本为 text 的按钮。

③ public JButton(Icon icon)：创建一个图标为 icon 的按钮。

④ public JButton(String text, Icon icon)：创建一个文本为 text 和图标为 icon 的按钮。

(2) JButton 类的其他常用方法如下。

① public String getText()：返回按钮的文本。

② public void setText(String text)：设置按钮的文本。

③ public Icon getIcon()：返回默认图标。

④ public void setIcon(Icon defaultIcon)：设置按钮的默认图标。

例如：

```
JButton btnOk = new JButton("确定");    //创建一个文字为“确定”的按钮
JButton btnSave = new JButton("保存");  //创建一个文字为“保存”的按钮
```

10.2.6 JPassword

JPassword 组件是密码输入框，用于输入密码。

(1) JPassword 类的构造方法如下。

① public JPasswordField()：构造一个文字为空、宽度为 0 的 JPasswordField。

② public JPasswordField(int columns)：构造一个列数为 columns 的 JPasswordField。

③ public JPasswordField(String text)：构造一个文本为 text 的 JPasswordField。

④ public JPasswordField(String text, int columns)：构造一个文本为 text、宽度为 columns 的 JPasswordField。

(2) JPasswordField 类的其他常用方法如下。

① public char[] getPassword()：返回输入框中的文本。返回的结果是字符数组。

② public void setEchoChar(char c)：设置此 JPasswordField 的回显字符。密码输入框不应该显示实际输入的密码，所以要用回显字符代替，默认是“*”。

③ public void setText(String text)：设置此密码输入框内的密码为 text。

例如：

```
//创建一个宽度为 10 个字符的密码输入框
JPasswordField txtPassword = new JPasswordField(10);
txtPassword.setEchoChar('x');  //设置回显字符是“x”
txtPassword.setText("888888"); //设置密码输入框中的文本为“888888”
String password = new String(txtPassword.getPassword());
```

10.2.7 JTextArea

JTextArea 组件是多行文本输入框，也称为文本区，用于输入多行文本。

(1) JTextArea 类的构造方法如下。

① public JTextArea()：构造内容为空的 JTextArea。

② public JTextArea(int rows, int columns)：构造行数为 rows 和列数为 columns 的 JTextArea。

③ public JTextArea(String text)：构造显示文本为 text 的 JTextArea。

④ public JTextArea(String text, int rows, int columns)：构造文本为 text、行数为 rows 和列数为 columns 的 JTextArea。

(2) JTextArea 类的其他常用方法如下。

① public String getText()：返回此文本区中包含的文本。

② public void setText(String str)：将此文本区的文本设置为指定文本 str。

③ public void append(String str)：将给定文本 str 追加到文档结尾。

④ public void insert(String str, int pos)：将文本 str 插入位置 pos。

⑤ public String getSelectedText()：返回此文本区中包含的选定文本。

⑥ public void setFont(Font f)：设置当前字体为 f。

⑦ public int getColumns()：返回文本区中的列数。

⑧ public int getRows()：返回文本区中的行数。

⑨ public void setRows(int rows)：设置此文本区的行数为 rows。

⑩ public void setColumns(int columns)：设置此文本区的列数为 columns。

例如：

```
//创建一个 10 行 50 列的文本区 txtJianLi
JTextArea txtJianLi = new JTextArea(10,50);
txtJianLi.append("大家好");      //从文本区最后面加入文本
txtJianLi.setText("大家好");     //把文本区内容设为“大家好”
String jianLi = txtJianLi.getText();  //将文本区中的文本赋给 jianLi 变量
```

10.2.8 JRadioButton 和 ButtonGroup

JRadioButton 是单选按钮。一般会创建多个单选按钮，用于作为互斥的多个选项。比如用户的性别，只能是男和女中的一个。当选中其中的一个时，另一个自动变为非选中状态。JRadioButton 必须和 ButtonGroup 一起使用。ButtonGroup 是表示组件的组，一个 ButtonGroup 组件里面可以加入多个单选按钮，只有同一个组里的多个单选按钮才能互斥选择。

(1) ButtonGroup 类的构造方法如下。

public ButtonGroup()：创建一个新的 ButtonGroup。

(2) ButtonGroup 类的其他常用方法如下。

public void add(AbstractButton b)：将按钮添加到组中。

(3) JRadioButton 类的构造方法如下。

① public JRadioButton()：创建一个初始化为未选择的单选按钮，其文本未设定。

② public JRadioButton(String text)：创建文本为 text 的状态的未选择的单选按钮。

③ public JRadioButton(String text, boolean selected)：创建文本为 text 和选择状态为 selected 的单选按钮。

④ public JRadioButton(String text, Icon icon)：创建文本为 text 和图标为 icon 并初始化为未选择的单选按钮。

⑤ public JRadioButton(String text, Icon icon, boolean selected)：创建文本为 text、图标为 icon 和选择状态为 selected 的单选按钮，selected 为 true 表示选中，为 false 表示未选中。

⑥ public JRadioButton(Icon icon)：创建图标为 icon、初始化为未选择的单选按钮。

⑦ public JRadioButton(Icon icon, boolean selected)：创建图标为 icon 和选择状态为 selected 的单选按钮。

(4) JRadioButton 类的其他常用方法如下。

① public boolean isSelected()：返回按钮的状态。如果选定了，就返回 true，否则返回 false。

② public void setSelected(boolean b)：设置按钮的状态。注意，此方法不会触发 actionEvent。

③ public void doClick()：以编程方式执行“单击”。此方法的效果等同于用户按下并随后释放按钮。

④ public String getText()：返回按钮的文本。

⑤ public void setText(String text)：设置按钮的文本为 text。

例如：

```
ButtonGroup group = new ButtonGroup();
JRadioButton rbtMale = new JRadioButton("男",true);
JRadioButton rbtFeMale = new JRadioButton("女",false);
```

```
//把“男”“女”单选按钮放到一个组里，实现互斥
group.add(rbtMale);
group.add(rbtFeMale);
```

10.2.9 JCheckBox

JCheckBox 组件是复选框，每个复选框也有选中和未选中状态。可以同时选中多个复选框，互不影响，一般会用于多项选择的情况。比如选择你的爱好，可以有多个选择：篮球、足球、乒乓球、钢琴等。

(1) JCheckBox 类的构造方法如下。

① public JCheckBox()：创建没有文本、没有图标并且未被选中的复选框。

② public JCheckBox(String text)：创建文本为 text、最初未被选中的复选框。

③ public JCheckBox(String text, boolean selected)：创建文本为 text 的复选框，其选定状态为 selected。

④ public JCheckBox(Icon icon)：创建图标为 icon、未被选中的复选框。

⑤ public JCheckBox(Icon icon, boolean selected)：创建图标为 icon 的复选框，其选定状态为 selected。

⑥ public JCheckBox(String text, Icon icon)：创建文本为 text、图标为 icon、未选中的复选框。

⑦ public JCheckBox(String text, Icon icon, boolean selected)：创建文本为 text、图标为 icon 的复选框，其选定状态为 selected。

(2) JCheckBox 类的其他常用方法如下。

① public boolean isSelected()：返回按钮的状态。选定了返回 true，否则返回 false。

② public void setSelected(boolean b)：设置按钮的状态。此方法不会触发 actionEvent。

③ public void doClick()：以编程方式执行“单击”。效果等同于用户单击了按钮。

④ public String getText()：返回按钮的文本。

⑤ public void setText(String text)：设置按钮的文本为 text。

例如：

```
JCheckBox cbxBasketball = new JCheckBox("篮球",true);
JCheckBox cbxFootball = new JCheckBox("足球");
JCheckBox cbxDance = new JCheckBox("舞蹈");
String hobby;                          //保存选择的内容
if(cbxBasketball.isSelected())         //如果 cbxBasketball 复选框是选定的
    hobby = "篮球 ";
```

10.2.10 JComboBox

JComboBox 组件是下拉列表选择框，适合有多个可能选项但只能选一个的情况。选中的显示在框中，其他选项在下拉列表中。

(1) JComboBox 类的构造方法如下。

① public JComboBox()：创建空的 JComboBox。

② public JComboBox(Object[] items)：创建包含数组 items 中的元素的 JComboBox。

③ public JComboBox(Vector<?> items)：创建包含 Vector 的对象 items 中的元素的 JComboBox。

(2) JComboBox 类的其他常用方法如下。

① public void addItem(Object anObject)：为下拉列表框添加一个可选项 anObject。

② public Object getSelectedItem()：返回当前所选项。

③ public void setSelectedItem(Object anObject)：将组合框显示区域中所选项设置为参数中的对象 anObject。

④ public void insertItemAt(Object anObject, int index)：在下拉列表框的第 index 选项处插入一个选项 anObject。

⑤ public void removeItem(Object anObject)：从下拉列表框中移除 anObject 选项。

⑥ public void removeItemAt(int anIndex)：移除 anIndex 处的选项。

⑦ public void removeAllItems()：从下拉列表框中移除所有选项。

⑧ public int getItemCount()：返回列表中的项数。

⑨ public Object getItemAt(int index)：返回指定索引处的列表项。如果 index 超出范围(小于零或者大于或等于列表大小)，则返回 null。

⑩ public void setSelectedIndex(int anIndex)：选择索引 anIndex 处的选项。

例如：

```
String departments[] = {"计算机学院","土木学院","信电学院"};
JComboBox comboBoxDempartment = new JComboBox(departments);
String department = comboBoxDempartment.getSelectedItem().toString();
```

10.2.11 JScrollPane

JScrollPane 组件称为滚动窗格，适合于给比较大的组件提供水平和垂直滚动条。例如一个 JTextArea，当输入的内容超过了 JTextArea 的可显示区域时，通过 JScrollPane 可以添加滚动条，用户可通过移动滚动条，将显示区域外的内容滚动到当前显示区域中。

(1) JScrollPane 类的构造方法如下。

① pubic JScrollPane()：创建空的 JScrollPane，需要时水平和垂直滚动条都可显示。

② pubic JScrollPane(Component view)：创建一个显示指定组件 view 的 JScrollPane，只要组件的内容超过视图大小，就会显示水平和垂直滚动条。

③ pubic JScrollPane(Component view, int vsbPolicy, int hsbPolicy)：创建一个 JScrollPane，它将视图组件 view 显示出来，视图位置可使用一对滚动条控制。

④ pubic JScrollPane(int vsbPolicy, int hsbPolicy)：创建一个具有指定滚动条策略的空 JScrollPane。

(2) 参数含义如下。

◎ view：将显示在滚动窗格中的组件。

◎ vsbPolicy：指定垂直滚动条策略的一个整数。

◎ hsbPolicy：指定水平滚动条策略的一个整数。

(3) vsbPolicy 的可选值如下。

◎ ScrollPaneConstants.VERTICAL_SCROLLBAR_AS_NEEDED：需要时显示。

◎ ScrollPaneConstants.VERTICAL_SCROLLBAR_NEVER：从不显示。

◎ ScrollPaneConstants.VERTICAL_SCROLLBAR_ALWAYS：总是显示。

(4) hsbPolicy 的可选值如下。

◎ ScrollPaneConstants.HORIZONTAL_SCROLLBAR_AS_NEEDED：需要时显示。

◎ ScrollPaneConstants.HORIZONTAL_SCROLLBAR_NEVER：从不显示。

◎ ScrollPaneConstants.HORIZONTAL_SCROLLBAR_ALWAYS：总是显示。

例如，给一个 JTextArea 类添加滚动条，需要时显示。代码如下：

```
JPanel p = new JPanel();
JTextArea area = newJTextArea(5,10);
JScrollPane jsp = new JScrollPane(area,
    ScrollPaneConstants.VERTICAL_ SCROLLBAR_AS_NEEDED,
    ScrollPaneConstants.HORIZONTAL_SCROLLBAR_AS_NEEDED);
p.add(jsp);
```

10.2.12 Color

在 Java 中指定组件的颜色可以使用 Color 类。

Color 类定义了 13 个 Color 类型的静态属性，分别代表 13 种颜色，具体如下。

◎ static Color BLACK：黑色。

◎ static Color BLUE：蓝色。

◎ static Color CYAN：青色。

◎ static Color DARK_GRAY：深灰色。

◎ static Color GRAY：灰色。

◎ static Color GREEN：绿色。

◎ static Color LIGHT_GRAY：浅灰色。

◎ static Color MAGENTA：洋红色。

◎ static Color ORANGE：橘黄色。

◎ static Color PINK：粉红色。

◎ static Color RED：红色。

◎ static Color WHITE：白色。

◎ static Color YELLOW：黄色。

也可以使用 Color 类的构造方法来创建更为精细的颜色，一般通过以下构造方法创建：

```
public Color(int red, int green, int blue)
```

可以创建具有指定红色、绿色和蓝色值的不透明的 RGB 颜色，这些值都在 0～255。绘制时实际使用的颜色，取决于从给出的可用于给定输出设备的颜色空间中找到的最匹配颜色。参数 red 为红色分量，green 为绿色分量，blue 为蓝色分量。

例如：

```
Color red = new Color(255,0,0);          //红色
Color green = new Color(0,255,0);        //绿色
```

```
Color blue = new Color(0,0,255);          //蓝色
Color black = new Color(0,0,0);           //黑色
Color white = new Color(255,255,255);     //白色
JLabel lblName = new JLabel("姓名");
lblName.setForeground(blue);              //设置 lblName 的文本颜色为 blue
lblName.setBackground(Color.GRAY);        //设置 lblName 的背景颜色为 Color.GRAY
```

10.2.13　Font

Font 类表示字体，可以用 Font 来定义字体，从而给组件设定字体以显示需要的效果。Font 类的构造方法如下：

```
public Font(String name, int style, int size)
```

该方法根据指定名称、样式和磅值大小，创建一个新 Font 对象。其中，name 表示字体的名称，比如“TimesRoman”“Courier”“Arial”“宋体”“仿宋”“黑体”等。style 表示样式(或称为风格)，可以取值为 Font.PLAIN、Font.BOLD、Font.ITALIC 及 Font.BOLD+Font.ITALIC，分别表示粗体、斜体、普通、粗斜体。size 表示字的大小，用磅数来表示。例如：

```
Font f1 = new Font("仿宋",Font.BOLD,20);
JLabel lblName = new JLabel("姓名");
lblName.setFont(f1);  //设置 lblName 的字体为 f1
```

10.3　布局管理器

对于容器类的组件来说，可以在其中放入多个其他的组件，那么多个组件在容器中如何排列、如何确定位置呢？Java 中提供了多种布局管理器类来完成这个任务。不同的布局管理器类提供的排列布局方式不一样，主要有 FlowLayout、BorderLayout、GridLayout、CardLayout 等布局管理器类及空布局。布局管理器类位于 java.awt 包下。

10.3.1　FlowLayout

10-3 FlowLayout

FlowLayout 类对应的布局称为流式布局，是 JPanel 的默认布局方式。它是按照组件添加的先后顺序，默认从左到右依次将组件添加到容器中，根据容器宽度，放满一行后，自动从下一行开始由左到右排列组件。可以设置组件的对齐方式和组件的上下、左右间距。

(1) FlowLayout 类的构造方法如下。

① public FlowLayout()：创建默认的布局。

② public FlowLayout(int alignment)：创建对齐方式为 alignment 的布局。alignment 可以指定的参数如下。

◎ FlowLayout.LEFT：每行组件都应该是左对齐的。

◎ FlowLayout.CENTER：每行组件都应该是居中的。

◎ FlowLayout.RIGHT：每行组件都应该是右对齐的。

◎ FlowLayout. LEADING：每行组件都应该与容器方向的开始边对齐。例如，对于从左到右的方向，则与左边对齐。

◎ FlowLayout.TRAILING：每行组件都应该与容器方向的结束边对齐。例如，对于从左到右的方向，则与右边对齐。

③ public FlowLayout(int alignment,int hgap,int vgap)：创建对齐方式为 alignment、水平间距为 hgap、垂直间距为 vgap 的布局管理器。

(2) FlowLayout 类的其他常用方法如下。

① public int getHgap()：获取组件之间以及组件与 Container 的边之间的水平间隙。

② public int getVgap()：获取组件之间以及组件与 Container 的边之间的垂直间隙。

③ public int getAlignment()：获取此布局的对齐方式。

④ public void setHgap(int hgap)：设置组件之间以及组件与 Container 的边之间的水平间隙。

⑤ public void setVgap(int vgap)：设置组件之间以及组件与 Container 的边之间的垂直间隙。

⑥ public void setAlignment(int align)：设置此布局的对齐方式。

下面的例子演示了使用 FlowLayout 布局管理、排列组件的方法。

【例 10-3】FlowLayout 布局演示。保存在 FlowLayoutTest1.java 文件中的代码如下：

```
import java.awt.FlowLayout;
import javax.swing.*;
public class FlowLayoutTest1 extends JFrame {
    public FlowLayoutTest1(){
        this.setLayout(new FlowLayout(FlowLayout.LEFT,5,5));   //左对齐
        this.add(new JButton("button1"));
        this.add(new JButton("button2"));
        this.add(new JButton("button3"));
        this.setDefaultCloseOperation(EXIT_ON_CLOSE);
    }
    public static void main(String[] args) {
        FlowLayoutTest1 frame = new FlowLayoutTest1();
        frame.setSize(190,120);
        frame.setVisible(true);
    }
}
```

其中，“this.setLayout(new FlowLayout(FlowLayout.LEFT,5,5));”表示界面中的组件按照左对齐的方式排列，组件之间的横向间距和纵向间距都是 5 像素。如果采用“this.setLayout(new FlowLayout(FlowLayout.CENTER,5,5));”，表示中间对齐。如果采用“this.setLayout(new FlowLayout(FlowLayout.RIGHT,5,5));”，表示右对齐。

左对齐、中间对齐、右对齐的显示效果分别如图 10-5 所示。

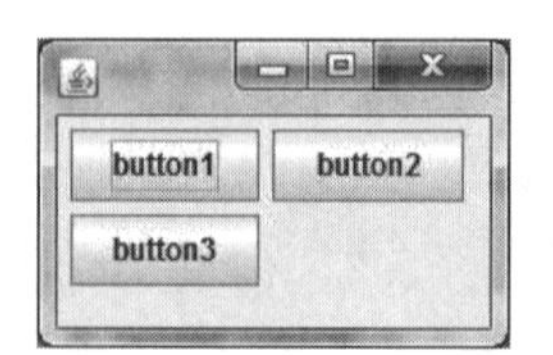

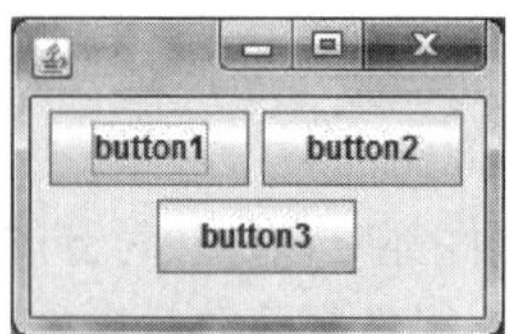

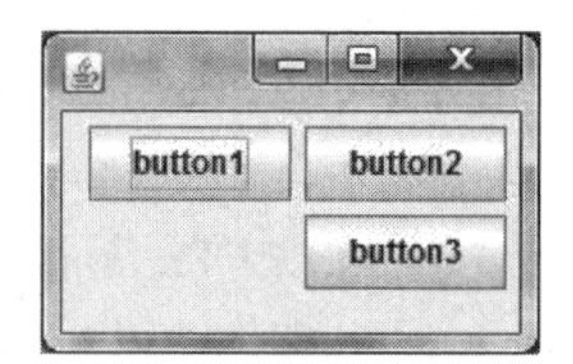

图 10-5 FlowLayout 的三种显示效果

如果将 frame 的宽度设置为 300 像素，即修改代码为：

```
frame.setSize(600,300);
```

此时，因为窗口足够宽，所以三个按钮会显示到一行上。

实际上，对于面板 JPanel 类、Panel 类和 Applet 类来说，默认的布局管理器就是 FlowLayout，组件的间距会按照默认的 5 像素排列。

10.3.2　BorderLayout

10-4 BorderLayout

BorderLayout 类对应的布局是一个边框式布局，JFrame、JDialog 的默认布局都是 BorderLayout。它可以对容器内的组件进行安排，并调整其大小，使其符合下列 5 个区域：北区、南区、东区、西区、中区。每个区域只能包含一个组件，并通过相应的常量进行标识：NORTH、SOUTH、EAST、WEST、CENTER。当使用边框布局将一个组件添加到容器中时，使用这 5 个常量之一，添加到这 5 个位置的组件就会充满所在的区域。

(1) BorderLayout 类的构造方法如下。

① public BorderLayout ()：创建默认的布局。

② public BorderLayout(int hgap,int vgap)：创建水平间距为 hgap、垂直间距为 vgap 的布局。

(2) BorderLayout 类的其他常用方法如下。

① public int getHgap()：返回组件之间的水平间距。

② public int getVgap()：返回组件之间的垂直间距。

③ public void setHgap(int hgap)：设置组件之间的水平间距为 hgap。

④ public void setVgap(int vgap)：设置组件之间的垂直间距为 vgap。

下面的例子演示了把东、西、南、北、中 5 个按钮分别放到布局管理器的东、西、南、北、中 5 个区域的方法。

【例 10-4】 BorderLayout 布局演示，保存在 BorderLayoutTest1.java 文件中的代码如下：

```
import java.awt.BorderLayout;
import javax.swing.*;
public class BorderLayoutTest1 extends JFrame {
    JButton btnEast = new JButton("东");
    JButton btnWest = new JButton("西");
    JButton btnSouth = new JButton("南");
    JButton btnNorth = new JButton("北");
    JButton btnCenter = new JButton("中");
    public BorderLayoutTest1(){
        super("BorderLayout 布局的展示效果");
        //设置 BorderLayout 布局，左右间距为 5 像素，上下间距为 10 像素
        this.setLayout(new BorderLayout(5,10));
        this.add(btnEast,BorderLayout.EAST);          //btnEast 放到东(右)边
        this.add(btnWest,BorderLayout.WEST);          //btnWest 放到西(左)边
        this.add(btnSouth,BorderLayout.SOUTH);        //btnSouth 放到南(下)边
        this.add(btnNorth,BorderLayout.NORTH);        //btnNorth 放到北(上)边
        this.add(btnCenter,BorderLayout.CENTER);      //btnCenter 放到中间
```

```
        this.setDefaultCloseOperation(JFrame.EXIT_ON_CLOSE);
        this.setSize(200,150);  //设置窗口大小
        this.setVisible(true);  //设置窗口可见
    }
    public static void main(String[] args) {
        BorderLayoutTest1 frame = new BorderLayoutTest1();
    }
}
```

本程序定义了 5 个按钮变量，也称作 5 个属性。分别将 5 个按钮放到 BorderLayout.EAST、BorderLayout.WEST、BorderLayout.SOUTH、BorderLayout.NORTH、BorderLayout.CENTER 位置上。运行效果如图 10-6(a)所示。

北和南按钮分别占据了从左到右的整个区域，但高度很小。东、西两个按钮分别占据了东、西两边的位置，但高度不是整个框架的高度，上边和下边分别被北、南两个按钮占去一部分，宽度很窄。中按钮占据了整个中间的区域，面积最大。要注意的是，每个区域只能放置一个组件，如果放置多个，则该区域只能显示最后放置的组件。

如果把“this.add(btnSouth,BorderLayout.SOUTH)”注释掉，那么尽管 btnSouth 按钮已经创建，但由于没有添加到框架上，btnSouth 按钮也不会显示，此时西、中、东 3 个按钮会向下延长，侵占南边的区域。运行结果如图 10-6(b)所示。

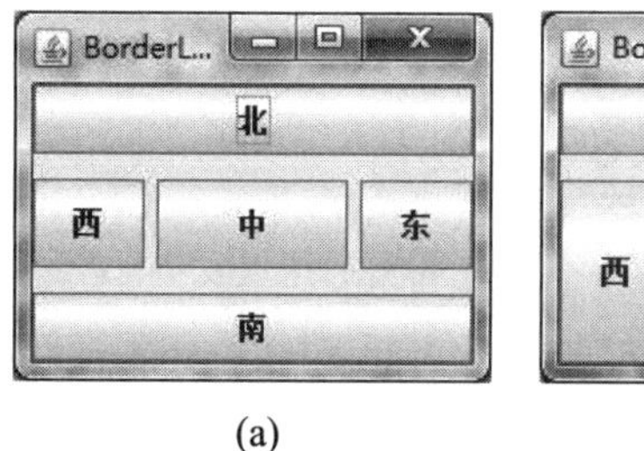

(a)

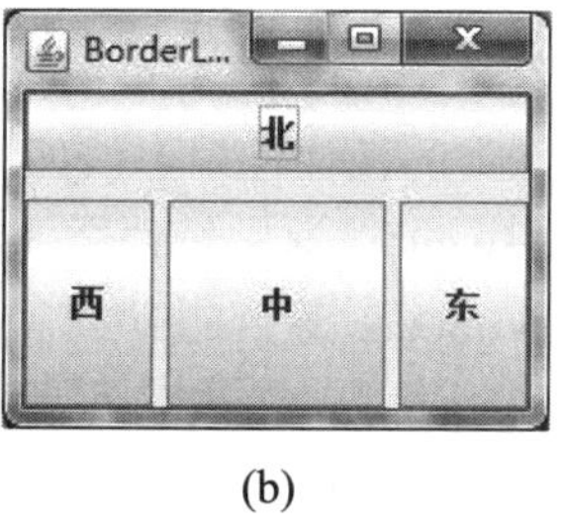

(b)

图 10-6　BorderLayout 的运行效果

BorderLayout 有 5 个区域可以放置组件，每一个区域只能放一个组件，如果有很多组件怎么办？可以通过 JPanel 来组合一些小组件，把小组件放到一个 JPanel 里，然后把 JPanel 放到一个合适的区域。JPanel 默认是 FlowLayout 布局，可以把 JPanel 设置为别的布局。JPanel 也可以嵌套，把几个 JPanel 放到一个 JPanel 里，能实现灵活的排版。

10.3.3　GridLayout

10-5 GridLayout

GridLayout 类对应的布局是一个网格式布局，按照多行多列的方式排列组件，每个行列的交叉区域称为一个单元格，每个组件占据一个单元格，并根据单元格的大小调整其大小。

(1) GridLayout 类的构造方法如下。

① public GridLayout()：创建默认的布局，默认为 1 行 1 列。

② public GridLayout(int rows, int columns)：创建 rows 行、columns 列的布局。

③ public GridLayout(int rows, int columns, int hgap, int vgap)：创建 rows 行、columns 列、水平间距为 hgap、垂直间距为 vgap 的布局。

(2) GridLayout 类的其他常用方法如下。

① public int getColumns()：获取此布局中的列数。

② public int getHgap()：获取组件之间的水平间距。

③ public int getRows()：获取此布局中的行数。

④ public int getVgap()：获取组件之间的垂直间距。

⑤ public void setColumns(int cols)：将此布局中的列数设置为 cols。

⑥ public void setHgap(int hgap)：将组件之间的水平间距设置为 hgap。

⑦ public void setRows(int rows)：将此布局中的行数设置为 rows。

⑧ public void setVgap(int vgap)：将组件之间的垂直间距设置为 vgap。

GridLayout 布局管理器默认情况下是把组件从左到右先排在第 1 行，排满后再从第 2 行开始由左到右排。GridLayout 类的行、列属性有以下规则。

◎ 当行、列都大于 0 时，则以行数为标准，列数根据组件个数自动计算。比如，行数为 3，列数为 2，如果实际有 10 个组件，则会排成 3 行 4 列，其中第 3 行只有第 1、2 列放入了组件，剩余 2 个单元格会空着。

◎ 行、列有一个为 0，另一个不为 0，则以不为 0 的参数为标准，为 0 的自动计算。比如，行数为 0，列数为 3，共有 10 个组件，则实际排列时，3 列是固定的，行数自动计算，所以会生成 4 行，其中第 4 行只有第 1 列放入了组件，剩余 2 个单元格会空着。

◎ 行、列不能全为 0。

下面的例子演示了把 10 个按钮分别放到 3 行 2 列的布局管理器中的方法。

【例 10-5】GridLayout 布局演示，保存在 GridLayoutTest1.java 文件中的代码如下：

```
package ch10;
import java.awt.*;
import javax.swing.JFrame;
public class GridLayoutTest1 extends JFrame {
    private Button[] button = new Button[10];
    public GridLayoutTest1(){
        super("GridLayout 布局的展示效果");
        this.setLayout(new GridLayout(3,2,10,20));
        //以行数 3 为标准，列数 2 不起作用
        //this.setLayout(new GridLayout(0,3,10,20));
        //以列数 3 为标准，行数自动计算
        for(int i=0;i<10;i++){
            button[i] = new Button(String.valueOf(i));
            add(button[i]);
        }
        this.setDefaultCloseOperation(JFrame.EXIT_ON_CLOSE);
    }
    public static void main(String[] args) {
        GridLayoutTest1 frame = new GridLayoutTest1();
        frame.setSize(200,200);
        frame.setVisible(true);
    }
}
```

运行结果如图 10-7(a)所示。

如果把代码改为：

```
this.setLayout(new GridLayout(0,3,10,20));  //以列数 3 为标准，行数自动计算
```

则运行结果如图 10-7(b)所示。

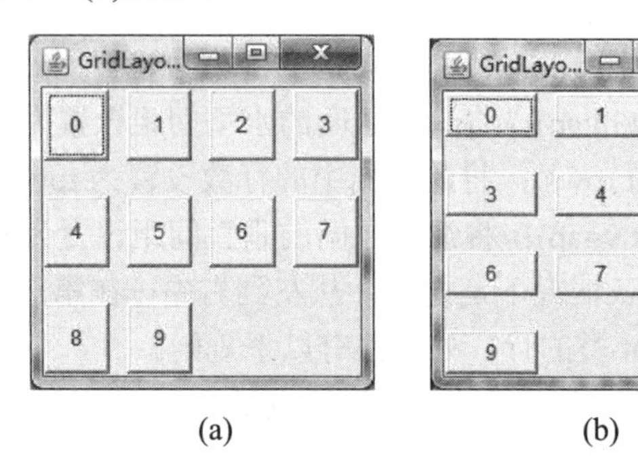

(a) (b)

图 10-7 GridLayout 的运行效果

GridLayout 中的每个单元格只能放入一个组件，如果某个单元格放入超过 1 个组件，则只能显示最后放入的组件；而且组件大小将充满整个单元格，单元格之间的间距由属性变量 hgap、vgap 决定。另外，GridLayout 和 FlowLayout 类一样，组件添加的先后顺序决定了它在容器中的位置。

10.3.4 CardLayout

10-6 CardLayout

CardLayout 类对应的布局称为卡片式布局。它将容器中的多个组件像扑克牌一样堆叠在一起，每个组件被当作一张卡片。第一个加到容器的组件在最上面，第二个加入的组件在第一张的下面，依次顺序排列，最后加入的组件在最下面。同一时刻只能显示一个组件。CardLayout 定义了一组方法，这些方法允许应用程序按顺序浏览这些卡片，或者显示指定的卡片。

(1) CardLayout 类的构造方法如下。

① public CardLayout()：创建间距大小为 0 的卡片布局。

② public CardLayout(int hgap, int vgap)：创建水平间距为 hgap 和垂直间距为 vgap 的卡片布局。

(2) CardLayout 类的其他常用方法如下。

① public void first(Container parent)：翻转到容器的第一张卡片。

② public void last(Container parent)：翻转到容器的最后一张卡片。

③ public void next(Container parent)：翻转到容器的下一张卡片。

④ public void previous(Container parent)：翻转到容器的前一张卡片。

⑤ public void addLayoutComponent(Component comp, Object constraints)：在卡片布局内给组件 comp 指定一个名称，名称为 constraints，constraints 必须是字符串。

⑥ public void show(Container parent, String name)：显示容器中名称为 name 的组件，name 是使用 addLayoutComponent 添加到此布局时指定的名称。

⑦ public void removeLayoutComponent(Component comp)：从布局中移除指定的组件。

【例 10-6】CardLayout 布局演示，保存在 CardLayoutTest1.java 文件中的代码如下：

```
package ch10;
import java.awt.*;
import java.awt.event.*;
import javax.swing.*;
public class CardLayoutTest1 extends JFrame {
    private JButton btn1,btn2,btn3,btnChange;
    private CardLayout cd = null;
    private JPanel p = null;
    public CardLayoutTest1(String title){
        super(title);
        initialize();
    }
    private void initialize(){
        this.setLayout(new BorderLayout());
        //在框架的北边放一个按钮，单击它可以切换卡片
        btnChange = new JButton("卡片切换");
        this.add(btnChange,BorderLayout.NORTH);
        //在中心部分放一个 Panel p，作为要显示内容的卡片，p 的布局管理器为 CardLayout
        //在 p 里面放三个按钮组件，分别显示为“第一个按钮”“第二个按钮”“第三个按钮”
        //这三个组件可以循环显示，但一次只能显示一个
        btn1 = new JButton("第一个按钮");
        btn2 = new JButton("第二个按钮");
        btn3 = new JButton("第三个按钮");
        btn1.setBackground(Color.blue);
        btn2.setBackground(Color.red);
        btn3.setBackground(Color.green);
        cd = new CardLayout();
        p = new JPanel();
        p.setLayout(cd);          //将 p 的布局设置为 CardLayout
        p.add(btn1);
        p.add(btn2);
        p.add(btn3);
        this.add(p,BorderLayout.CENTER);
        btn1.addActionListener(new ActionListener(){
            public void actionPerformed(ActionEvent ae){
                cd.next(p);       //显示下一个组件
            }
        });
        btn2.addActionListener(new ActionListener(){
            public void actionPerformed(ActionEvent ae){
                cd.next(p);       //显示下一个组件
            }
        });
        btn3.addActionListener(new ActionListener(){
            public void actionPerformed(ActionEvent ae){
                cd.next(p);       //显示下一个组件
            }
```

```
        });
        btnChange.addActionListener(new ActionListener(){
            public void actionPerformed(ActionEvent ae){
                cd.next(p);      //显示下一个组件
            }
        });
        this.setDefaultCloseOperation(JFrame.EXIT_ON_CLOSE);
        this.setSize(100,100);
    }
    public static void main(String args[]){
        CardLayoutTest1 frame = new CardLayoutTest1("CardLayout 布局效果");
        frame.setVisible(true);
    }
}
```

运行效果如图 10-8 所示。单击按钮就会切换一张卡片，即在“第一个按钮”“第二个按钮”“第三个按钮”之间循环显示。一个组件代表一张卡片，这里的组件是 btn1、btn2、btn3 这三个按钮，代表 3 张卡片，它们都放在面板 p 上，p 是卡片布局的。

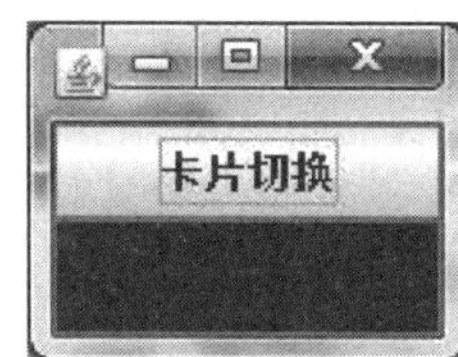

图 10-8　CardLayout 的运行效果

10.3.5　空布局

使用上面提供的布局可以使其中的组件按照各自的规律来排列，而且随着窗口大小变化，各个组件的位置也会相应地调整。有时希望控制组件的位置不再随着窗口的大小变化而调整，这时可以使用空布局。空布局有时也叫自由布局。空布局其实就是不指定布局，通过指定各个组件的坐标来指定组件的绝对位置。方法是设定容器的布局为 null，然后再通过组件的 setBounds 方法来设定组件的绝对位置。下面以用户注册界面为例，通过设定各个组件的绝对坐标位置来排列组件。

【例 10-7】使用空布局制作一个注册窗口。保存在 UserRegister.java 文件中的代码如下：

```
import java.awt.*;
import javax.swing.*;
public class UserRegister extends JFrame{
    private JLabel lblName = new JLabel("输入您的姓名");
    private JLabel lblEmail = new JLabel("输入 email");
    private JLabel lblCareer = new JLabel("输入您的职业");
    private JTextField txtName = new JTextField(16);        //姓名输入框
    private JTextField txtEmail = new JTextField(16);       //Email 输入框
    private JTextField txtCareer = new JTextField(16);      //职业输入框
    private JButton btnRegister = new JButton("注册");      //“注册”按钮
```

```
    private JButton btnCancel = new JButton("取消");         //取消输入框
    private void init(){
        setLayout(null);    //设为空布局
        add(lblName);       //把姓名标签加入窗口中
        //设置姓名标签的位置和大小，左上角的坐标为(20,10)，宽度为80，高度为20
        lblName.setBounds(20, 10, 80, 20);
        add(txtName);       //把姓名输入框加入窗口中
        //设置姓名输入框的位置和大小，左上角的坐标为(110,10)，宽度为140，高度为20
        txtName.setBounds(110, 10, 140, 20);
        add(lblEmail);
        lblEmail.setBounds(20, 40, 80, 20);
        add(txtEmail);
        txtEmail.setBounds(110, 40, 140, 20);
        add(lblCareer);
        lblCareer.setBounds(20, 70, 80, 20);
        add(txtCareer);
        txtCareer.setBounds(110, 70, 140, 20);
        add(btnRegister);
        btnRegister.setBounds(50, 110, 80, 20);
        add(btnCancel);
        btnCancel.setBounds(140, 110, 90, 20);
       setDefaultCloseOperation(JFrame.DISPOSE_ON_CLOSE);
    }
    public UserRegister(){
        super("用户注册");
        init();
    }
    public static void main(String args[]){
        UserRegister frame = new UserRegister();
        frame.setSize(300,200);     //设置窗体大小
        //获取屏幕宽度和高度
        int screenWidth = Toolkit.getDefaultToolkit().getScreenSize().width;
        int screenHeight = Toolkit.getDefaultToolkit().getScreenSize().height;
        //设置窗体的左上角位置，目的是让它处于屏幕的中央
        frame.setLocation((screenWidth-300)/2,(screenHeight-200)/2);
        frame.setVisible(true);     //设置窗体可见
    }
}
```

运行结果如图 10-9 所示。

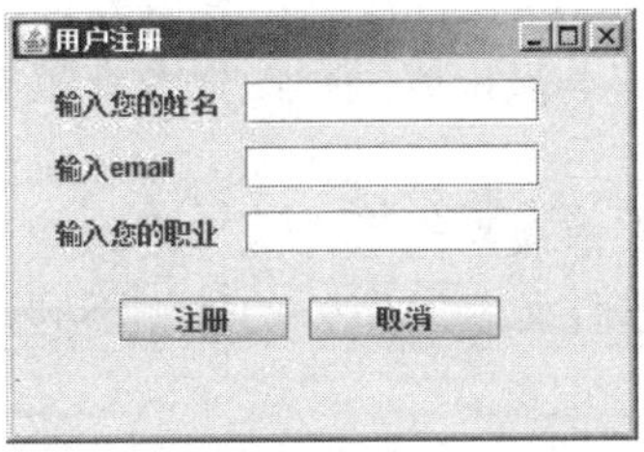

图 10-9　用空布局制作的注册窗口

程序中用到的 setBounds 方法是在 Component 类中定义的方法，因而凡是 Component 的子类都有这个方法，它的用法如下：

```
public void setBounds(int x, int y, int width, int height)
```

其功能是设置组件的位置和大小。由 x 和 y 指定左上角的横坐标和纵坐标，由 width 和 height 指定组件宽度和高度。

注意

如果图形界面的组件发生了变化，有可能没有马上显示出变化后的效果，这时可以使用 validate()或 doLayout()方法来重新排列组件。

前面讲述了 Java 常用的布局管理方式，注意，一个容器对象在一个时刻只能有一种布局方式，JFrame 对象默认的布局是 BorderLayout，JPanel 对象默认的布局是 FlowLayout。如果需要更改布局管理器，可以使用容器类的 setLayout()方法，改变后需要再调用容器的 validate()方法，强迫容器根据新的布局管理器来重新排列放入其中的组件。当然，容器内可以放入其他的子容器，比如，整个框架可以使用 BorderLayout 布局管理器，但每个区域可以再放入一个 JPanel 来摆放其他组件，各个区域的 JPanel 可以使用各自不同的布局管理器。如果容器的布局管理器只是更改了它的属性，比如，更改了列数或行数，或者是更改了间距，则需要使用容器的 doLayout()方法，强迫容器使用布局管理器的新的属性来重新排列放入其中的组件。

10.4 事件处理

前面介绍了组件的基本用法，但是这些组件没有功能，比如，单击按钮后没什么作用；要想让组件起作用，需要给组件添加事件处理程序。

10.4.1 Java 的事件处理机制

从 JDK 1.1 及以上版本，采用了一种新的事件处理机制，称为委托方式或监听器方式。所谓事件委托处理机制，跟现实生活中类似。比如发生交通事故，需要交警来处理，发生火灾事件由消防队来处理，这种机制是国家预先定义好的。当具体到某个地方发生了交通事故时，则由当地的交警来具体处理，这也是提前规定好的。Java 的事件委托处理机制也类似。

Java 定义了许多不同的事件类，用来描述不同种类的事件，如描述按钮、文本域和菜单等组件动作的 ActionEvent 类。当光标离开组件或光标进入组件时，会产生 FocusEvent 事件。当拖动、移动、单击、按下或释放鼠标，以及在鼠标进入或退出一个组件时，会生成 MouseEvent 事件。

每一个可以触发事件的组件都被当作事件源，例如按钮、标签、单行文本输入框、单选按钮等都是事件源。不同的事件源触发事件的种类不同，一个事件源也可以触发多种类型的事件。

接收和处理事件源所触发事件的对象叫作监听器。在 Java 中，每类事件都定义了一个相应的监听器接口，该接口定义了接收和处理事件的方法。实现该接口的类，其对象可作为监听器。

在委托方式事件处理模型中，需要事件源事先注册一个或多个监听器。当界面操作事件产生时，由于事件源本身不处理事件，该组件将把事件发送给能接收和处理该事件的监听器，委托相应的事件监听器来处理。事件源提供了一组方法，用于为事件注册一个或多个监听器。

每种事件的类型都有自己的注册方法，一般形式如下：

```
public void add<EventType>Listener(TypeListener e)
```

其中，EventType 是事件类型，TypeListener 是监听器接口的名字，e 是实现了 TypeListener 接口的类的对象。

事件源、事件和事件监听器的关系如图 10-10 所示。

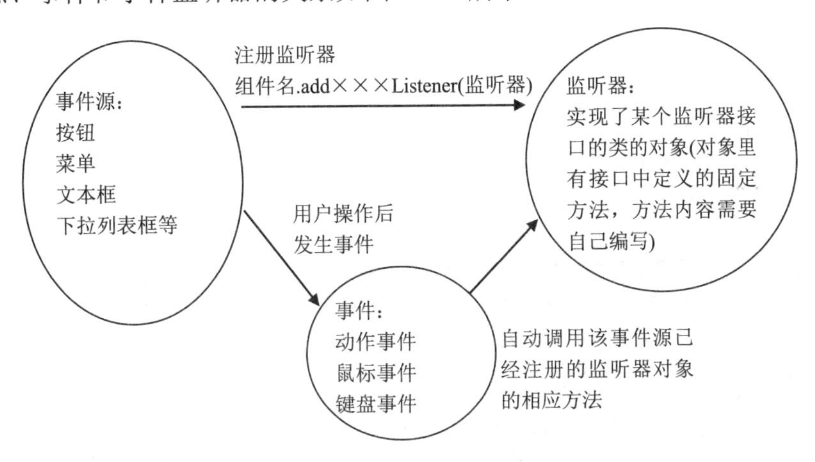

图 10-10　事件源、事件和事件监听器的关系

10.4.2　事件处理程序的编写

10-7 加法程序的实现

编写图形界面程序的一般步骤如下。

(1) 编写类，继承 JFrame。

(2) 把要显示在窗口中的组件定义成属性。

(3) 在构造方法中，选择合适的布局，把各个组件对象添加到窗口的合适位置，给需要添加事件监听器的组件注册事件监听器。用组件名.add×××Listener(监听器对象)来注册，×××代表某种事件类型。

(4) 编写监听器代码。监听器的编写有 3 种方法。

① 编写一个单独的类，实现某个监听器接口，或继承某个监听器适配器类。

② 让窗口类实现相应的接口。

③ 用匿名类继承某个监听器适配器类，或实现某个监听器接口(最常用的方法)。

【例 10-8】编写一个图形界面的程序，要求能够输入两个数，当单击“=”按钮时，能计算两个数的和，并把和显示出来。界面效果如图 10-11 所示。

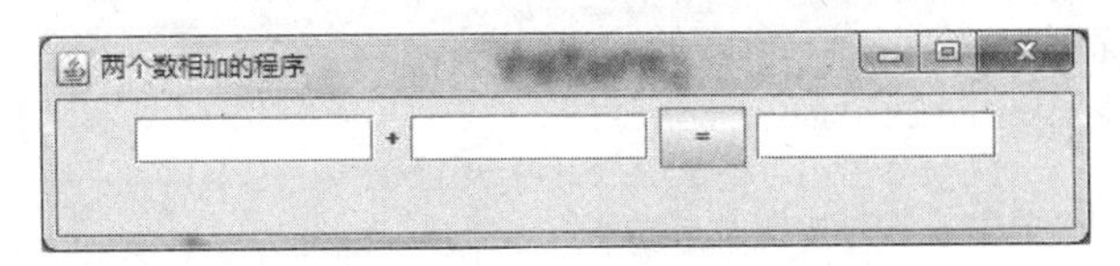

图 10-11　两个数相加的界面效果

题意分析：

加数、被加数、和都可以用 JTextField 组件来实现。当单击“=”按钮时执行计算功能，所以“=”可以用 JButton 来实现。“+”只是显示，所以可以用 JLabel 实现。需要给“=”按钮注册一个 ActionListener 监听器，当单击按钮时，就执行监听器里的方法。下面分别采用 3 种实现监听器接口的方法来演示程序的编写方法。

(1) 采用编写一个单独的类实现 ActionListener 监听器接口的方法来实现，具体代码保存在 Add1.java 文件中，内容如下：

```
import java.awt.*;
import java.awt.event.*;
import javax.swing.*;
public class Add1 extends JFrame {
    /**
     * 编写加法程序
     * 单独编写类实现 ActionListener 接口，作为监听器
     */
    private JTextField txtNumber1 = new JTextField(10);
    private JLabel lblFuHao = new JLabel("+");
    private JTextField txtNumber2 = new JTextField(10);
    private JButton btnEqual = new JButton("=");
    private JTextField txtSum = new JTextField(10);
    public Add1(){
        setTitle("两个数相加的程序");
        initialize();   //单独编写一个 initialize 方法，免得构造方法里的代码太长
    }
    private void initialize(){
        setLayout(new FlowLayout());    //设置窗口的布局为 FlowLayout
        //把 5 个组件添加到窗口中
        add(txtNumber1);
        add(lblFuHao);
        add(txtNumber2);
        add(btnEqual);
        add(txtSum);
        //窗口组装完毕，下面开始处理事件
        ProcessEvent pe = new ProcessEvent();  //创建监听器对象 pe
        btnEqual.addActionListener(pe);  //pe 注册为 btnEqual 的 Action 事件监听器
        this.setDefaultCloseOperation(EXIT_ON_CLOSE);
    }
    public static void main(String[] args) {
        Add1 add = new Add1();
        add.setSize(500,100);
        add.setVisible(true);
        add.setLocationRelativeTo(null);    //该代码能够让窗口居中
    }
    //通过定义单独的内部类处理动作事件
    class ProcessEvent implements ActionListener{
        public void actionPerformed(ActionEvent e) {
            //当单击了等号按钮时自动执行该方法
            if(e.getSource()==btnEqual){    //是“=”按钮发生的 ActionEvent
```

```
                if(txtNumber1.getText().trim().equals("")||txtNumber2.
                  getText().trim().equals("")){
                    JOptionPane.showMessageDialog(Add1.this, "加数和被加数都
不能为空", "提示信息", JOptionPane.INFORMATION_MESSAGE);
                    return;
                }
                double a,b,sum;
                try{
                    a = Double.valueOf(txtNumber1.getText());
                    b = Double.valueOf(txtNumber2.getText());
                    sum = a+b;
                    txtSum.setText(String.valueOf(sum));
                }catch(Exception ee){
                    JOptionPane.showMessageDialog(Add1.this, "加数和被加数
                      都必须是数字", "提示信息", JOptionPane.INFORMATION_MESSAGE);
                    return;
                }
            }
        }
    }
}
```

程序在计算的时候，先判断加数和被加数输入框里的内容是否合法，不合法时弹出一个对话框，提示数据不合法，然后停止执行计算。弹出对话框用 JOptionPane 组件。

(2) 采用窗口类本身实现 ActionListener 监听器接口的方法来实现，具体代码保存在 Add2.java 文件中，内容如下：

```
import java.awt.*;
import java.awt.event.*;
import javax.swing.*;
public class Add2 extends JFrame implements ActionListener{
    /**
     * 编写加法程序
     * 窗口类本身实现 ActionListener 接口，将自己作为监听器
     */
    private JTextField txtNumber1 = new JTextField(10);
    private JLabel lblFuHao = new JLabel("+");
    private JTextField txtNumber2 = new JTextField(10);
    private JButton btnEqual = new JButton("=");
    private JTextField txtSum = new JTextField(10);
    public Add2(){
        setTitle("两个数相加的程序");
        initialize();  //单独编写一个 initialize 方法，免得构造方法里代码太长
    }
    private void initialize(){
        setLayout(new FlowLayout());  //设置窗口的布局为 FlowLayout
        //把 5 个组件添加到窗口中
        add(txtNumber1);
        add(lblFuHao);
        add(txtNumber2);
        add(btnEqual);
```

```
        add(txtSum);
        //窗口组装完毕，下面开始处理事件
        //窗口实现了 ActionListener 接口，可以注册为 Action 事件的监听器
        btnEqual.addActionListener(this);
        this.setDefaultCloseOperation(EXIT_ON_CLOSE);
    }
    public static void main(String[] args) {
        Add2 add = new Add2();
        add.setSize(500,100);
        add.setVisible(true);
        add.setLocationRelativeTo(null);  //该代码能够让窗口居中
    }
    //Add2 实现 ActionListener 接口，必须实现 actionPerformed 方法
    public void actionPerformed(ActionEvent e) {
        //当单击了等号按钮时自动执行该方法
        if(e.getSource()==btnEqual){  //是“=”按钮发生的 ActionEvent
            if(txtNumber1.getText().trim().equals("")||txtNumber2.
               getText().trim().equals("")){
                JOptionPane.showMessageDialog(this, "加数和被加数都不能为空",
                        "提示信息", JOptionPane.INFORMATION_MESSAGE);
                return;
            }
            double a,b,sum;
            try{
                a = Double.valueOf(txtNumber1.getText());
                b = Double.valueOf(txtNumber2.getText());
                sum = a+b;
                txtSum.setText(String.valueOf(sum));
            }catch(Exception ee){
                JOptionPane.showMessageDialog(this, "加数和被加数都必须是数字",
                        "提示信息", JOptionPane.INFORMATION_MESSAGE);
                return;
            }
        }
    }
}
```

(3) 采用匿名内部类实现 ActionListener 监听器接口的方法来实现，具体代码保存在 Add3.java 文件中，内容如下：

```
import java.awt.*;
import java.awt.event.*;
import javax.swing.*;
public class Add3 extends JFrame{
    /**
     * 编写加法程序
     * 用匿名内部类实现 ActionListener 接口，作为“=”按钮的监听器
     */
    private JTextField txtNumber1 = new JTextField(10);
    private JLabel lblFuHao = new JLabel("+");
    private JTextField txtNumber2 = new JTextField(10);
    private JButton btnEqual = new JButton("=");
```

```
    private JTextField txtSum = new JTextField(10);
    public Add3(){
        setTitle("两个数相加的程序");
        initialize();  //单独编写一个 initialize 方法，免得构造方法里代码太长
    }
    private void initialize(){
        setLayout(new FlowLayout());  //设置窗口的布局为 FlowLayout
        //把 5 个组件添加到窗口中
        add(txtNumber1);
        add(lblFuHao);
        add(txtNumber2);
        add(btnEqual);
        add(txtSum);
        //窗口组装完毕，下面开始处理事件
        //用匿名内部类实现了 ActionListener 接口
        //注册为 btnEqual 的 ActionEvent 事件的监听器
        btnEqual.addActionListener(new ActionListener(){
            public void actionPerformed(ActionEvent e) {
                if(txtNumber1.getText().trim().equals("")||txtNumber2.
                  getText().trim().equals("")){
                    JOptionPane.showMessageDialog(Add3.this, "加数和被加数都
                      不能为空", "提示信息", JOptionPane.INFORMATION_MESSAGE);
                    return;
                }
                double a,b,sum;
                try{
                    a = Double.valueOf(txtNumber1.getText());
                    b = Double.valueOf(txtNumber2.getText());
                    sum = a+b;
                    txtSum.setText(String.valueOf(sum));
                }catch(Exception ee){
                    JOptionPane.showMessageDialog(Add3.this, "加数和被加数都
                      必须是数字", "提示信息", JOptionPane.INFORMATION_MESSAGE);
                    return;
                }
            }

        });
        this.setDefaultCloseOperation(EXIT_ON_CLOSE);
    }
    public static void main(String[] args) {
        Add3 add = new Add3();
        add.setSize(500,100);
        add.setVisible(true);
        add.setLocationRelativeTo(null);  //该代码能够让窗口居中
    }
}
```

3 种实现监听器的方法各有优点。使用单独的一个类实现监听器接口，需要在监听器的方法中判断是哪个事件源发生的事件，从而针对不同的事件源做不同的处理。注意，这里使用的是 Add1 的一个内部类作为实现监听器接口的类，内部类的好处是操作外部类的变量

方便，但是使用外部类的 this 时，需要用“外部类名.this”。如果使用外部类来实现监听器接口，则不能调用 getSource()方法来判断是哪个事件源，应该通过 getActionCommand()方法，即通过获取事件源上的文字来判断，优点是一个监听器类可以为多个窗口服务。使用窗口类本身来实现监听器接口，好处是在监听器的方法里可以很方便地使用整个类的所有变量，缺点是也要判断是哪个事件源发生的事件。通过匿名内部类实现监听器接口的好处是，不用判断是哪个事件源发生的事件，肯定是注册的这个事件源本身发生的事件；缺点是代码看起来复杂，使用外部类的 this 对象时，也要用“外部类名.this”。总之，3 种方法都可以，建议使用第 3 种。

10.4.3 常用事件

10-8 常用事件

1. 动作事件

ActionEvent 事件称为动作事件，当特定组件的动作(比如按钮被按下)发生时，由组件(比如 Button)生成此事件。事件被传递给该组件注册过的每一个 ActionListener 对象，然后自动执行对象里相应的方法。

发生动作事件的事件源包括 JButton、JTextField、JRadioButton、JList、JMenuItem 等。处理 ActionEvent 事件的监听器需要实现 ActionListener 接口。

ActionListener 接口中只声明了一个方法：

```
public void actionPerformed(ActionEvent e);
```

注册监听器使用 addActionListener(ActionListener listener)。

当发生了动作事件时，就会自动执行监听器的 actionPerformed(ActionEvent e)方法。在方法中可以通过 ActionEvent 类型的变量 e 来获得事件源的信息。

ActionEvent 常用的方法如下。

(1) public String getActionCommand()：返回与此动作相关的命令字符串。如果是按钮发生动作事件的话，会返回按钮上的文本。

(2) public Object getSource()：返回最初发生 Event 的对象，得到的是事件源对象。

可以通过这两个方法判断是哪个事件源发生了动作事件，从而做相应的处理。

例 10-8 使用的就是 ActionEvent 和 ActionListener 方法。

2. 焦点事件

FocusEvent 事件称为焦点事件。当组件获得或失去焦点时会生成 FocusListener 事件。所有可视化的组件都会发生焦点事件。处理 FocusEvent 事件的监听器需要实现 FocusListener 接口。

FocusListener 接口中声明了两个方法。

(1) public void focusGained(FocusEvent e)：事件源组件获得焦点时调用。

(2) public void focusLost(FocusEvent e)：事件源组件失去焦点时调用。

注册监听器使用 addFocusListener(FocusListener listener)。

【例 10-9】 FocusListener 的使用。窗口中有两个文本输入框，当光标进入第一个文本框时，第一个文本框的文字显示为“第一个文本框得到了焦点”；当光标进入第二个文本框时，第一个文本框的文字显示为“第一个文本框失去了焦点”。实现效果如图 10-12 所示。

代码保存在 FocusEventDemo.java 文件中。具体代码如下：

```
import java.awt.*;
import java.awt.event.*;
import javax.swing.*;
public class FocusEventDemo extends JFrame {
    JTextField txt1 = new JTextField(16);
    JTextField txt2 = new JTextField(16);
    public FocusEventDemo(){
        super("焦点事件演示");
        setLayout(new FlowLayout());
        add(txt1);add(txt2);   //把两个文本框加入窗口里
        this.setDefaultCloseOperation(JFrame.EXIT_ON_CLOSE);
        //给第一个文本框添加 FocusListener 监听器，第二个不加
        txt1.addFocusListener(new FocusListener(){
            public void focusGained(FocusEvent e) {
                txt1.setText("第一个文本框得到了焦点");
            }
            public void focusLost(FocusEvent e) {
                txt1.setText("第一个文本框失去了焦点");
            }
        });
    }
    public static void main(String[] args) {
        FocusEventDemo frame = new FocusEventDemo();
        frame.setSize(220,100);
        frame.setVisible(true);
    }
}
```

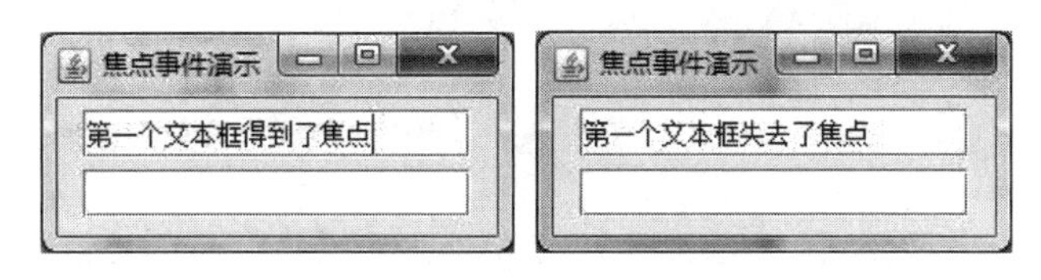

图 10-12　焦点事件演示效果

3. 鼠标事件

MouseEvent 事件称为鼠标事件。任何组件都可能发生鼠标事件。例如，在组件上单击鼠标、在组件上拖动鼠标，以及鼠标进入组件、离开组件等，都要发生鼠标事件。MouseEvent 类中有以下方法可以得到鼠标的操作情况。

① public int getX()：返回事件相对于源组件的水平 X 坐标。

② public int getY()：返回事件相对于源组件的垂直 Y 坐标。

③ public int getClickCount()：返回与此事件关联的鼠标单击次数。

④ public int getModifiers()：返回鼠标的按键是左键还是右键。左键用常量 InputEvent.BUTTON1_MASK 表示，右键用常量 InputEvent.BUTTON3_MASK 表示。

处理鼠标事件的监听器接口有两个：MouseListener 和 MouseMotionListener。

(1) MouseListener。在事件源上发生以下 5 个动作时需要使用 MouseListener 接口来处理：按下鼠标键、释放鼠标键、单击鼠标、鼠标进入、鼠标离开。接口中声明的 5 个方法

如下。

① public void mouseClicked(MouseEvent e)：鼠标在组件上单击时触发。

② public void mousePressed(MouseEvent e)：鼠标在组件上按下时触发。

③ public void mouseReleased(MouseEvent e)：鼠标在组件上释放时触发。

④ public void mouseEntered(MouseEvent e)：鼠标进入组件时触发。

⑤ public void mouseExited(MouseEvent e)：鼠标离开组件时触发。

(2) MouseMotionListener 接口中只声明了两个方法。

① public void mouseDragged(MouseEvent e)：鼠标在组件上按下左键拖动时触发。

② public void mouseMoved(MouseEvent e)：鼠标在组件上移动时触发。

注册 MouseListener 监听器使用 addMouseListerer(MouseListener listener)。

注册 MouseMotionListener 监听器使用 addMouseMotionListerer(MouseMotionListener listener)。

【例 10-10】鼠标事件演示。窗口内有一个“确定”按钮、一个输入框和一个文本区。当鼠标在按钮上按下左键拖动时，让按钮的位置跟着变化；当鼠标进入按钮上方时，文本区中显示鼠标在按钮内的相对坐标[按钮的左上角为(0,0)]；当鼠标进入输入框时，在文本区显示“鼠标进入了输入框内”；当鼠标离开输入框时，文本区中显示“鼠标离开了输入框”；当鼠标在输入框内按下时，文本区中显示“鼠标在输入框内按下了鼠标”；当鼠标在输入框内释放按键时，文本区中显示“鼠标在输入框内释放了鼠标”；当鼠标在输入框内单击时，文本区中显示“鼠标在输入框内单击了左键 x 次”。实现效果如图 10-13 所示。

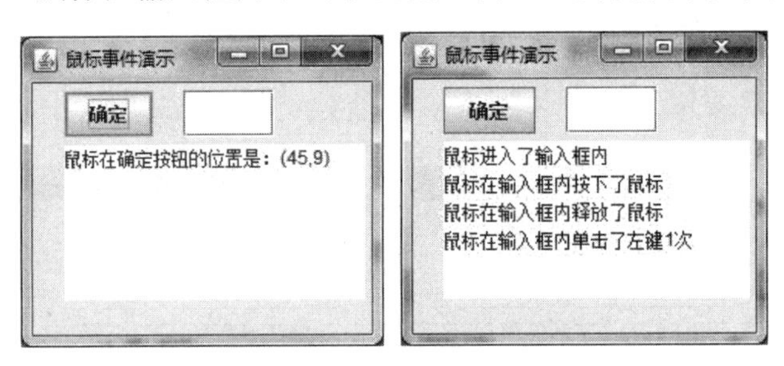

图 10-13 鼠标事件演示效果

保存在 MouseEventDemo.java 文件中的代码如下：

```
import java.awt.*;
import java.awt.event.*;
import javax.swing.*;
public class MouseEventDemo extends JFrame {
    JButton btnOk = new JButton("确定");
    JTextField txtName = new JTextField(20);
    JTextArea jtaContent = new JTextArea(10,20);
    public MouseEventDemo(){
        super("鼠标事件演示");
        setLayout(null);  //设为空布局，目的是能看到移动按钮的效果
        add(btnOk);
        add(txtName);
        add(jtaContent);
        btnOk.setBounds(20,5,60,30);
```

```
        txtName.setBounds(100,5,60,30);
        jtaContent.setBounds(20,40,200,100);
        this.setDefaultCloseOperation(JFrame.EXIT_ON_CLOSE);
        btnOk.addMouseMotionListener(new MouseMotionListener(){
            public void mouseDragged(MouseEvent e) {
                int x = btnOk.getX();   //btnOk 按钮左上角在窗口内的横坐标
                int y = btnOk.getY();   //btnOk 按钮左上角在窗口内的纵坐标
                btnOk.setLocation(x+e.getX(), y+e.getY());
            }
            public void mouseMoved(MouseEvent e) {
                int x = e.getX();
                int y = e.getY();
                jtaContent.setText("鼠标在确定按钮的位置是: "+"("+x+","+y+")");
            }
        });
        txtName.addMouseListener(new MouseListener(){
            public void mouseClicked(MouseEvent e) {
                int count = e.getClickCount();
                jtaContent.append("鼠标在输入框内单击了左键"+count+"次\n");
            }
            public void mousePressed(MouseEvent e) {
                jtaContent.append("鼠标在输入框内按下了鼠标\n");
            }
            public void mouseReleased(MouseEvent e) {
                jtaContent.append("鼠标在输入框内释放了鼠标\n");
            }
            public void mouseEntered(MouseEvent e) {
                jtaContent.setText("鼠标进入了输入框内\n");
            }
            public void mouseExited(MouseEvent e) {
                jtaContent.setText("鼠标离开了输入框\n");
            }
        });
    }
    public static void main(String[] args) {
        MouseEventDemo frame = new MouseEventDemo();
        frame.setSize(240,200);
        frame.setVisible(true);
    }
}
```

4. ItemEvent 事件

单选按钮、复选框、下拉列表框等都会发生 ItemEvent 事件。处理 FocusEvent 事件的监听器需要实现 ItemListener 接口。

ItemListener 接口中只声明了一个方法。

public void itemStateChanged(ItemEvent e)：当选项改变时调用。

注册监听器使用 addItemListener(ItemListener listener)。

【例 10-11】 ItemEvent 的使用方法。窗口中有一个篮球的复选框、一个足球的复选框、一个学院的下拉列表框和一个文本框。当篮球、足球的选项状态改变时，会将信息显示在文本框中，学院的选项变化后，也会将新选择的学院显示在文本框中。实现效果如图 10-14 所示。

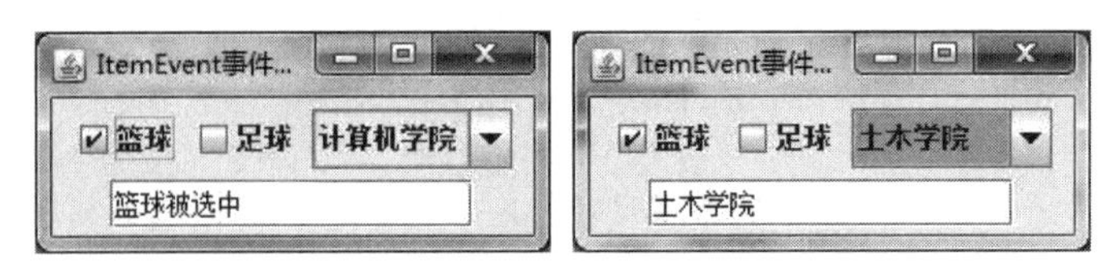

图 10-14　ItemEvent 事件演示效果

保存在 ItemEventDemo.java 文件中的代码如下：

```
import java.awt.*;
import java.awt.event.*;
import javax.swing.*;
public class ItemEventDemo  extends JFrame {
    JCheckBox cbxBasketBall = new JCheckBox("篮球",true);
    JCheckBox cbxFootBall = new JCheckBox("足球",false);
    String departments[] = {"计算机学院","土木学院","信电学院"};
    JComboBox comboDepartment = new JComboBox(departments);
    JTextField txt = new JTextField(15);
    public ItemEventDemo(){
        super("ItemEvent 事件演示");
        setLayout(new FlowLayout());
        add(cbxBasketBall);add(cbxFootBall);  //把两个文本框加入窗口里
        add(comboDepartment);add(txt);
        this.setDefaultCloseOperation(JFrame.EXIT_ON_CLOSE);
        //给篮球添加 ItemListener 监听器
        cbxBasketBall.addItemListener(new ItemListener(){
            public void itemStateChanged(ItemEvent e) {
                if(cbxBasketBall.isSelected())
                    txt.setText("篮球被选中");
                else
                    txt.setText("篮球未选中");
            }
        });
        //给足球添加 ItemListener 监听器
        cbxFootBall.addItemListener(new ItemListener(){
            public void itemStateChanged(ItemEvent e) {
                if(cbxFootBall.isSelected())
                    txt.setText("足球被选中");
                else
                    txt.setText("足球未选中");
            }
        });
        //给学院添加 ItemListener 监听器
        comboDepartment.addItemListener(new ItemListener(){
            public void itemStateChanged(ItemEvent e) {
               txt.setText(comboDepartment.getSelectedItem().toString());

            }
        });
```

```
    }
    public static void main(String[] args) {
        ItemEventDemo frame = new ItemEventDemo();
        frame.setSize(240,100);
        frame.setVisible(true);
    }
}
```

5. 键盘事件

当一个组件处于活动状态时，如果按下了键盘的键，会发生 KeyEvent 事件。处理 KeyEvent 事件的监听器需要实现 KeyListener 接口。

KeyListener 接口中声明了 3 个方法。

(1) public void keyPressed(KeyEvent e)：当键按下时调用。

(2) public void keyTyped(KeyEvent e)：当键按下并松开时调用。

(3) public void keyReleased(KeyEvent e)：当键松开时调用。

如果按一个键接着松开，会依次执行 keyPressed、keyTyped、keyReleased 方法。

注册监听器使用 addItemListener(ItemListener listener)。

【例 10-12】 KeyEvent 的使用方法。窗口中有一个单行文本输入框、一个多行文本区，当在单行文本框中按键时，会将按键的信息显示到多行文本区中。实现效果如图 10-15 所示。代码放在 KeyEventDemo.java 中。

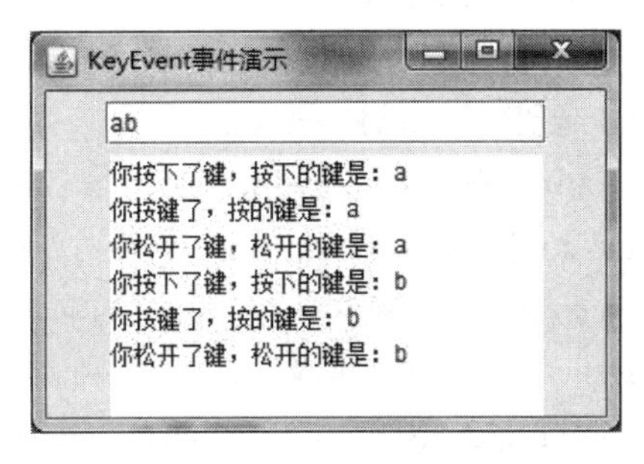

图 10-15 KeyEvent 事件演示效果

具体代码如下：

```
import java.awt.*;
import java.awt.event.*;
import javax.swing.*;
public class KeyEventDemo extends JFrame {
    JTextField txt1 = new JTextField(20);
    JTextArea txt2 = new JTextArea(10,20);
    public KeyEventDemo(){
        super("KeyEvent 事件演示");
        setLayout(new FlowLayout());
        add(txt1);
        add(txt2);
        this.setDefaultCloseOperation(JFrame.EXIT_ON_CLOSE);
        //给第一个输入框添加 KeyListener 监听器
        txt1.addKeyListener(new KeyListener(){
```

```
            public void keyPressed(KeyEvent e) {
                txt2.append("你按下了键，按下的键是："+e.getKeyChar()+"\n");
            }
            public void keyTyped(KeyEvent e) {
                txt2.append("你按键了，按的键是："+e.getKeyChar()+"\n");
            }
            public void keyReleased(KeyEvent e) {
                txt2.append("你松开了键，松开的键是："+e.getKeyChar()+"\n");
            }
        });
    }
    public static void main(String[] args) {
        KeyEventDemo frame = new KeyEventDemo();
        frame.setSize(300,200);
        frame.setVisible(true);
    }
}
```

6. 窗口事件

WindowEvent 表示窗口事件。窗口状态变化时会触发 WindowEvent 事件，处理 WindowEvent 事件的监听器需要实现 WindowListener 接口。

WindowListener 接口中声明了 7 个方法。

(1) public void windowOpened(WindowEvent e)：当窗口打开时调用。

(2) public void windowClosing(WindowEvent e)：当窗口要关闭时调用。

(3) public void windowClosed(WindowEvent e)：当窗口关闭后调用。

(4) public void windowIconified(WindowEvent e)：当窗口最小化时调用。

(5) public void windowDeiconified(WindowEvent e)：当窗口从最小化恢复时调用。

(6) public void windowActivated(WindowEvent e)：当窗口激活时调用。

(7) public void windowDeactivated(WindowEvent e)：当窗口变为非活动窗口时调用。

注册监听器使用 addWindowListener(WindowListener listener)。

【例 10-13】WindowEvent 的使用方法。保存在 WindowEventDemo.java 中的代码如下：

```
import java.awt.*;
import java.awt.event.*;
import javax.swing.*;
public class WindwoEventDemo  extends JFrame {
    public WindwoEventDemo(){
        super("WindowEvent 事件演示");
        //设置单击窗口的关闭图标时不进行任何操作
        //由监听器中的 windowClosing 方法的代码决定如何执行
        this.setDefaultCloseOperation(JFrame.DO_NOTHING_ON_CLOSE);
        //给第一个输入框添加 KeyListener 监听器
        //如果按下接着松开，会依次执行 keyPressed、keyTyped、keyReleased 方法
        this.addWindowListener(new WindowListener(){
            public void windowOpened(WindowEvent e) {
                System.out.println("windowOpened：窗口打开");
            }
            public void windowClosing(WindowEvent e) {
```

```
                System.out.println("windowClosing: 窗口要关闭");
                WindwoEventDemo.this.dispose();     //关闭窗口，释放窗口资源
            }
            public void windowClosed(WindowEvent e) {
                System.out.println("windowClosed: 窗口已经关闭");
            }
            public void windowIconified(WindowEvent e) {
                System.out.println("windowIconified: 窗口最小化了");
            }
            public void windowDeiconified(WindowEvent e) {
                System.out.println("windowDeiconified: 窗口从最小化恢复了");
            }
            public void windowActivated(WindowEvent e) {
                System.out.println("windowActivated: 窗口激活了");
            }
            public void windowDeactivated(WindowEvent e) {
                System.out.println("windowDeactivated: 窗口变成非活动的了");
            }
        });
    }
    public static void main(String[] args) {
        WindwoEventDemo frame = new WindwoEventDemo();
        frame.setSize(300,200);
        frame.setVisible(true);
    }
}
```

运行程序，会发现窗口状态的变化规律如下。

(1) 开始打开窗口时，会依次执行 windowActivated、windowOpened，输出：

```
windowActivated: 窗口激活了
windowOpened: 窗口打开
```

(2) 在窗口外面单击一下鼠标，会执行 windowDeactivated，输出：

```
windowDeactivated: 窗口变成非活动的了
```

(3) 再单击一下窗口，会执行 windowActivated，输出：

```
windowActivated: 窗口激活了
```

(4) 单击窗口的最小化图标，会依次执行 windowIconified、windowDeactivated，输出：

```
windowIconified: 窗口最小化了
windowDeactivated: 窗口变成非活动的了
```

(5) 再在状态栏中单击一下窗口的图标，会依次执行 windowDeiconified、windowActivated，输出：

```
windowDeiconified: 窗口从最小化恢复了
windowActivated: 窗口激活了
```

(6) 单击窗口的关闭图标时，会依次执行 windowClosing、windowDeactivated、windowClosed，输出：

```
windowClosing：窗口要关闭
windowDeactivated：窗口变成非活动的了
windowClosed：窗口已经关闭
```

10.4.4　监听器接口适配器类

10-9 监听器接口适配器类

前面介绍了 6 种常用的事件及其对应的监听器接口，可以发现，除了 ActionListener 只声明了一个 actionPerformed()方法、ItemListener 只声明了一个 itemStatechanged()方法外，其他 5 个监听器接口都声明了超过一个方法。如果通过实现监听器接口来实现监听器，需要把接口中声明的方法全部实现出来，哪怕只有一个是真正需要的。为了解决这个问题，Java 中提供了监听器适配器类。对应 FocuseListener、MouseListener、MouseMotionListener、KeyListener、WindowListener，Java 提供了 FocusAdapter、MouseAdapter、MouseMotionAdapter、KeyAdapter、WindowAdapter 类作为事件监听器适配器类。这些类都实现了相应的事件监听器接口，但里面方法的内容是空的，需要通过我们自己编写类来继承这些适配器类，根据需要覆盖相应的方法即可。

例如，FocusAdapter 类的源代码如下：

```
package java.awt.event;
public abstract class FocusAdapter implements FocusListener {
    /**
     * Invoked when a component gains the keyboard focus.
     */
    public void focusGained(FocusEvent e) {}
    /**
     * Invoked when a component loses the keyboard focus.
     */
    public void focusLost(FocusEvent e) {}
}
```

【例 10-14】FocusAdapter 和 WindowAdapter 的使用方法。当光标(或鼠标指针)进入第一个文本输入框时，在文本区中显示“文本输入框获得了焦点”；当单击关闭图标时，弹出“确定要关闭窗口吗？”提示信息对话框，单击“确定”按钮关闭窗口，单击“取消”按钮则不关闭窗口，如图 10-16 所示。代码放在 AdapterDemo.java 中。

图 10-16　使用 FocusAdapter 和 WindowAdapter 的实现界面

具体代码如下：

```
import java.awt.*;
import java.awt.event.*;
import javax.swing.*;
public class AdapterDemo extends JFrame{
```

```
    JButton btnOk = new JButton("确定");
    JTextField txtName = new JTextField(20);
    JTextArea jtaContent = new JTextArea(10,20);
    public AdapterDemo(){
        super("监听器适配器类演示");
        this.setLayout(new FlowLayout());   //设为FlowLayout布局
        this.add(btnOk);            //把btnOk按钮添加到窗口中
        this.add(txtName);          //把txtName输入框添加到窗口中
        this.add(jtaContent);       //把jtaContent文本区添加到窗口中
        this.setDefaultCloseOperation(JFrame.DO_NOTHING_ON_CLOSE);
        //下面用匿名内部类来继承FocusAdapter作为txtName的焦点事件监听器
        txtName.addFocusListener(new FocusAdapter(){
            public void focusGained(FocusEvent e) {
                jtaContent.setText("文本输入框获得了焦点");
            }
            //如果不需要处理失去焦点的事件，可以不写focusLost()方法
        });
        //用MyWindowListener类继承WindowAdapter类的方式来实现监听器
        this.addWindowListener(new MyWindowListener());
    }
    //MyWindowListener类继承WindowAdapter类，作为本窗口的WindowListener监听器
    class MyWindowListener extends WindowAdapter{
        //这里只需要编写windowClosing方法，用来决定是否关闭窗口
        //如果不需要处理其他的窗口状态事件，可以不写其他方法
        public void windowClosing(WindowEvent e) {
            if(JOptionPane.showConfirmDialog(AdapterDemo.this, "确定要关闭窗口
吗?", "提示信息", JOptionPane.OK_CANCEL_OPTION)==JOptionPane.OK_OPTION){
                AdapterDemo.this.dispose();  //关闭窗口，释放窗口资源
            }else{
                jtaContent.setText("您取消了关闭窗口");
            }
        }
    }
    public static void main(String[] args) {
        AdapterDemo frame = new AdapterDemo();
        frame.setSize(300,300);
        frame.setVisible(true);
    }
}
```

其中，txtName 文本输入框的 FocusEvent 事件监听器使用匿名内部类继承 FocusAdapter 适配器类的方法来实现，窗口的 WindowEvent 事件通过单独编写一个类继承 WindowAdapter 适配器类的方式来实现。

10.5 对话框

对话框是一种类似于窗口的容器组件，可以展示一些相对简单的信息，或者弹出提示信息，让用户选择自己的操作方式。例如，在用户输入错误的数据后，提示让用户重新输入。对话框分为有模式和无模式两种。有模式的对话框在弹出后，用户只能响应对话框，

不能操作别的窗口；无模式对话框弹出后，用户可以操作别的窗口。

1. JDialog 类的构造方法

JDialog 类是一个对话框类。该类常用的构造方法如下。

(1) JDialog()：创建一个没有标题并且没有指定 Frame 所有者的无模式对话框。

(2) JDialog(Frame owner)：创建一个没有标题但将指定的 Frame 作为其所有者的无模式对话框。

(3) JDialog(Frame owner, boolean modal)：创建一个具有指定所有者 Frame、模式和空标题的对话框。

(4) JDialog(Frame owner, String title)：创建一个具有指定标题和指定所有者窗体的无模式对话框。

(5) JDialog(Frame owner, String title, boolean modal)：创建一个具有指定标题、所有者 Frame 和模式的对话框。

其中，owner 表示对话框所属的窗口，对话框会显示在窗口的上面；modal 表示是否有模式；title 是对话框的标题。

2. JOptionPane 类的静态方法

作为提示信息或者接收用户输入的简单信息，一般使用 JOptionPane 类就可以。JOptionPane 类有助于方便地弹出要求用户提供值或向其发出通知的标准对话框。JOptionPane 类继承自 javax.swing. JComponent，有 4 个 public static 方法。

(1) showConfirmDialog：询问一个确认问题，如 yes、no、cancel。

(2) showInputDialog：提示要求某些输入。

(3) showMessageDialog：告知用户某事已发生。

(4) showOptionDialog：上述三项的大统一。

3. 显示对话框的几个方法

所有对话框都是有模式的。在用户交互完成之前，每个 show×××Dialog 方法都一直阻塞调用者。实践中主要使用以下 3 个方法。

(1) public static void showMessageDialog(Component parentComponent, Object message, String title, int messageType)：调出对话框，它显示使用由 messageType 参数确定的默认图标的 message。参数说明如下。

◎ parentComponent：确定在其中显示对话框的 Frame；如果为 null 或者 parentComponent 不具有 Frame，则使用默认的 Frame。

◎ message：要显示在对话框中的内容。

◎ title：对话框的标题字符串。

◎ messageType：要显示的消息类型，包括 ERROR_MESSAGE、INFORMATION_MESSAGE、WARNING_MESSAGE、QUESTION_MESSAGE 或 PLAIN_MESSAGE，都是用 JOptionPane 来引用。

例如，显示一个错误提示对话框，该对话框显示的 message 为“数据输入错误”，标题为“提示”。代码如下：

```
JOptionPane.showMessageDialog(null, "数据输入错误", "提示", JOptionPane.ERROR_MESSAGE);
```

(2) public static int showConfirmDialog(Component parentComponent, Object message, String title, int optionType)：调出一个由 optionType 参数确定其中选项数的对话框。参数说明如下。

◎ parentComponent：确定在其中显示对话框的 Frame，如果为 null 或者 parentComponent 不具有 Frame，则使用默认的 Frame。

◎ message：要显示在对话框中的内容。

◎ title：对话框的标题字符串。

◎ optionType：指定可用于对话框的选项，包括 YES_NO_OPTION、YES_NO_CANCEL_OPTION 和 OK_CANCEL_OPTION。

根据用户的选择，返回值可能是 YES_OPTION、NO_OPTION、CANCEL_OPTION、OK_OPTION、CLOSE_OPTION(用户不选择按钮，直接关闭对话框时)。

例如，显示一个信息面板，其 optionType 为 YES/NO，message 为“您要保存吗？”：

```
int ret = JOptionPane.showConfirmDialog(null,"您要保存吗？", "提示信息",
         JOptionPane.YES_NO_OPTION);
if(ret==JOptionPane.YES_OPTION){}
```

(3) 接受用户输入对话框。

JOptionPane 主要用到 3 个重载的接受用户输入的方法，分别介绍如下。

```
public static String showInputDialog(Object message)
```

该方法显示一个请求用户输入字符串的对话框，message 是显示在对话框中的提示信息。该方法返回用户输入的字符串。

例如：

```
String inputValue1 = JOptionPane.showInputDialog("请输入一个值");
```

该语句将用户输入的字符串赋给 inputValue1，如果不输入，则为空字符串。

```
public static String showInputDialog(Object message, Object initialSelectionValue)
```

该方法显示一个请求用户输入字符串的对话框，message 是显示在对话框中的提示信息，initialSelectionValue 是预先显示在输入框里的默认值。该方法返回用户输入的字符串。

例如：

```
String inputValue2 = JOptionPane.showInputDialog("请输入一个值","20");
```

该语句将用户输入的字符串赋给 inputValue2，默认是“20”。

```
public static Object showInputDialog(Component parentComponent, Object
message, String title, int messageType, Icon icon, Object[] selectionValues,
Object initialSelectionValue)
```

该方法弹出一个具有多个选项的对话框，用户只能选择一个选项，选择后返回用户选择的结果。其中，selectionValues 是保存所有的待选项的数组，initialSelectionValue 保存初始选中的项。其他参数说明如下。

◎ parentComponent：对话框的父组件，一般用 null 即可。

◎ message：要显示的提示信息。
◎ title：要在对话框的标题栏中显示的字符串。
◎ messageType：要显示的消息类型，包括 ERROR_MESSAGE、INFORMATION_MESSAGE、WARNING_MESSAGE、QUESTION_MESSAGE 或 PLAIN_MESSAGE。
◎ icon：要显示的 Icon 图像。

例如：

```
Object[] possibleValues = { "First", "Second", "Third" };  //待选项数组
Object selectedValue = JOptionPane.showInputDialog(null, "请选择一个", "选择对话框",JOptionPane.INFORMATION_MESSAGE, null,possibleValues, possibleValues[0]);
```

该代码会弹出一个具有 3 个待选项的对话框，默认选中 possibleValues[0]，即 First 项，用户选择完后，会把选择的结果保存到 selectedValue 变量中。

10.6 菜单

菜单也是图形界面的重要组件，Java 中提供了 JMenuBar、JMenu、JMenuItem、JRadioButtonMenuItem、JCheckBoxMenuItem 类。JMenuBar 代表整个菜单条，里面可以包含多个 JMenu。JMenu 代表一个菜单，显示在菜单条上，下面可以包含多个下拉菜单项。下拉菜单项有 3 种：普通下拉菜单项(对应 JMenuItem 类)、单选下拉菜单项(对应 JRadioButtonMenuItem 类)、多选下拉菜单项(对应 JCheckBoxMenuItem 类)。其中，单选下拉菜单项需要加到一个 ButtonGroup 组中才能实现单选的效果。菜单的整体效果如图 10-17 所示。

10-10 菜单

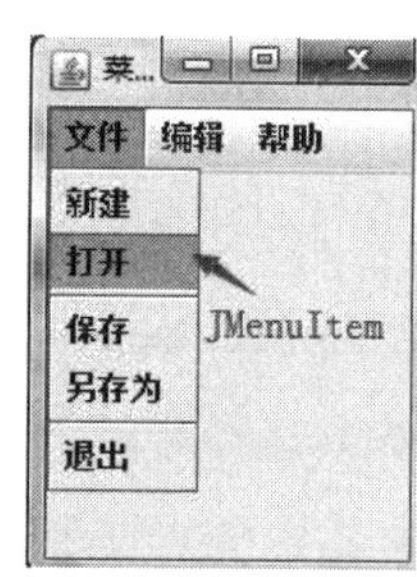

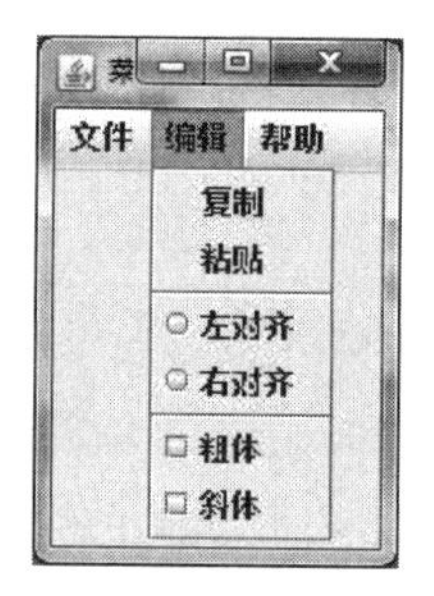

图 10-17 常用菜单效果

(1) 菜单条的创建。代码如下：

```
JMenuBar mBar = new JMenuBar();
```

(2) 菜单的创建。代码如下：

```
JMenu mFile = new JMenu("文件");
```

(3) 普通下拉菜单项的创建。代码如下：

```
JMenuItem mNewFile = new JMenuItem("新建");
JMenuItem mExit = new JMenuItem("退出");
```

(4) 单选下拉菜单项的创建。代码如下：

```
JRadioButtonMenuItem mLeft = new JRadioButtonMenuItem("左对齐");
JRadioButtonMenuItem mRight = new JRadioButtonMenuItem("右对齐");
ButtonGroup bg = new ButtonGroup();     //单选组
bg.add(mLeft);bg.add(mRight);           //把两个单选下拉菜单加入一个组中
```

(5) 多选下拉菜单项的创建。代码如下：

```
JCheckBoxMenuItem mBold = new JCheckBoxMenuItem("粗体");
```

(6) 下拉菜单项事件监听器的添加。

普通下拉菜单、单选下拉菜单和复选下拉菜单都会发生 ActionEvent 事件，因此都可以添加 ActionEventListener。例如：

```
mExit.addActionListener(new ActionListener(){
    public void actionPerformed(ActionEvent ae){
        System.exit(0);
    }
});
```

【例 10-15】菜单的使用示例，代码放在 JMenuDemo.java 文件中。实现效果如图 10-17 所示。具体代码如下：

```
import java.awt.*;
import java.awt.event.*;
import javax.swing.*;
public class JMenuDemo extends JFrame{
    JMenuBar mBar = new JMenuBar();                          //菜单条
    JMenu mFile = new JMenu("文件");                         //菜单
    JMenuItem mNewFile = new JMenuItem("新建");              //下拉菜单项
    JMenuItem mOpenFile = new JMenuItem("打开");             //下拉菜单项
    JMenuItem mSaveFile = new JMenuItem("保存");             //下拉菜单项
    JMenuItem mSaveFileAs = new JMenuItem("另存为");         //下拉菜单项
    JMenuItem mExit = new JMenuItem("退出");                 //下拉菜单项

    JMenu mEdit = new JMenu("编辑");                         //菜单
    JMenuItem mCopy = new JMenuItem("复制");                 //下拉菜单项
    JMenuItem mPaste = new JMenuItem("粘贴");                //下拉菜单项
    //下面是 2 个单选下拉菜单项和 1 个单选组
    JRadioButtonMenuItem mLeft = new JRadioButtonMenuItem("左对齐");
    JRadioButtonMenuItem mRight = new JRadioButtonMenuItem("右对齐");
    ButtonGroup bg = new ButtonGroup();                      //单选组
    //下面是 2 个多选下拉菜单项
    JCheckBoxMenuItem mBold = new JCheckBoxMenuItem("粗体");
    JCheckBoxMenuItem mItalic = new JCheckBoxMenuItem("斜体");

    JMenu mHelp = new JMenu("帮助");                         //菜单
    JMenuItem mCopyRight = new JMenuItem("版权声明");        //下拉菜单项
    public JMenuDemo(){
        super("菜单演示");
        //开始组装菜单
        this.add(mBar,BorderLayout.NORTH);
        //把菜单条放到窗口的最上边
```

```
        //“文件”菜单的组装
        mBar.add(mFile);mFile.add(mNewFile);
        mFile.add(mOpenFile);mFile.addSeparator();
        mFile.add(mSaveFile);mFile.add(mSaveFileAs);
        mFile.addSeparator();mFile.add(mExit);
        //“编辑”菜单的组装
        mBar.add(mEdit);mEdit.add(mCopy);mEdit.add(mPaste);
        mEdit.addSeparator();
        mEdit.add(mLeft);mEdit.add(mRight);
        bg.add(mLeft);bg.add(mRight);  //将左对齐和右对齐加入单选组中，实现互斥选择
        mEdit.addSeparator();          //添加分隔线
        mEdit.add(mBold);mEdit.add(mItalic);
        //“帮助”菜单的组装
        mBar.add(mHelp);mHelp.add(mCopyRight);
        //给“退出”下拉菜单项添加事件
        mExit.addActionListener(new ActionListener(){
            public void actionPerformed(ActionEvent ae){
                System.exit(0);
            }
        });
        //给“左对齐”下拉菜单项添加事件
        mLeft.addActionListener(new ActionListener(){
            public void actionPerformed(ActionEvent e){
                JOptionPane.showMessageDialog(JMenuDemo.this, "您选择的是左
                    对齐","提示",JOptionPane.OK_OPTION);
            }
        });
        //给“版权声明”下拉菜单项添加事件
        mCopyRight.addActionListener(new ActionListener(){
            public void actionPerformed(ActionEvent ae){
                JOptionPane.showMessageDialog(JMenuDemo.this, "本程序由
                    邢国波所做，目的是演示图形界面的常用组件的用法。
                    \nCopyRight2014-2030,版权所有，翻版必究！","版权声明",
                    JOptionPane.OK_OPTION);
            }
        });
        //组装菜单完毕
        this.setDefaultCloseOperation(JFrame.EXIT_ON_CLOSE);
    }
    public static void main(String[] args) {
        JMenuDemo frame = new JMenuDemo();
        frame.setSize(150,200);
        frame.setVisible(true);
    }
}
```

10.7 案例实训：日记本

1. 题目要求

下面综合使用图形界面和文件管理知识来实现一个日记本的功能，它能够输入每天的

日记。界面效果如图 10-18 所示。具体要求如下。

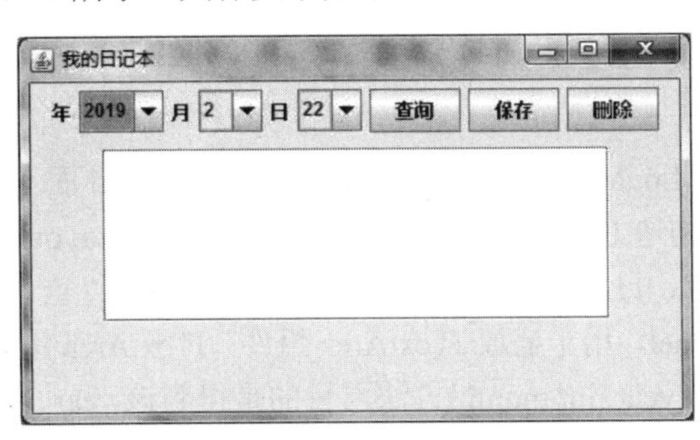

图 10-18　日记本功能的效果

(1) 每天记录的日记单独保存成一个文本文件，文件名为“月日.txt”。

(2) 每年建立一个文件夹，同一年的日记文件放到同一个文件夹下，文件夹以年份命名。

(3) 所有年份的文件夹都放到 log 文件夹下。

(4) 选择日期后，能够查看该日期的日记。如果不存在该天的日记，就提示没有该天的日记；如果存在，则把日记文件的内容读出来并显示到界面上。可以修改该天的日记，修改后能够保存(年、月变化，日期也要随之变化)。

(5) 可以删除任何一天的日记。

2. 题目分析

(1) 需要用到的界面组件。

◎ JFrame：画出整个窗口。

◎ JComboBox：生成年、月、日 3 个下拉列表框。

◎ Jbutton：生成查询、保存、删除 3 个按钮。

◎ JLabel：显示年、月、日文字。

◎ JTextArea：录入、显示日记内容。

◎ JScrollPane：用于盛放 JTextArea，便于滚动。

◎ JPanel：组装年、月、日下拉列表、按钮及标签。

◎ JOptionPane：弹出操作结果的提示信息。

(2) 需要用到的文件操作类。

◎ File：判断文件和文件夹是否存在、创建文件夹、创建日记文本文件。

◎ FileWriter：往日记文件中写入日记内容。

◎ FileReader：从日记文件中读内容。

◎ BufferedReader：用缓冲方式读内容。

◎ BufferedWriter：用缓冲方式写入内容。

(3) 需要的辅助功能。

要根据年、月来显示可选的日期，需要单独用一个方法来获取某年某月所包含的天数，这里定义为“int getDay(int year,int month)”。

输入的日记内容需要保存到文件中，就涉及文件的读取和保存，可以单独编一个读取文件的方法和保存文件的方法，这里定义为“boolean loadFile(String fileName)”和“void saveFile(String fileName)”。

3. 程序实现

(1) 编写主窗体类 LogMain，进行界面设计。将所有在界面上展示的组件都定义成属性。定义构造方法，在构造方法中，设置 LogMain 为 BorderLayout 布局。上面部分放一个 JPanel，用于盛放年、月、日标签，年、月、日下拉列表，及“查询”“保存”“删除”按钮。中间部分放一个 JPanel，用于盛放 JTextArea 组件。JTextArea 用于盛放输入的日记内容。

(2) 编写 getDay(int year, int month)方法，目的是得到该 year、month 的天数。

(3) 编写 loadFile(String fileName)方法，从文件 fileName 中读取数据显示到文本区中。

(4) 编写 saveFile(String fileName)方法，将文本区中输入的信息写入文件 fileName 中。

(5) 在构造方法中为年、月下拉列表添加 ItemListener 监听器，目的是当选择的年或月发生变化时，更改天数下拉列表框的内容。

(6) 在构造方法中为“查询”按钮添加 ActionListener 监听器，首先查询该日期的日记文件是否存在，如果存在，则调用 loadFile(String fileName)方法，从文件中读取数据并显示到文本区中；不存在该日期的日记，则提示日记不存在。

(7) 在构造方法中为“保存”按钮添加 ActionListener 监听器，调用 saveFile(String fileName)方法将文本区中的内容写入文件 fileName 中。

(8) 在构造方法中为“删除”按钮添加 ActionListener 监听器，将该日期的日记文件删除并清空文本区的内容。

(9) 定义 main()方法，在 main()方法中创建窗体对象并显示窗口。

根据以上分析和设计，编写代码如下：

```
import java.awt.*;
import java.awt.event.*;
import javax.swing.*;
import java.io.*;
import java.util.*;
public class LogMain extends JFrame {
    //定义界面上的所有组件
    //pUp 面板用于盛放年、月、日、查询、保存、删除等小组件
    JPanel pUp = new JPanel();
    //pCenter 用于盛放滚动组件 scrollPane
    JPanel pCenter = new JPanel();
    JLabel lblYear = new JLabel("年");
    JLabel lblMonth = new JLabel("月");
    JLabel lblDay = new JLabel("日");
    JComboBox cbxYear = new JComboBox();    //年下拉列表
    JComboBox cbxMonth = new JComboBox();   //月下拉列表
    JComboBox cbxDay = new JComboBox();     //日下拉列表
    JButton btnQuery = new JButton("查询");
    JButton btnSave = new JButton("保存");
    JButton btnDelete = new JButton("删除");
    JTextArea jtaContent = new JTextArea(20,50);    //输入、显示日记内容
    //scrollPane 用于盛放文本区组件 jtaContent
    JScrollPane scrollPane;
```

```
String filePath="log\\";//log是日记文件保存的文件夹
//在log文件夹下根据年份来建子文件夹，文件名为“月日.txt”，log位于工程名文件夹下
public LogMain(){
    //在构造方法中把各个组件添加到合适的位置
    super("我的日记本");
    pUp.add(lblYear);pUp.add(cbxYear);
    pUp.add(lblMonth);pUp.add(cbxMonth);
    pUp.add(lblDay);pUp.add(cbxDay);
    pUp.add(btnQuery);pUp.add(btnSave);pUp.add(btnDelete);
    scrollPane = new JScrollPane(jtaContent);
    pCenter.add(scrollPane);
    this.add(pUp,BorderLayout.NORTH);
    this.add(pCenter, BorderLayout.CENTER);
    //为cbxYear组件添加2019-2029年
    for(int i=2019;i<=2029;i++){
        cbxYear.addItem(String.valueOf(i));
    }
    //让cbxYear默认选择当前年
    Calendar calendar = Calendar.getInstance();
    cbxYear.setSelectedItem(String.valueOf(calendar.get(Calendar.YEAR)));
    //为cbxMonth组件添加1-12月
    for(int i=1;i<=12;i++){
        cbxMonth.addItem(String.valueOf(i));
    }
    //为cbxMonth默认选择当前月
    cbxMonth.setSelectedItem(String.valueOf(calendar.get
        (Calendar.MONTH)+1));
    //为cbxDay组件添加天数列表
    for(int i=1;i<=getDay(calendar.get(Calendar.YEAR),
       calendar.get(Calendar.MONTH)+1);i++){
        cbxDay.addItem(String.valueOf(i));
    }
    //让cbxDay默认选择当前日
    cbxDay.setSelectedItem(String.valueOf(calendar.get(Calendar.DAY_
        OF_MONTH)));
    //下面开始添加事件
    //1.为cbxYear添加ItemEvent事件。年变化后，日下拉列表也要变化
    cbxYear.addItemListener(new ItemListener(){
        public void itemStateChanged(ItemEvent e) {
        int year = Integer.parseInt(cbxYear.getSelectedItem().toString());
        int month = Integer.parseInt(cbxMonth.getSelectedItem().toString());
        //为cbxDay组件添加天数列表，添加之前要先清除原来的数据，因为原来已经有数据了
            cbxDay.removeAllItems();
            for(int i=1;i<=getDay(year,month);i++){
                cbxDay.addItem(String.valueOf(i));
            }
        }
    });
    //2.为cbxMonth添加ItemEvent事件。月变化后，日下拉列表也要变化
    cbxMonth.addItemListener(new ItemListener(){
        public void itemStateChanged(ItemEvent e) {
```

```
        int year=Integer.parseInt(cbxYear.getSelectedItem().toString());
        int month=Integer.parseInt(cbxMonth.getSelectedItem().toString());
            //为 cbxDay 组件添加天数列表
            cbxDay.removeAllItems();
            for(int i=1;i<=getDay(year,month);i++){
                cbxDay.addItem(String.valueOf(i));
            }
        }
    });
    //3.为“查询”按钮添加事件
    btnQuery.addActionListener(new ActionListener(){
        public void actionPerformed(ActionEvent e) {
            //判断该年份的目录是否存在，每年一个目录
            String fileName = filePath+cbxYear.getSelectedItem().toString()
            +"\\"+cbxMonth.getSelectedItem().toString()
            +cbxDay.getSelectedItem().toString()+".txt";
            File path = new File(filePath+cbxYear.getSelectedItem().
                toString()+"\\");
            if(path.exists()){   //文件夹存在，直接加载文件
                try {
                    if(!loadFile(fileName)){
                        //如果文件不存在，则提示日记不存在并清空文本区原来的内容
                        JOptionPane.showMessageDialog(LogMain.this,
                        cbxYear.getSelectedItem().toString()+"年"
                        +cbxMonth.getSelectedItem().toString()+"月"
                        +cbxDay.getSelectedItem().toString()+"号没有日记");
                        jtaContent.setText("");
                    }else{
                    JOptionPane.showMessageDialog(LogMain.this, "查询成功");
                    }
                } catch (IOException e1) {
            JOptionPane.showMessageDialog(null,"查询失败:"+e1.getMessage());
                }
            }else{  //文件夹不存在，先创建文件夹，再加载文件
                path.mkdirs();
                try {
                    if(!loadFile(fileName)){
                    //如果文件不存在，则提示日记不存在并清空文本区原来的内容
                        JOptionPane.showMessageDialog(LogMain.this,
                        cbxYear.getSelectedItem().toString()+"年"
                        +cbxMonth.getSelectedItem().toString()+"月"
                        +cbxDay.getSelectedItem().toString()+"号没有日记");
                        jtaContent.setText("");
                    }else{
                    JOptionPane.showMessageDialog(LogMain.this, "查询成功");
                    }
                } catch (IOException e1) {
                    System.out.println("读取文件数据失败："
                        +e1.getMessage());
                    JOptionPane.showMessageDialog(null, "查询失败："
                        +e1.getMessage());
                }
```

```
            }
        }});
    //4.为"删除"按钮添加事件
    btnDelete.addActionListener(new ActionListener(){
        public void actionPerformed(ActionEvent e){
            //判断该年份的目录是否存在，每年一个目录
            String fileName = filePath+cbxYear.getSelectedItem().toString()
                +"\\"+cbxMonth.getSelectedItem().toString()
                +cbxDay.getSelectedItem().toString()+".txt";
            File file = new File(fileName);
            if(file.exists()){   //文件存在，删除文件
                if(file.delete())
                    JOptionPane.showMessageDialog(null, "删除成功");
                else
                    JOptionPane.showMessageDialog(null, "删除失败");
            }
            //删除文件，同时要清空界面文本区中的内容
            jtaContent.setText("");
        }
    });
    //5.为"保存"按钮添加事件
    btnSave.addActionListener(new ActionListener(){
        public void actionPerformed(ActionEvent e){
            String fileName=filePath+cbxYear.getSelectedItem().
            toString()+"\\"+cbxMonth.getSelectedItem().toString()
            +cbxDay.getSelectedItem().toString()+".txt";
            File file = new File(fileName);
            try {
                saveFile(fileName);   //调用自定义的 saveFile 方法
                JOptionPane.showMessageDialog(null, "保存成功");
            } catch (IOException e1) {
                System.out.println("保存文件失败："+e1.getMessage());
                JOptionPane.showMessageDialog(null, "保存失败");
            }
        }
    });
    this.setSize(600, 500);
    this.setVisible(true);
    this.setLocationRelativeTo(null);   //让窗口位于显示器中间
    this.setDefaultCloseOperation(JFrame.EXIT_ON_CLOSE);
}
public static void main(String args[]){
    LogMain main = new LogMain();
}
//getDay(int year,int month)方法是根据参数 year、month 来得到该年月所拥有的总天数
public int getDay(int year,int month){
    int dnum = 0;   //保存月里的天数
    boolean isLeap = false;   //是不是闰年，先默认不是闰年
    if(year<1000||year>9999||month<1||month>12){
        System.out.println("输入的日期不合法");
        return 0;
```

```
        }
        if((year%400==0)||(year%4==0&&year%100!=0))    //是闰年
            isLeap = true;
        //开始计算该月的总天数
        switch(month){
        case 1:
        case 3:
        case 5:
        case 7:
        case 8:
        case 10:
        case 12:
            dnum = 31;
            break;
        case 4:
        case 6:
        case 9:
        case 11:
            dnum = 30;
            break;
        case 2:
            if(isLeap)
                dnum = 29;
            else
                dnum = 28;
            break;
        }
        return dnum;
    }
    //从 fileName 对应的文件读取数据，显示到 JTextArea 类型对象 jtaContent 中
    public boolean loadFile(String fileName) throws IOException{
        BufferedReader reader = null;
        File file = new File(fileName);
        if(!file.exists())
            return false;
        reader = new BufferedReader(new FileReader(file));
        String content = "";
        jtaContent.setText("");
        while((content=reader.readLine())!=null){
            //用 readLine()读入数据时，遇到"\r\n"就停止读入，即没有读入"\r\n"
            jtaContent.append(content+"\n");    //JTextArea 中"\n"表示换行
        }
        reader.close();
        return true;
    }
    //将 JTextArea 类型对象 jtaContent 中的数据写入 fileName 指定的文件中
    public void saveFile(String fileName) throws IOException{
        BufferedWriter writer = null;
        File file = new File(fileName);
        if(!file.exists())
            file.createNewFile();
```

```
        writer = new BufferedWriter(new FileWriter(file));
    //文本文件中用"\r\n"表示回车换行，即在文本文件中输入一个回车，实际上是输入了"\r\n"2个字符
        writer.write(jtaContent.getText().replaceAll("\n", "\r\n"));
            //文本文件中以"\r\n"表示换行
        writer.close();
    }
}
```

本章小结

本章介绍了图形界面的编程方法：一是常用组件的用法，包括容器类的组件 JFrame、JPanel，常用的基本组件 JButton、JTextField、JLabel、JRadioButton、JCheckBox、JComboBox、JTextArea、菜单类组件等；二是介绍了 5 种布局管理器，包括 FlowLayout、BorderLayout、GridLayout、CardLayout 和空布局，其中，JFrame 默认的布局是 BorderLayout，JPanel 默认的布局是 FlowLayout；三是介绍了图形界面的事件处理机制，各种组件都会产生一些事件，例如 ActionEvent 事件、MouseEvent 事件、FocusEvent 事件、ItemEvent 事件、KeyEvent 事件和窗口事件等。每种事件都需要实现相应的监听器接口的类才能处理。给一个事件源注册某种事件的监听器后，如果该组件发生了事件，就会自动执行监听器里的相应方法。

本章中容易出现错误的地方包括如下方面。

(1) 在使用匿名内部类作为监听器时，this 代表的是匿名内部类的对象，而不是外部类的对象，在匿名内部类中使用外部类的 this 时需要用“外部类名.this”。

(2) 使用 BorderLayout 时，在同一个位置放置了多个组件，显示的是最后添加的组件。

(3) 操作组件的代码写在方法外，即属性定义的地方，定义完毕属性，接着写了操作该属性的代码，这是不行的。操作属性的代码要放在方法内。

(4) 当监听器中有多个方法时，分不清每个方法在什么情况下执行。

习题

一、问答题

1. Java 有哪些常用的布局？每种布局的特点是什么？
2. FocusListener 中声明了哪几种方法？分别在什么情况下执行？
3. MouseListener 中声明了哪几种方法？分别在什么情况下执行？
4. 实现监听器有哪 3 种方法？

二、选择题

1. 获取 JTextField 组件中输入的文本值的方法是(　　)。

   A. getText()　　B.setText()　　C. getLabel()　　D. setLabel()

2. 获取一个复选框是否选中的方法是(　　)。

   A. isSelected()　　B. isChecked()　　C. setChecked()　　D. setSelected()

3. 给一个按钮注册动作监听器的方法是(　　)。

A. addActionEvent()　　B. addActionListener()
C. addMouseListener()　　D. addItemListener()

三、编程题

1. 设计一个用户注册的界面，包括用户名，密码输入框，性别单选按钮，表示爱好的篮球、足球、乒乓球复选框，表示学历的下拉列表框，“注册”按钮和“取消”按钮。

2. 设计一个求三角形面积的图形界面程序，要求：①通过 3 个输入框输入 3 个边长，当单击“计算”按钮时，能够计算输入的 3 个边长所形成的三角形的面积；②能够判断输入的 3 个边长是不是数字，3 个边长是否能够构成合法的三角形。

第11章 多线程

本章要点

(1) 编写多线程程序的两种方法;
(2) 线程的生命周期;
(3) 线程的优先级;
(4) 线程调度;
(5) 线程加锁及死锁;
(6) 线程同步。

学习目标

(1) 了解线程的概念;
(2) 掌握编写多线程程序的两种方法;
(3) 了解线程的生命周期;
(4) 了解线程的优先级;
(5) 掌握线程调度的方法;
(6) 掌握加锁的方法及解决死锁的方法;
(7) 掌握线程同步的方法。

前面章节中介绍的程序都是单线程的程序，也就是从第一条语句开始，一条语句一条语句地往下执行，前一条语句没有执行完，后一条语句不能执行。由于有的语句需要外部资源，比如打印、显示等，而外部设备比 CPU 运行慢得多，CPU 会等待，造成整体程序的运行效率低。为了提高程序的执行效率，特别是提高 CPU 的工作效率，可以采用多线程技术。Java 是一种支持多线程程序的编程语言。

11.1 线程的概念

一台计算机可以同时执行多个程序。例如，在一台计算机上可以一边打开记事本编辑文件，一边打开浏览器上网，一边播放音乐。甚至可以同时打开多个浏览器、多个记事本。这些运行着的程序都是进程。进程是一个具有一定独立功能的程序关于某个数据集合的一次运行活动。简单来说，进程是正在运行的程序的实例。进程是系统进行资源分配和调度的基本单位。

11-1 线程的概念

每一个进程都有自己独立的一块内存空间、一组系统资源。在进程概念中，每一个进程的内部数据和状态都是完全独立的。多进程是指在操作系统中能同时运行多个程序。

每一个进程内部还可以进行任务的划分，形成多个子任务，每个子任务就是一个线程。线程与进程相似，是一段完成某个特定功能的代码，是程序中的一个执行流。但与进程不同的是，同一个进程的多个线程共享一块内存空间和一组系统资源，而线程本身的数据通常只有微处理器的寄存器数据，以及一个供程序执行时使用的堆栈。因此，系统在产生一个线程或者在各个线程之间切换时，负担要比进程小得多。

一个进程在其执行过程中，可以产生多个线程。每个线程是进程内部单一的一个执行流。多线程则指的是在单个程序中可以同时运行多个不同的线程，执行不同的任务。进程是线程的容器。

使用线程最大的优点是能提高系统效率，特别是使多 CPU 系统更加有效，操作系统会保证当线程数不大于 CPU 数目时，不同的线程运行于不同的 CPU 上。当只有一个处理器时，多线程实际上是采用分时来执行的，每一个时刻实际上只有一个线程在 CPU 上运行，但由于 CPU 给每个线程分配的时间非常短，切换得很快，感觉上就像多个线程在同时执行一样。

11.2 线程的创建

在 Java 中定义了 Thread 类来表示线程，创建线程常用的有两种方法：可以直接继承 Thread 类建立线程；也可先通过实现 Runnable 接口建立线程载体类，然后用其对象作为参数，使用 Thread 类建立线程。

11-2 线程的创建

11.2.1 通过继承 Thread 类来建立线程类

Thread 类的对象就是一个线程。如果要编写自己的代码，可以编写一个子类来继承 Thread 类，这个子类的对象就是一个线程。Thread 类中有一个 run()方法，要在线程中运行的代码需要写在子类的 run()方法里，然后调用线程对象的 start()方法即可启动线程来运行。

扩展 Thread 类建立线程的步骤如下。

(1) 建立一个类继承 Thread，并重写 run()方法。代码如下：

```
class MyThread  extends  Thread {
    …
    public void run() {
        //此处为线程执行的具体内容
    }
}
```

(2) 创建线程对象。代码如下：

```
MyThread  t  =  new  MyThread(…);  //建立线程
```

(3) 启动线程。

```
t.start();  //启动线程
```

【例 11-1】继承 Thread 类来建立线程类。保存在 FirstThread.java 文件中的代码如下：

```
package ch11;
public class FirstThread extends Thread{
    public FirstThread(String name){
      super(name);            //通过父类 Thread 的构造方法，给线程起名为 name
      System.out.println(name+"创建成功");
    }
    public void run() {
      for(int i=0;i<3;i++){
        System.out.println(Thread.currentThread().getName()+"第"+i+"次运行");
        Thread.yield();        //让当前线程让出 CPU
      }
    }
    public static void main(String[] args) {
      FirstThread t1 = new FirstThread("第一个线程");
      FirstThread t2 = new FirstThread("第二个线程");
      System.out.println("开始启动 t1、t2 线程");
      t1.start();             //开始启动 t1 线程，t1 开始独立运行
      t2.start();             //开始启动 t2 线程，t2 开始独立运行
      System.out.println("main 方法运行完毕");
    }
}
```

运行结果如下：

```
第一个线程创建成功
第二个线程创建成功
开始启动 t1、t2 线程
main 方法运行完毕
第一个线程第 0 次运行
第二个线程第 0 次运行
第一个线程第 1 次运行
第二个线程第 1 次运行
第二个线程第 2 次运行
第一个线程第 2 次运行
```

上面的运行结果是不固定的，多运行几次，每行输出的内容可能次序会不一样。但前三行是固定的。程序解释如下。

(1) super(name)是调用父类 Thread 的构造方法，把 name 变量传递给父类，成了线程的名字。

(2) Thread.currentThread().getName()是得到当前正在运行的线程对象的名字。其中，Thread.currentThread()是得到当前正在运行的线程对象。

(3) Thread.yield()是让正在运行的线程暂停一下，把 CPU 让出来给其他正在等待运行的某个线程，具体让给哪个线程不一定。

(4) t1.start()是启动 t1 线程。start()是 Thread 类中定义的方法，其实际上就是调用 run()方法。启动 t1 线程后，t1 就处于可以运行状态了，但不一定马上执行，需要获得 CPU 后才能执行。t2 也是同样的道理。

实际上，这段程序是先从 main()方法执行的，到 t1.start()这行代码一直是单线程的，也就是只有 main()方法所在的线程，也称为主线程。到 t1.start()执行后，此时有两个线程了，除了主线程，又增加了 t1 线程。到 t2.start()执行后，此时有三个线程了，即主线程、t1 线程、t2 线程。这三个线程哪个获得 CPU 是随机的。

注意以下两点。

(1) 如果去掉 Thread.yield()这行代码，则一般会出现以下运行结果：

```
第一个线程创建成功
第二个线程创建成功
开始启动 t1、t2 线程
main 方法运行完毕
第一个线程第 0 次运行
第一个线程第 1 次运行
第一个线程第 2 次运行
第二个线程第 0 次运行
第二个线程第 1 次运行
第二个线程第 2 次运行
```

先把 main()方法执行完毕，然后 t1 执行完毕，最后 t2 执行完毕。开始时 CPU 从 main()方法运行，当启动别的线程后，CPU 会分时进行，给每个线程分配一个很短的时间运行，尽管分配的时间很短，但由于 main()方法、t1、t2 的代码都很少，分配一次就足够把一个线程运行完毕。

(2) 如果把 t1.start()换成 t1.run()，把 t2.start()换成 t2.run()，则会出现以下结果：

```
第一个线程创建成功
第二个线程创建成功
开始启动 t1、t2 线程
main 第 0 次运行
main 第 1 次运行
main 第 2 次运行
main 第 0 次运行
main 第 1 次运行
main 第 2 次运行
main 方法运行完毕
```

可以看到，没有出现“第一个线程”“第二个线程”，只有 main 线程。这是因为直接调用 run()方法的话，不是启动线程，就是普通方法的调用，所以成了单线程。只有 start()方法是启动线程，让线程独立去运行。

11.2.2 通过实现 Runnable 接口的方法来实现线程

如果一个类已经继承了其他类，由于 Java 是单继承的，所以不能再继承 Thread 类，需要通过实现 Runnable 接口来建立线程类。

通过实现 Runnable 接口创建线程分为以下几步。

(1) 定义一个线程载体类，该类实现了 Runnable 接口，并编写 run()方法。代码如下：

```
//其他变量或方法
class ThreadTargetClass implements Runnable {
    //此处为线程执行的具体内容
    public void run() {
    }
}
```

(2) 建立线程载体对象。代码如下：

```
ThreadTargetClass obj = new ThreadTargetClass(); //建立线程载体对象
```

(3) 利用线程载体对象建立线程。代码如下：

```
Thread t = new Thread(obj); //建立线程对象，需要利用 Thread 类
```

(4) 启动线程。代码如下：

```
t.start(); //启动线程
```

【例 11-2】通过实现 Runnable 接口的方式来建立线程类。保存在 SecondThread.java 文件中的代码如下：

```
public class SecondThread implements Runnable{
    private String name;        //用于显示不是线程的名字
    public SecondThread(String name){
        this.name = name;
        System.out.println(name+"创建成功");
    }
    public void run() {
        for(int i=0;i<3;i++){
            System.out.println(name+"第"+i+"次运行");
            Thread.yield();     //让当前线程让出 CPU
        }
    }
    public static void main(String[] args) {
        SecondThread r1 = new SecondThread("第一个线程");
        SecondThread r2 = new SecondThread("第二个线程");
        Thread t1 = new Thread(r1);
        Thread t2 = new Thread(r2);
        System.out.println("开始启动 t1、t2 线程");
        t1.start();             //开始启动 t1 线程，t1 开始独立运行
```

```
        t2.start();                //开始启动 t2 线程，t2 开始独立运行
        System.out.println("main 方法运行完毕");
    }
}
```

运行结果如下：

```
第一个线程创建成功
第二个线程创建成功
开始启动 t1、t2 线程
main 方法运行完毕
第一个线程第 0 次运行
第二个线程第 0 次运行
第二个线程第 1 次运行
第一个线程第 1 次运行
第一个线程第 2 次运行
第二个线程第 2 次运行
```

注意，上述结果的显示顺序也是不固定的。前三行是固定的，但后面的顺序不一定。原因同例 11-1。r1、r2 只是实现了 Runnable 接口的对象，还不是子线程。把 r1、r2 当作参数传递给 Thread 的构造方法，创建的 t1、t2 才是线程对象，调用 t1.start()、t2.start()后，开始启动线程，并自动调用 r1、r2 的 run()方法。

建立线程的两种方法的比较：通过实现 Runnable 接口可以同时从其他类继承，但编写的代码稍多一点。直接继承 Thread 类编写简单，可以直接操纵线程，但不能再从其他类继承。

11.2.3 Thread 类的用法

Thread 类的构造方法如下：

```
public Thread();
public Thread(Runnable target);
public Thread(Runnable target,String name);
public Thread(String name);
public Thread(ThreadGroup group,Runnable target);
public Thread(ThreadGroup group,String name);
public Thread(ThreadGroup group,Runnable target,String name);
```

其中，group 指明该线程所属的线程组；target 为线程目标对象，它必须实现接口 Runnable；name 为线程名，如果 name 为 null，则 Java 自动提供唯一的名称。

Thread 类的常用方法如下。

(1) public ThreadGroup getThreadGroup()：返回当前线程所属的线程组。

(2) public static int activeCount()：返回激活的线程数。

(3) public static void yield()：使正在执行的线程临时暂停，并允许其他线程执行。

(4) public static Thread currentThread()：返回正在运行的 Thread 对象。

(5) public void setPriority(int p)：给线程设置优先级。

(6) public int getPriority()：返回线程的优先级。

(7) public void setName(String name)：给线程设置名称。

(8) public String getName()：获取线程的名称。

在例 11-2 中，SecondThread 类中定义了成员比变量 name，它并不是线程的名字，只是一个成员变量而已，此时线程的名字默认为 Thread-n，其中 n 是从 0 开始的一个整数，第一个子线程默认为 Thread-0，第二个子线程默认为 Thread-1。如果要给线程一个确切的名字，可以使用 public Thread(Runnable target, String name)构造方法，例如：

```
Thread t1 = new Thread(r1, "第一个线程");
```

其中，“第一个线程”就是线程的名字。

11.3 线程的生命周期

线程创建后并不会执行，需要调用 start 方法才能启动线程，启动了后也不一定马上运行。线程从创建到结束是有一个过程的，这个过程就称为线程的生命周期。

11-3 线程的生命周期

线程的生命周期从大的方面分为 5 个状态，分别是新建(New)、就绪(Runnable)、运行(Running)、阻塞(Blocked)和死亡(Dead)，如图 11-1 所示。

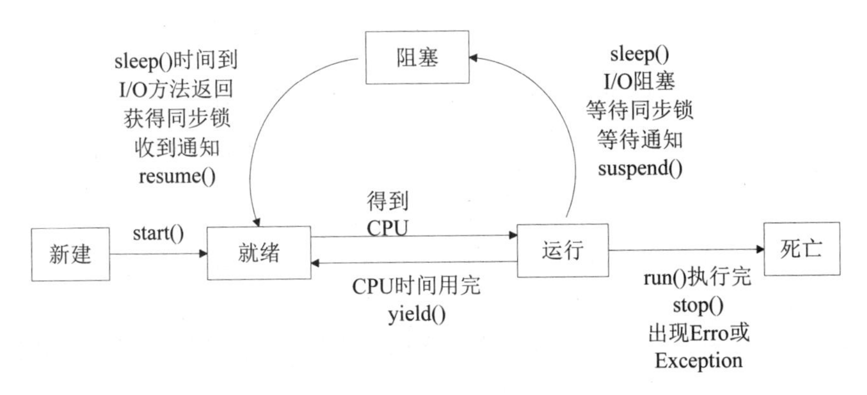

图 11-1 线程的生命周期

1. 新建

程序使用 new 方法新建一个线程对象后，线程对象就存在了，JVM 会为其分配内存、初始化成员变量等，这时线程处于新建状态。

2. 就绪

当线程对象调用 start()方法后，线程进入就绪状态。此时线程依然没有运行，而是等待获取 CPU 执行，所以就绪状态也称为可执行状态。到底什么时间会获得 CPU，取决于 JVM 的调度和线程的优先级。

3. 运行

处于就绪状态的线程如果得到了 CPU 则开始运行，此时进入运行状态。如果运行状态的线程被 CPU 分配的时间片用完，则重新进入就绪状态。

通常情况下，就绪状态和运行状态的转换是不受程序控制的，而是由 JVM 线程调度机制控制的。但 yield()方法可以让运行状态的线程进入就绪状态。

4. 阻塞

当处于运行状态的线程在执行过程中遇到以下情况时，线程会进入阻塞状态：

◎ 线程调用 sleep()。

◎ 线程调用了阻塞 I/O 方法，该方法返回之前，线程会一直阻塞。

◎ 线程试图获取被其他线程持有的同步监视器。

◎ 线程在等待某个通知。

◎ 程序调用了线程的 suspend()方法，将线程挂起(容易死锁，不推荐)。

线程从阻塞状态只能进入就绪状态，当处于阻塞状态的线程在阻塞原因消除后会重新进入就绪状态。例如：

◎ 线程调用的 sleep()经过了指定时间。

◎ 线程调用的阻塞 I/O 方法返回。

◎ 线程成功获取同步监视器。

◎ 线程收到其他线程发出的通知。

◎ 被挂起(suspend)的线程又被程序调用了 resume()方法。

5. 死亡

当线程的 run()执行完毕，或者调用了 stop()时，线程就会消亡。

直接调用线程的 stop()方法结束线程，容易死锁，所以不建议使用 stop()方法。

注意，子线程一旦启动，其地位和主线程是一样的，因此一旦主线程结束了，子线程不会受影响，不会跟着结束。

线程对象的 isAlive()方法在就绪、运行、阻塞时都会返回 true，在新建、死亡时都会返回 false。

对已经死亡的线程调用 start()是无效的，会抛出异常。死亡的线程不可再次作为线程来执行。

对于新建的线程，调用两次 start()方法也会抛出异常。

11.4 线程的调度与控制

11-4 线程的调度与控制

通常我们的计算机只有一个 CPU，CPU 在某个时刻只能执行一条指令，线程只有得到 CPU 时间片(也就是使用权)，才可以执行指令。在单个 CPU 的机器上，线程并不是并行运行的，只有在多个 CPU 上线程才可以并行运行。目前主要有两种调度模式：分时调度模式和抢占调度模式。Java 属于抢占调度模式。

◎ 分时调度模式：所有线程轮流获得 CPU 的使用权，平均分配每个线程占用的 CPU 时间片。

◎ 抢占调度模式：优先让优先级高的线程使用 CPU，如果线程的优先级相同，那么随机选择一个，优先级高的线程相对来说获得的 CPU 时间多一点。

11.4.1 线程的优先级

线程通常是在一个线程队列中等待、接受处理机的调度。线程队列根据线程所拥有的优先级和线程就绪的时间来排队。优先级是线程获得 CPU 调度的优先程度。优先级高的线程排在线程队列的前端，优先获得处理机的控制权，可以在短时间内进入运行状态。而优先级低的线程获得处理机控制权的机会相对小一些。如果两个或多个线程的优先级相同，则操作系统通常采用先进先出的方法对线程进行排序，即根据线程等待服务的时间排序。

Java 中线程的优先级共分 10 级，用数字 1～10 来表示，并且在 Thread 类中定义了三个常量。

◎ NORM_PRIORITY：值为 5。

◎ MAX_PRIORITY：值为 10。

◎ MIN_PRIORITY：值为 1。

默认的优先级为 NORM_PRIORITY。与线程优先级有关的方法有以下两个。

◎ public final void setPriority(int newp)：修改线程的当前优先级。

◎ public final int getPriority()：返回线程的优先级。

【例 11-3】线程的优先级演示。具体代码如下：

```
package ch11;
public class PriorityDemo extends Thread{
    public void run(){
        for(int i=1;i<=5;i++){
            System.out.println(Thread.currentThread().getName()
                                +" 第 "+i+" 次运行");
        }
    }
    public static void main(String[] args) {
        PriorityDemo t1 = new PriorityDemo();
        PriorityDemo t2 = new PriorityDemo();
        PriorityDemo t3 = new PriorityDemo();
        t1.setPriority(Thread.MAX_PRIORITY);    //级别为10
        t2.setPriority(Thread.NORM_PRIORITY);   //级别为5
        t3.setPriority(Thread.MAX_PRIORITY);    //级别为1
        t1.start(); t2.start(); t3.start();
    }
}
```

运行结果如下：

```
Thread-0 第 1 次运行
Thread-0 第 2 次运行
Thread-0 第 3 次运行
Thread-0 第 4 次运行
Thread-1 第 1 次运行
Thread-1 第 2 次运行
Thread-1 第 3 次运行
Thread-2 第 1 次运行
Thread-0 第 5 次运行
```

```
Thread-1 第 4 次运行
Thread-1 第 5 次运行
Thread-2 第 2 次运行
Thread-2 第 3 次运行
Thread-2 第 4 次运行
Thread-2 第 5 次运行
```

其中，Thread-0 是 t1 的名字，Thread-1 是 t2 的名字，Thread-2 是 t3 的名字。可以看出来，t1 先运行完毕，t2 次之，t3 最后运行完毕。但这其实是偶然的结果，重新运行一次，结果可能不是这样的，甚至可能 t1 最后运行完毕。这主要是每个线程只循环 5 次，规律不是很明显，如果是循环次数很多的话，可以明显看出规律，优先级高的获得 CPU 的次数多。

11.4.2 线程的控制方法

通过优先级只能大概地控制线程获得 CPU 执行权的次数，那么如何控制每个线程的执行过程呢？Java 共提供了 7 个方法。

(1) static 方法：yield()、sleep()。

(2) 实例方法：suspend()、resume()、stop()、join()、isAlive()。

1. yield()

yield()是让当前正在运行的线程让出 CPU 执行权，进入就绪的线程队列。但是让出 CPU 后，CPU 给了哪个线程不一定，要看 JVM 的调度。JVM 会从就绪队列中重新调度一个线程进入运行状态，就绪队列中的所有线程都有可能被调度到运行状态，包括刚才让出 CPU 的线程，但只有一个会被选中。

2. sleep()

sleep()是让当前正在运行的线程休眠一段时间，具体时间由参数决定。sleep()有两个重载的方法。

(1) public static void sleep(long millis) throws InterruptedException：让当前正在执行的线程休眠(暂停执行)指定的毫秒数，此操作受到系统计时器和调度程序精度及准确性的影响。参数 millis 是以毫秒为单位的休眠时间。

(2) public static void sleep(long millis,int nanos) throws InterruptedException：让当前正在执行的线程休眠(暂停执行)指定的毫秒数加指定的纳秒数，此操作受到系统计时器和调度程序精度及准确性的影响。该线程不丢失任何监视器的所属权。

3. suspend()、resume()和 stop()

◎ suspend()：让该方法所在的线程挂起，暂停执行。

◎ resume()：让该方法所在的线程从挂起状态恢复到就绪状态。

◎ stop()：强迫线程停止执行。

这 3 个方法都是废弃的方法，因为它们容易引起死锁，不再推荐使用，建议使用自定义的信号变量来控制。

4. join()

join 有 3 个重载的方法。

(1) public final void join() throws InterruptedException：等待该线程终止，即调用 join 方法的线程一直运行完毕后，别的线程才能运行。

(2) public final void join(long millis)throws InterruptedException：等待该线程终止的时间最长为 millis 毫秒，即让调用 join 方法的线程运行 millis 毫秒后，别的线程才能运行。参数 millis 是以毫秒为单位的等待时间。

(3) public final void join(long millis, int nanos)throws InterruptedException：等待该线程终止的时间最长为 millis 毫秒+nanos 纳秒，即让调用 join 方法的线程运行 millis 毫秒+nanos 纳秒后，别的线程才能运行。

5. isAlive()

方法定义如下：

```
public final boolean isAlive()
```

测试线程是否处于活动状态。如果线程已经启动且尚未终止，则为活动状态，也就是就绪、运行、阻塞都属于活动状态。如果该线程处于活动状态，就返回 true；否则返回 false。

【例 11-4】让一个线程休眠一段时间的例子。保存在 ThreadSleepDemo.java 文件中的代码如下：

```
public class ThreadSleepDemo extends Thread{
    public void run(){  //线程要执行的代码需要写到 run 方法里
        for(int i=1;i<=3;i++){
            System.out.println(Thread.currentThread().getName()
                +" 第 "+i+" 次运行");
            try {
                Thread.sleep(1000);  //让当前线程休眠 1000 毫秒，即 1 秒
            } catch (InterruptedException e) {
                e.printStackTrace();
            }
        }
    }
    public static void main(String[] args) {
        ThreadSleepDemo t1 = new ThreadSleepDemo();  //创建 t1 线程
        ThreadSleepDemo t2 = new ThreadSleepDemo();  //创建 t2 线程
        t1.start(); t2.start();  //启动 t1、t2 线程
    }
}
```

运行结果如下：

```
Thread-0 第 1 次运行
Thread-1 第 1 次运行
Thread-0 第 2 次运行
Thread-1 第 2 次运行
Thread-1 第 3 次运行
Thread-0 第 3 次运行
```

可以看到，每个线程都要休眠 1 秒才能往下执行。

【例 11-5】join 方法的使用。保存在 ThreadJoinDemo.java 文件中的代码如下：

```
public class ThreadJoinDemo  extends Thread{
    public void run(){  //线程要执行的代码需要写到 run 方法里
        for(int i=1;i<=3;i++){
            System.out.println(Thread.currentThread().getName()
                +" 第 "+i+" 次运行");
        }
    }
    public static void main(String[] args) {
        ThreadJoinDemo t1 = new ThreadJoinDemo();  //创建 t1 线程
        ThreadJoinDemo t2 = new ThreadJoinDemo();  //创建 t2 线程
        t1.start(); t2.start();  //启动 t1、t2 线程
        try {
            t1.join();
        } catch (InterruptedException e) {
            System.out.println("出现错误，错误信息是："+e.getMessage());
        }
    }
}
```

运行结果如下：

```
Thread-0 第 1 次运行
Thread-0 第 2 次运行
Thread-0 第 3 次运行
Thread-1 第 1 次运行
Thread-1 第 2 次运行
Thread-1 第 3 次运行
```

可以看到，t1 线程先运行完毕，才开始 t2 线程的运行。

【例 11-6】用信号量来控制线程的暂停、继续运行、结束。保存在 ThreadFlag.java 文件中的代码如下：

```
public class ThreadFlag extends Thread{
    private volatile boolean suspend = false;
        //是否挂起，默认为 false，即可以继续运行
    private volatile boolean stop = false;
        //是否结束运行，默认为 false，即没有结束
    public boolean isSuspend() {
        return suspend;
    }
    public void setSuspend(boolean suspend) {
        this.suspend = suspend;
    }
    public boolean isStop() {
        return stop;
    }
    public void setStop(boolean stop) {
        this.stop = stop;
        this.suspend = stop;  //让挂起跟退出同步，要么都为 true，要么都为 false
    }
    int I = 0;
    public void run(){
        while(!stop){  //没有结束
```

```
            while(!suspend){  //允许继续运行
                System.out.println(Thread.currentThread().getName()
                    +" 第 "+(++i)+" 次运行");
            try {
                Thread.sleep(1000);  //让当前线程休眠1000毫秒，即1秒
            } catch (InterruptedException e) {
                System.out.println("出现错误，错误信息是: "+e.getMessage());
            }
        }
    }
    System.out.println("run已结束");
    }
    public static void main(String[] args) throws InterruptedException {
        ThreadFlag t = new ThreadFlag();
        t.start();                //开始运行
        Thread.sleep(3000);       //t 启动后，让主线程休眠3秒
        System.out.println("要暂停运行");
        t.setSuspend(true);       //暂停运行
        Thread.sleep(3000);       //主线程休眠3秒
        System.out.println("要继续运行");
        t.setSuspend(false);      //继续运行
        Thread.sleep(3000);       //主线程休眠3秒
        System.out.println("要停止运行");
        t.setStop(true);          //停止运行
        System.out.println("main结束了");
    }
}
```

运行结果如下：

```
Thread-0 第 1 次运行
Thread-0 第 2 次运行
Thread-0 第 3 次运行
Thread-0 第 4 次运行
要暂停运行
要继续运行
Thread-0 第 5 次运行
Thread-0 第 6 次运行
Thread-0 第 7 次运行
要停止运行
main结束了
run已结束
```

注意，在声明变量suspend和stop时使用了volatile关键字，那么为什么要用volatile呢？

在Java内存模型中，有main memory，每个线程也有自己的memory (例如寄存器)。为了性能，一个线程会在自己的memory中保存要访问的变量的副本。这样就会出现同一个变量在某个瞬间，在一个线程的memory中的值可能与另外一个线程memory中的值，或者main memory中的值不一致的情况。

一个变量声明为volatile，就意味着这个变量是随时会被其他线程修改的，因此不能将它缓存在线程memory中。

上例中的代码如果不加volatile，则在main()方法中调用了t.setStop(true)后，run()方法

中可能还是用原来的值 false，所以有可能会一直死循环运行。

【例 11-7】判断线程是否是活动的。保存在 ThreadIsAlive.java 文件中的代码如下：

```
public class ThreadIsAlive extends Thread{
    public void run(){  //线程要执行的代码需要写到 run()方法里
        for(int i=1;i<=3;i++){
            System.out.println(Thread.currentThread().getName()
                +" 第 "+i+" 次运行");
            try {
                Thread.sleep(1000);  //让当前线程休眠 1000 毫秒，即 1 秒
            } catch (InterruptedException e) {
                System.out.println("出现错误，错误信息是："+e.getMessage());
            }
        }
        System.out.println("run 运行结束");
    }
    public static void main(String[] args) throws InterruptedException {
        ThreadIsAlive t = new ThreadIsAlive();
        System.out.println("start 调用前 t.isAlive()="+t.isAlive());
        t.start();  //开始运行
        Thread.sleep(1000);  //t 启动后，让主线程休眠 1 秒
        System.out.println("要判断 t 是不是活动线程");
        System.out.println("t.isAlive()="+t.isAlive());
        Thread.sleep(3000);  //主线程休眠 3 秒
        System.out.println("main 线程休息 3 秒后，判断 t 是否还是活动线程");
        System.out.println("t.isAlive()="+t.isAlive());
        System.out.println("main 结束了");
    }
}
```

运行结果如下：

```
start 调用前 t.isAlive()=false
Thread-0 第 1 次运行
Thread-0 第 2 次运行
要判断 t 是不是活动线程
t.isAlive()=true
Thread-0 第 3 次运行
run 运行结束
main 线程休息 3 秒后，判断 t 是否还是活动线程
t.isAlive()=false
main 结束了
```

可以看出来，在线程 t 创建后，t 不是活动的，在调用 start()方法后变成了活动的，在 run()方法运行结束后，又变成了非活动的。

11.5 线程同步

前面介绍的多个线程都是相互独立运行的，因而运行得都很顺利。但是，有时候多个线程会操作同一批数据，这些数据称为共享资源。当多个线程都修改数据的时候，就有可

能造成修改的数据被相互覆盖，出现不希望的结果。

11.5.1 线程加锁

11-5 线程加锁

下面看两个线程都修改同一个对象的数据的例子。

【例 11-8】共享数据的操作。Rectangle 是一个矩形类，具有两个边长 x、y，具有一个同时给 x、y 加 1 的方法 increase 和输出 x、y 的方法 print。ThreadIncrease 是一个线程类，目的是给矩形的边长 x 和 y 同时增加 1。在 main 方法中创建一个矩形对象 rectangle，然后创建、启动 ThreadIncrease 的两个线程 t1 和 t2，同时调用 rectangle 的 increase 方法，给 x、y 加 1，并调用 print 方法输出 x、y 的值。

保存在 Rectangle.java 文件中的代码如下：

```
public class Rectangle {
    private volatile int x,y;
    public  void increase(){  //给 x、y 同时增加 1
        x++;
        y++;
    }
    public void print(){
        System.out.println("x="+x+",  y="+y);
    }
}
```

保存在 ThreadIncrease.java 文件中的代码如下：

```
public class ThreadIncrease extends Thread{
    Rectangle rectangle;  //共享资源，两个线程会同时给它的 x、y 增加 1
    public ThreadIncrease(Rectangle rectangle){
        this.rectangle = rectangle;
    }
    public void run(){
        for(int i=0;i<1000000;i++)
            rectangle.increase();  //让 rectangle 的 x、y 增加 1
    }
    public static void main(String[] args) throws InterruptedException {
        Rectangle rectangle = new Rectangle();  //被共享操作的资源
        ThreadIncrease t1 = new ThreadIncrease(rectangle);
        ThreadIncrease t2 = new ThreadIncrease(rectangle);
        //t1、t2 都操作 rectangle 对象
        t1.start();  //t1 启动，开始给 rectangle 的 x、y 增加 1
        t2.start();  //t2 启动，开始给 rectangle 的 x、y 增加 1
        for(int i=0;i<5;i++){
            rectangle.print();  //输出 rectangle 的 x 和 y 值
            Thread.sleep(5);    //每隔 5 毫秒输出一次
        }
    }
}
```

运行结果如下：

```
x=0,  y=0
x=32130,  y=32792
x=141023,  y=152269
x=215032,  y=230308
x=381218,  y=400408
```

从以上结果中可以看出，x、y 的值根本不一样，而且可以发现大部分是 x<y，为什么呢？

t1 和 t2 都在给 rectangle 的 x、y 增加 1，都是先给 x 增加，再给 y 增加。有可能在某个时刻，t1 给 x 增加 1，但是 t1 获得的 CPU 时间运行完了，t2 开始执行，又给 x 增加 1，所以从理论上来说，x 的值会大于或等于 y 的值。但是我们看到的 x、y 的值是 rectangle 的 print 方法输出的结果，它并不能真实地反映 x、y 实时的值。由于显示器输出的速度远小于 CPU 的运行速度，当输出了 x 的值后，可能在输出 y 值的时候，t1 和 t2 又调用 rectangle 的 increase 方法多次，此时 y 是实时的值，但 x 是以前的值，从而输出的结果大多数是 x 小于 y。因此出现 x、y 不一致的原因如下。

(1) t1 在调用 increase 方法时，t2 也在调用 increase 方法，有可能当 t1 的 increase 方法执行一部分时，t2 的 increase 方法也开始执行了。

(2) 当 main 方法调用 rectangle 的 print 方法时，t1、t2 仍在不停地调用 rectangle 的 increase()方法。

为了避免 x、y 不一致，显然应该控制 t1、t2 及主线程的运行，即 t1 和 t2 调用 rectangle 的 increase()方法时，只能有一个线程在执行；在调用 rectangle 的 print()方法时，也只能有主线程在执行，t1、t2 不能同时操作 rectangle 的 increase()方法。

要实现上述控制，Java 提供了 synchronized 关键字。synchronized 是同步的意思，只要在声明 increase()方法和 print()方法时加上 synchronized 即可。修改 Rectangle 类的两个方法如下：

```
public synchronized void increase(){   //给 x、y 同时增加 1
    x++;
    y++;
}
public synchronized void print(){
    System.out.println("x="+x+",  y="+y);
}
```

此时输出结果如下：

```
x=0,  y=0
x=44647,  y=44647
x=93102,  y=93102
x=154265,  y=154265
x=233947,  y=233947
```

可以看到 x、y 的值完全一样了。

上述声明 increase 方法的语法称为同步方法，即同一个对象的 increase 方法在某一个时刻只能有一个线程在运行。

```
public synchronized void increase(){   //给 x、y 同时增加 1
    x++;
```

```
    y++;
}
```

也可以写成：

```
public void increase(){   //给x、y同时增加1
    synchronized(this){
        x++;
        y++;
    }
}
```

这两个写法的作用一样，第二个写法称为同步代码块，把{}中的代码实现了同步，因为{}中的代码包括了 increase 方法的全部代码，所以跟同步方法的作用完全一样。

实际上，Java 的每一个对象都有一个与之对应的唯一的监视器，每一个监视器里面都有一个该对象的唯一的锁，同时还有一个等待队列和一个同步队列。synchronized(this)获得 this 对象的监视器的锁。获得了 this 对象的锁之后，别的线程就不能够再获得 this 对象的锁，可以排他性地运行后面{}中的代码，当前线程运行完{}中的代码后，锁即释放，其他线程才可以获得 this 对象的锁，从而实现了排他访问。同步方法也可以称为给方法加锁，同步代码块也称为给代码块加锁。

当然，这里的 this 也可以换成别的对象，因为每个对象都有一个唯一的锁，只要多个线程使用的是同一个对象的锁，即可实现排他访问。

同步代码块比同步方法灵活，因为有的时候并不需要同步整个方法，只有方法中的一部分代码涉及共享资源的操作，其他代码不影响，那么可以只为一部分代码加锁，即把需要加锁的代码放到 synchronized 代码块中。格式如下：

```
Method definition(){
    …//不需要同步的代码
    synchronized(lockedObject){
      …//需要同步的代码
    }
  …//不需要同步的代码
 }
```

使用同步代码块可以提高并发量，从而提高效率。

11.5.2 死锁

通过加锁方式可以让多个线程互斥访问，但是如果加锁的策略不当，就会出现死锁。

【例 11-9】死锁的例子。保存在 DeadLockDemo.java 文件中的代码如下：

```
public class DeadLockDemo{
    static Object lock1 = new Object();
    static Object lock2 = new Object();
    public static void main(String[] args) {
        Process1 p1 = new Process1();
        Process2 p2 = new Process2();
        p1.start();
        p2.start();
```

```
    }
}
class Process1 extends Thread {
    public void run() {
        for(int i=1;i<10;i++){
            synchronized (DeadLockDemo.lock1) {
                System.out.println("Process1 获得 lock1 的锁");
                try {
                    Thread.sleep(1000);
                } catch (InterruptedException e) {
                    System.out.println("error:"+e.getMessage());
                }
                synchronized (DeadLockDemo.lock2) {
                    System.out.println("Process1 获得 lock2 的锁,第"+i+"运行");
                }
            }
        }
    }
}
class Process2 extends Thread {
    public void run() {
        for(int i=1;i<10;i++){
            synchronized (DeadLockDemo.lock2) {
                System.out.println("Process2 获得了 lock2 的锁");
                try {
                    Thread.sleep(1000);
                } catch (InterruptedException e) {
                    System.out.println("error:"+e.getMessage());
                }
                synchronized (DeadLockDemo.lock1) {
                    System.out.println("Process2 获得 lock1 的锁,第"+i+"运行");
                }
            }
        }
    }
}
```

运行结果如下：

```
Process2 获得了 lock2 的锁
Process1 获得了 lock1 的锁
```

Process2 获得了 lock2 的锁，然后休眠 1 秒。此时 Process1 获得了 lock1 的锁，然后休眠 1 秒。Process2 休眠结束后，需要获得 lock1 的锁，Process1 休眠结束后需要获得 lock2 的锁，但是各自需要的锁都被对方把持着，都想获得对方持有的锁，又都不释放自己持有的锁，结果谁也没法往下执行，造成了死锁。

如何解决死锁的问题呢？一个简单的办法是各个线程都按照相同的顺序获得锁。

上例代码只要把 Process2 获得锁的顺序改成 Process1 的顺序即可，即先调用 synchronized (DeadLockDemo.lock1)，然后再调用 synchronized (DeadLockDemo.lock2)。

11.5.3 线程同步案例

11-6 线程同步

锁机制保证了同一段代码在同一时间只能被一个线程访问，解决了线程间的资源共享问题。为保证各线程按照一定的先后顺序执行，还涉及线程之间的通信问题。下面看一个生产者-消费者的案例。

【例 11-10】生产者-消费者问题。生产者生产整型数据，生产一个数据后，放入一个仓库中。假设该仓库只能存放一个数据，消费者从仓库读取数据，一次只能读取一个，要求如下。

(1) 放入数据后，才能被读取。

(2) 旧数据被读取后，才能放入新数据。

(3) 不能两次读取同一数据。

根据题意，这里涉及 3 个对象：仓库、生产者、消费者，因而应该定义 3 个类，分别是仓库类、生产者类和消费者类。

(1) 仓库类。

① 成员变量的定义。仓库类要能够保存一个 int 型数据，所以要有一个 int 型成员变量，这里用 content 表示。仓库还要记录当前是否有数据，所以应该再定义一个 boolean 变量，用 available 表示。

② 成员方法的定义。仓库要能够放入数据，因而要有放入 int 型数据的方法，用 put(int content)表示，参数 content 为要放入的数据。仓库还要能够取出数据，因而要定义取出数据的方法，这里用 get()表示。

③ 根据题意，放入和读取数据不能同时进行，即 put 和 get 方法不能同时执行，只要将 put 和 get 定义成 synchronized 即可。

要按照“放一个，读一个”的顺序，即要先判断是否有数据，如果有数据了，则不能放数据，即放入数据的线程要等待，需要通知消费者来取数据。如果没有数据了，取数据的线程要等待，同时通知生产者放入数据；这个等待和通知的过程需要用到 wait()、notifyAll()方法。

wait()、notify()、notifyAll()这 3 个方法其实是 Object 类中定义的方法，并不是 Thread 类中新定义的，换句话说，就是每个对象里面都有这些方法。

◎ wait()：释放当前对象锁，并进入阻塞队列。

◎ notify()：唤醒当前对象阻塞队列里的任一线程(并不保证唤醒哪一个)。

◎ notifyAll()：唤醒当前对象阻塞队列里的所有线程。

注意，这 3 个方法要与 synchronized 一起使用。解释这个问题之前，我们先要了解几个知识点：

◎ 每一个对象都有一个与之对应的监视器。

◎ 每一个监视器都有一个该对象的锁、一个阻塞队列(等待队列)和一个同步队列。

wait()方法的语义有两个：一是释放当前对象锁，另一个是进入阻塞队列。可以看到，这些操作都是与监视器相关的，当然要指定一个监视器才能完成这个操作。

notify()方法用来唤醒一个线程，要去唤醒，首先要知道它在哪儿，所以必须先找到该对象，也就是获取该对象的锁，当获取到该对象的锁之后，才能去该对象对应的阻塞队列(等待队列)去唤醒一个线程。值得注意的是，只有当执行唤醒工作的线程离开同步块，即释放锁之后，被唤醒线程才能去竞争锁。

因 wait()而导致阻塞的线程是放在阻塞队列中的，因竞争锁失败而导致的阻塞是放在同步队列中的，notify()/notifyAll()实质上是把阻塞队列中的线程放到同步队列中去。

另外，wait()方法应在循环中使用，否则可能会造成等待的线程无法被唤醒。

根据上面的知识，仓库类就可以编写了，Warehouse.java 的代码如下：

```
/**仓库类，里面有一个 content 变量，用于保存一个 int 型数据
 * 一个 put(int value)方法，用于把 value 数据放到仓库的 content 中
 * 一个 get()方法，用于读取 content 中的值
 * @author Administrator
 *
 */
public class Warehouse {
    private int content;                              //保存数据的变量
    private boolean available = false;                //默认标志为 false，即没有数据
    public synchronized int get() {
        while (available == false) {                  //如果没有数据
            try {
                wait();                               //不能取数据，等待并释放锁
            } catch (InterruptedException e) {}
        }
        //如果有数据则可以取数据，并把数据标志设为 false，表示数据被取走
        available = false;//
        notifyAll();    //通知放数据的线程可以放数据了
        System.out.println("Consumer got:"+content);   //输出取走的数据
        return content;
    }
    public synchronized void put(int value) {
        while (available == true) {                   //仓库中有数据了
            try {
                wait();                               //不能放入，等待并释放锁
            } catch (InterruptedException e) {}
        }
        //仓库中没有数据了，则把 value 放入
        content = value;
        available = true;                             //设置标志为有数据了
        System.out.println("Producer put:"+content);
        notifyAll();                                  //通知取数据的线程，可以取数据了
    }
}
```

(2) 生产者类。

生产者负责产生数据并将数据放入仓库，这是一个单独的线程。其中产生数据的过程这里不再描述，仅仅是用循环语句将 1～10 这个 10 个数据放入仓库中而已。放入数据应该调用仓库的 put 方法。保存在 Producer.java 文件中的代码如下：

```
public class Producer extends Thread {
    private Warehouse warehouse;          //保存数据的仓库
    public Producer(Warehouse warehouse){
```

```
        this. warehouse = warehouse;
    }
    public void run() {
        for (int i = 1; i <= 10; i++) {
            warehouse.put(i);         //调用仓库的put方法，将数据i放入仓库
            //System.out.println("Producer  put: " + i);
            try {
                sleep(100);
            } catch (InterruptedException e) {}
        }
    }
}
```

(3) 消费者类。

消费者负责从仓库中取数据，这是一个单独的线程。只需要调用仓库的get方法从仓库中取数据即可。保存在Consumer.java文件中的代码如下：

```
public class Consumer extends Thread {
    private Warehouse warehouse;         //放数据的仓库
    public Consumer(Warehouse warehouse){
        this. warehouse = warehouse;
    }
    public void run() {
        int value = 0;
        for (int i = 1; i <= 10; i++) {
            value = warehouse.get();    //从仓库中取出数据，并放入value变量
            //System.out.println("Consumer  got: " + value);
        }
    }
}
```

测试类所在的ProducerConsumerDemo.java文件中的代码如下：

```
package ch11;
public class ProducerConsumerDemo {
    public static void main(String[] args) {
        Warehouse warehouse = new Warehouse (); //公共仓库，存取数据都用这个仓库
        Producer p1 = new Producer(warehouse); //生产数据的线程，往仓库放数据
        Consumer c1 = new Consumer(warehouse); //消费数据的线程，从仓库取数据
        p1.start();
        c1.start();
    }
}
```

运行结果如下：

```
Producer  put: 1
Consumer  got: 1
Producer  put: 2
Consumer  got: 2
Producer  put: 3
Consumer  got: 3
Producer  put: 4
```

```
Consumer  got: 4
Consumer  got: 5
Producer  put: 5
```

注释比较详细，这里不再分析描述了。

11.6 案例实训：摇号程序

本节通过一个综合案例，把图形界面和多线程结合起来。

1. 题目要求

编写一个摇号程序，界面效果如图 11-2 所示。当单击“开始”按钮时，6 个数字同时随机地在 0～9 改变，每个数字都是单独变化；当单击“结束”按钮时，6 个数字停止变化。

图 11-2　摇号程序界面

2. 题目分析

这个题目，应该如何下手呢？

每个数字都单独变化，只要启动一个单独的线程来处理，显示用 JLabel 组件即可。

可以定义一个类 MyLabel 继承 JLabel 并实现 Runable 接口，MyLabel 类的 run()方法中不断地产生一个随机数，并显示在自己的标签上(自己就是一个 JLabel，可以显示数字)，数字要每隔 1 秒或 0.5 秒显示一次，否则显示太快了看不出效果，会以为数字没有变化。MyLabel 类中应该定义一个 boolean 型属性变量 isRun，表示是否继续运行。

然后在主窗口程序中，添加 6 个 MyLabel 组件，利用这 6 个组件创建 6 个线程，启动 6 个线程，每个 MyLabel 组件就会独立地去不断变换数字了。

0～9 的随机数可以用下面的语句实现：

```
int number = (int)(Math.random()*10)
```

3. 程序实现

根据上面的分析，程序的源代码(保存在 MakeNumber.java 文件中)如下：

```
import java.awt.*;
import java.awt.event.*;
import javax.swing.*;
public class MakeNumber extends JFrame {
    MyLabel[] number = new MyLabel[6];        //6 个能够自动显示数字的组件
    JButton btnStart = new JButton("开始");
    JButton btnEnd = new JButton("结束");
    Thread[] t = new Thread[6];
    public MakeNumber(){
        super("摇号程序");
        JPanel p = new JPanel();                   //盛放小组件的面板
```

```
        for(int i=0;i<6;i++){
            number[i] = new MyLabel("0");
            p.add(number[i]);   //将 6 个显示组件添加到面板 p 上
        }
        p.add(btnStart);          //将“开始”按钮添加到面板 p 上
        p.add(btnEnd);            //将“结束”按钮添加到面板 p 上
        btnStart.addActionListener(new ActionListener(){
            public void actionPerformed(ActionEvent ae){
                for(int i=0;i<6;i++){
                    t[i] = new Thread(number[i]);
                    number[i].setIsRun(true);       //设置运行标志为 true
                    t[i].start();
                }
            }
        });
        btnEnd.addActionListener(new ActionListener(){
            public void actionPerformed(ActionEvent ae){
                for(int i=0;i<6;i++){
                    number[i].setIsRun(false);      //设置运行标志为 false
                }
            }
        });
        this.add(p,BorderLayout.CENTER);
        this.setDefaultCloseOperation(EXIT_ON_CLOSE);
        this.setSize(400,300);
        this.setVisible(true);
    }
    public static void main(String[] args) {
        MakeNumber makeNumber = new MakeNumber();
    }
    //MyLabel 是内部类，用于自动生成 0～9 的随机数字，并显示数字
    class MyLabel extends JLabel implements Runnable{
        volatile boolean isRun = false;
        int number = 0;
        public void setIsRun(boolean isRun){
            this.isRun = isRun;
        }
        public MyLabel(String number){
            this.setText(number);
            this.setFont(new Font("黑体",Font.BOLD,40));
            this.setForeground(Color.BLUE);
        }
        public void run(){
            while(isRun){
                number = (int)(Math.random()*10);  //生成 0～9 的随机数
                this.setText(String.valueOf(number));
                try {
                    Thread.sleep(1000);
                } catch (InterruptedException e) {
                    e.printStackTrace();
                }
            }
        }
```

```
    }
}
```

以上代码完成了 6 个数字随机独立显示的过程，注释写得很详细，这里不再解释了。

本章小结

本章介绍了线程的概念、创建线程的两个方法。继承 Thread 类的方式比较简单，但是不够灵活，如果一个类已经继承了别的类，则不能再继承 Thread 类，只能通过实现 Runnable 接口的方式。一个线程要执行的代码只要写在 run 方法中即可，run 方法执行完毕，线程就结束了。线程的生命周期中主要包括 5 种状态：新建、就绪、运行、阻塞、死亡。线程的优先级有 10 种，最低级是 1，最高级是 10，默认级别是 5。线程提供的控制方法主要有 yield()、sleep()、join()等，一般通过信号变量的方式来控制线程的暂停、运行和结束，不建议使用 suspend()、resume()、stop()方法。线程可以通过加锁的方式来限制共享资源的并发访问，加锁使用 synchronized 关键字。每个对象都有一把锁，在一个时刻只能有一个线程使用，只有使用同一个对象的锁的多个线程才能实现互斥访问。加锁时可以使用同步方法，也可以使用同步代码块。多个线程之间可以使用 wait()、notify()、notifyAll()来通信。

本章中容易出错的地方有以下几点：

(1) 定义同步方法时，synchronized 要写在返回值类型的前面。

(2) 定义同步代码块时，要使用相同的对象才能实现互斥。

(3) 修改数据的代码加锁后，如果要显示被修改的数据，显示数据的代码也要加锁，否则显示的数据不一定是刚修改的数据。

(4) 线程中要实时地得到数据，定义变量时要加 volatile 关键字，否则线程会保留变量的一个副本。

习题

一、问答题

1. 请介绍线程生命周期中的几种状态，并说明它们之间的转化规则。
2. Java 线程创建有哪几种方法？
3. 线程调用 isAlive()方法时哪几种状态下会返回 true？
4. 请介绍 wait()、notify()、notifyAll()方法的用法。
5. 线程为什么会死锁？如何加锁才能避免死锁？

二、编程题

请编写一个显示时间的程序，要求能够显示时、分、秒，格式为“小时：分钟：秒”，每秒更新一次时间。

第12章 网络编程

本章要点

(1) URL 和 URLConnection 类;
(2) ServerSocket 和 Socket 类;
(3) DatagramSocket 和 DatagramPacket 类。

学习目标

(1) 了解 URL、URLConnection 类的用法;
(2) 了解地址类 InetAddress 的用法;
(3) 掌握用流式套接字 ServerSocket 类和 Socket 类实现通信的编程方法;
(4) 掌握用数据报套接字 DatagramSocket 类和 DatagramPacket 类进行通信的编程方法。

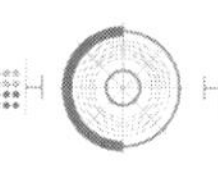

本章主要介绍 Java 网络编程的知识。通过学习网络编程，将掌握如何读取某一个网址的网页数据。网址用 URL 类封装，通过 URLConnection 类连接到网址对象的方法。能够学会编写两人聊天的程序，聊天程序的编写要用套接字类来实现，套接字类分为两类：基于 TCP 协议的流式套接字类 ServerSocket、Socket 类，基于 UDP 的数据报套接字类 DatagramSocket、DatagramPacket 类。机器之间的通信还要涉及 IP 地址类 InetAddress 类。下面将学习这些类的用法，以及如何用它们完成网络通信。

12.1 http 的基本概念

在因特网中，我们最熟悉的就是网址了，比如 http://www.baidu.com、http://www.sina.com.cn/、http://news.qq.com/a/20131116/001243.htm 都是网址，也称为 URL(uniform resource locator)，即统一资源定位符，是对可以从互联网上得到的资源的位置和访问方法的一种简洁的表示，是互联网上标准资源的地址。互联网上的每个文件都有一个唯一的 URL，它包含的信息指出文件的位置及浏览器应该如何处理它。基本 URL 包含协议、服务器名称(或 IP 地址)、路径和文件名。例如 http://news.sina.com.cn/c/xl/2018-09-08/doc- ihivtsyk0596637.shtml，各部分的含义如下。

◎ http：使用的协议。

◎ news.sina.com.cn：主机名或域名。

◎ /c/xl/2018-09-08/：目录。

◎ doc-ihivtsyk0596637.shtml：网页。

有的主机名后面还有端口号，比如 http://news.sina.com.cn:80/，端口号是一个进程的标识。对 http 协议来说，端口号 80 是默认的，可以省略。

12.2 URL 和 URLConnection 类

12.2.1 URL 类

12-1 URL 和 URLConnection 类

在 Java 中提供了一个 URL 类来封装一个网址对象，URL 类在 java.net 包下，代表一个统一资源定位符，它是指向互联网“资源”的指针。资源可以是简单的文件或目录。通过使用 Java 的 URL 类，就可以对 URL 资源进行读取数据的操作。

通过 URL 的对象，我们可获取网址的信息，例如网址使用的协议、端口号、网址所在的主机名、网页路径、文件名等信息，并且可以通过输入流来读取网页的内容。

1. URL 类的常用构造方法

(1) public URL(String spec)：根据表示 URL 地址的字符串 spec 创建 URL 对象。

(2) public URL(String protocol, String host, int port, String file)：根据指定的 protocol 名称、host 名称、port 号和 file 名称创建 URL 对象。

(3) public URL(String protocol, String host, String file)：根据指定的 protocol 名称、host 名称和 file 名称创建 URL。

(4) public URL(URL context, String spec)：通过在指定的上下文中对给定的 spec 进行解析创建 URL。

例如：

```
URL url1 = new URL("http://www.baidu.com");
URL url2 = new URL("http","wwm.sdjzu.edu.cn",80,"/index0.php");
URL urlBase = new URL("http://wwm.sdjzu.edu.cn");
URL url3 = new URL(urlBase,"index0.php");
```

2. URL 类的其他常用方法

(1) public String getAuthority()：获取此 URL 的授权部分(包括 host 和端口)。

(2) public int getDefaultPort()：获取与此 URL 关联协议的默认端口号。

(3) public String getFile()：获取此 URL 的文件名。

(4) public String getHost()：获取此 URL 的主机名。

(5) public String getPath()：获取此 URL 的路径部分。

(6) public int getPort()：获取此 URL 的端口号。

(7) public String getProtocol()：获取此 URL 的协议名称。

(8) public String getQuery()：获取此 URL 的查询部分。

(9) public String getRef()：获取此 URL 的锚点(也称为“引用”)。

(10) public String getUserInfo()：获取此 URL 的 UserInfo 部分。

(11) public URLConnection openConnection()：返回一个 URLConnection 对象，它表示到 URL 所引用的远程对象的连接。通过连接对象，可以得到远程内容的输入输出流，从而实现远程内容的读写操作。

(12) public URLConnection openConnection(Proxy proxy)：与 openConnection()类似，不同的是连接通过指定的代理建立；不支持代理方式的协议处理程序将忽略该代理参数并建立正常的连接。

(13) public InputStream openStream()：打开到此 URL 的连接并返回一个用于从该连接读入的 InputStream。

【例 12-1】定义一个 URL 类的对象 url，其中封装了网址 http://sd.sina.com.cn/news/2018-09-09/detail-ihivtsyk3389132.shtml，通过输出该 url 对象使用的协议、主机名、端口号等信息，以及该网址的详细内容，演示了 URL 类的构造方法和常用方法的用法。保存在 URLTest.java 文件中的代码如下：

```
import java.io.*;
import java.net.*;
1 public class URLTest {
2   public static void main(String[] args) {
3       try {
4           URL url = new URL("http","sd.sina.com.cn",80,"/news/2018-09-09/
                        detail-ihivtsyk3389132.shtml");
5           System.out.println("Protocol="+url.getProtocol());
6           System.out.println("Authority="+url.getAuthority());
7           System.out.println("Host="+url.getHost());
8           System.out.println("Port="+url.getPort());
```

```
9           System.out.println("DefaultPort="+url.getDefaultPort());
10          System.out.println("Path="+url.getPath());
11          System.out.println("File="+url.getFile());
12          System.out.println("Query="+url.getQuery());
13          System.out.println("Ref="+url.getRef());
14          System.out.println("UserInfo="+url.getUserInfo());
15          InputStream in = url.openStream();
16          BufferedReader bufferReader = new
                        BufferedReader(new InputStreamReader(in,"utf-8"));
17          String ss = "";
18          while((ss=bufferReader.readLine())!=null){
19              System.out.println(ss);
20          }
21      } catch (MalformedURLException e) {
22          e.printStackTrace();
23      } catch (IOException e) {
24          e.printStackTrace();
25      }
26  }
27 }
```

第 15 行代码调用了 url 对象的 openStream()，该方法返回一个输入流对象 in，输入流指向该 url 对象所代表的网址资源。

第 16 行代码通过输入流 in 对象创建了字符缓冲输入流对象 bufferReader，因为该网页使用的是 utf-8 编码，所以在使用 InputStreamReader 时指定输入流的编码 utf-8，这样读出来的数据才能解释正确，否则会出现乱码。

第 18～20 行代码通过循环语句读入网页的所有内容。

第 5～14 行代码的输出结果如下：

```
Protocol=http
Authority=sd.sina.com.cn:80
Host=sd.sina.com.cn
Port=80
DefaultPort=80
Path=/news/2018-09-09/detail-ihivtsyk3389132.shtml
File=/news/2018-09-09/detail-ihivtsyk3389132.shtml
Query=null
Ref=null
UserInfo=null
```

第 18～20 行将输出整个网页的内容：

```
<!DOCTYPE html PUBLIC "-//W3C//DTD XHTML 1.0 Transitional//EN"
"http://www.w3.org/TR/xhtml1/DTD/xhtml1-transitional.dtd">
<!--publish_time:2018-09-09 08:52:02-->
<html xmlns="http://www.w3.org/1999/xhtml">

<head>省略其他内容
</body>
</html>
```

12.2.2 URLConnection 类

URL 表示一个网址，而抽象类 URLConnection 代表应用程序和 URL 之间的通信连接，它也在 java.net 包下，其实例可用于读取和写入此 URL 引用的资源。一般通过一个 URL 对象的 openConnection 方法来获得 URLConnection 对象，例如：

```
URL url = new URL("http","wwm.sdjzu.edu.cn",80,"/index0.php");
URLConnection cn = url.openConnection();
```

URLConnection 类的常用方法如下。

(1) public InputStream getInputStream()：返回从此连接读取数据的输入流。

(2) public OutputStream getOutputStream()：返回写入数据到此连接的输出流(一般网址没有写入的权限)。

(3) public int getConnectTimeout()：返回连接超时的时间。

(4) public void setConnectTimeout(int timeout)：设置一个指定的超时值(以毫秒为单位)，该值将在打开到此 URLConnection 引用的资源的通信链接时使用。

(5) public Object getContent()：获取此 URL 连接的内容。

(6) public String getContentEncoding()：返回 content-encoding 头字段的值。

(7) public int getContentLength()：返回 content-length 头字段的值。

(8) public String getContentType()：返回 content-type 头字段的值。

(9) public long getDate()：返回 date 头字段的值。

(10) public long getLastModified()：返回 last-modified 头字段的值。

(11) public URL getURL()：返回此 URLConnection 的 URL 字段的值。

【例 12-2】保存在 URLConnection.java 文件中的代码如下：

```
import java.io.*;
import java.net.*;
1 public class URLConnectionTest {
2   public static void main(String[] args) throws IOException {
3       URL url = new URL("http://sd.sina.com.cn/news/2018-09-09/detail-
ihivtsyk3389132.shtml");
4       URLConnection conn = url.openConnection();
5       System.out.println("Date:"+new Date(conn.getDate()));
6       System.out.println("Content-type:"+conn.getContentType());
7       System.out.println("ContentEncoding:"+conn.getContentEncoding());
8       System.out.println("Expires:"+conn.getExpiration());
9       System.out.println("Last Modified:"+conn.getLastModified());
10      System.out.println("Content-Length:"+conn.getContentLength());
11      InputStream in = conn.getInputStream();
12      String ss;
13      BufferedReader bufIn = new BufferedReader(new InputStreamReader (in,
"utf-8"));
14      while((ss=bufIn.readLine())!=null){
15          System.out.println(ss);
16      }
17      bufIn.close();
```

```
18        in.close();
19        }
20  }
```

第 4 行代码通过调用 url 对象的 openConnection()方法得到 URLConnection 类的对象 conn。第 11 行代码通过调用 conn 对象的 getInputStream()方法得到该网址的输入流对象 in。第 13 行代码通过输入流 in 对象创建了字符缓冲输入流对象 bufferReader，因为该网页使用的是 utf-8 编码，所以在使用 InputStreamReader 时指定输入流的编码 utf-8，这样读出来的数据才能解释正确，否则会出现乱码。第 14～16 行代码通过循环语句读入网页的所有内容。

第 5～10 行代码的输出结果如下：

```
Date:Sun Sep 09 11:06:20 CST 2018
Content-type:text/html
ContentEncoding:null
Expires:1536462500000
Last Modified:1536454322000
Content-Length:-1
```

第 14～16 行代码将输出整个网页的内容：

```
Content-Length:-1
<!DOCTYPE html PUBLIC "-//W3C//DTD XHTML 1.0 Transitional//EN"
"http://www.w3.org/TR/xhtml1/DTD/xhtml1-transitional.dtd">
<!--publish_time:2018-09-09 08:52:02-->
<html xmlns="http://www.w3.org/1999/xhtml">

<head>省略其他内容
</body>
</html>
```

通过例 12-1 和例 12-2 的代码可以看到，使用 URLConnection 类和 URL 类读取某个 URL 网址的数据时，效果是一样的，实际上它们两个在获得输入流时的内部实现是完全一样的，因而效果完全一样。所不同的是，可以调用 URLConnection 对象的 getOutputStream()方法得到一个指向该网址的输出流，从而向该网址发送数据；但发送数据时，必须调用 URLConnection 类的 setDoOutput(true)方法，即设置为允许向该网址发送数据。

12.2.3 InetAddress 类

12-2 InetAddress 类

InetAddress 类用来封装 IP 地址，它在 java.net 包下。InetAddress 的实例包含 IP 地址，也可能包含相应的主机名(取决于它是否用主机名构造或者是否已执行反向主机名解析)。InetAddress 没有 public 的构造方法，要想创建 InetAddress 对象，必须使用它的静态方法：通过 getLocalHost 方法得到本机的 InetAddress 对象，通过 getByName 和 getAllByName 方法得到远程主机的 InetAddress 对象。

1. getLocalHost 方法

使用 getLocalHost 方法可以得到描述本机 IP 的 InetAddress 对象。这个方法的定义如下：

```
public static InetAddress getLocalHost() throws UnknownHostException
```

这个方法抛出 UnknownHostException 异常，因此，必须在调用这个方法的程序中捕捉或抛出这个异常。下面的代码演示了如何使用 getLocalHost 方法来得到本机的 IP 和计算机名：

```
InetAddress address = InetAddress.getLocalHost();  //得到本机IP的InetAddress对象
System.out.println("host:"+address.getHostName());      //输出本机的主机名
System.out.println("ip:"+address.getHostAddress());     //输出本机的IP地址
```

2. getByName 方法

这个方法是 InetAddress 类最常用的方法，它可以通过指定域名从 DNS 中得到相应的 IP 地址，其定义如下：

```
public static InetAddress getByName(String host) throws UnknownHostException
```

其中，参数 host 可以是主机名(或域名)，也可以是 IP 地址。

如果 host 所指的域名对应多个 IP，则 getByName 返回第一个 IP。如果本机名已知，可以使用 getByName 方法来代替 getLocalHost。当 host 的值是 localhost 时，返回的 IP 一般是 127.0.0.1。如果 host 是不存在的域名，那么 getByName 将抛出 UnknownHostException 异常。如果 host 是 IP 地址，无论这个 IP 地址是否存在，则 getByName 方法都会返回这个 IP 地址，因为 getByName 并不验证 IP 地址的正确性。下面的代码演示了如何使用 getByName 方法。

【例 12-3】保存在 InetAddressTest2.java 文件中的代码如下：

```
import java.net.*;
public class InetAddressTest2 {
    public static void main(String[] args){
        try {
            InetAddress ia = InetAddress.getByName("www.baidu.com");
            System.out.println("CanonicalHostName = "+ia.getCanonicalHostName());
            System.out.println("HostAddress="+ia. getHostAddress());
            System.out.println("HostName="+ia.getHostName());
            System.out.println("LocalHost="+InetAddress.getLocalHost());
        } catch (UnknownHostException e) {
            System.out.println("不能识别的主机");
            e.printStackTrace();
        }
    }
}
```

通过给定域名 www.baidu.com，调用 InetAddress 类的 static 方法 getByName()来得到一个 InetAddress 类的对象 ia，然后通过 ia 对象可以得到 ia 封装的 IP 地址。

输出结果如下：

```
HostAddress=115.239.210.27
HostName=www.baidu.com
LocalHost=xgb-PC/169.254.88.81
```

这里我们分别调用了 getCanonicalHostName()、getHostAddress()和 getHostName()方法，其中，前两个方法返回的都是一样的 IP 地址，第三个方法返回的是主机名。

3. getAllByName 方法

使用 getAllByName 方法可以从 DNS 上得到域名对应的所有 IP。这个方法返回一个 InetAddress 类型的数组。该方法的定义如下：

```
public static InetAddress[] getAllByName(String host) throws UnknownHostException
```

与 getByName 方法一样，当 host 不存在时，getAllByName 也会抛出 UnknowHostException 异常，不会验证 IP 地址是否存在。下面的代码演示了 getAllByName 的用法。

【例 12-4】保存在 InetAddress3.java 文件中的代码如下：

```
package ch12;
import java.net.InetAddress;
import java.net.UnknownHostException;
public class InetAddressTest3 {
    public static void main(String[] args) throws UnknownHostException {
        String host = "www.baidu.com";
        InetAddress addresses[] = InetAddress.getAllByName(host);
        for (InetAddress address : addresses){
            System.out.println(address);
        }
    }
}
```

运行结果为：

```
www.baidu.com/115.239.210.27
www.baidu.com/115.239.211.112
```

将上面的运行结果与例 12-3 的运行结果进行比较，可以看出，getByName 方法返回的 IP 地址就是 getAllByName 方法返回的第一个 IP 地址。事实上，getByName 的确是这样实现的，其实现代码如下：

```
public static InetAddress getByName(String host) throws UnknownHostException{
    return InetAddress.getAllByName(host)[0];
}
```

当然，每次调用 getAllByName 返回的结果并不一定完全一样，顺序也不固定，这是由当地的 DNS 服务器决定的，我们不能控制。

12.3 TCP Socket

在用 Java 编写网络程序之前，我们需要先简单了解一下 TCP/IP 协议。网络上的机器之间要进行通信，必须遵循一个通信规则，这个通信规则就是通信协议。ISO 组织在 1940 年给出了一个通信的协议框架——ISO 七层协议。其中 TCP/IP 协议是 ISO 七层协议的一个实现。

12-3 TCP Socket

传输控制协议(transmission control protocol，TCP)是一种基于连接的协议，可以在计算机之间建立可靠的数据传输。就像我们打电话一样，在通话之前要先拨号，对方接听后就建立起一个通道，双方可以开始通话。

Java 提供套接字类来实现双方通信。在网络通信中，使用 IP 地址来标识一台计算机，使用端口号来标识一个进程(运行中的程序)，也就是服务器上运行的每一个程序都有一个端口号，如果没有端口号，就找不到这个程序，也没法跟它交互。端口号是一个 16 位的 0～65535 的整数，其中 0～1023 被系统预先定义的服务程序占用。例如，WEB 服务默认使用端口号 80，FTP 服务默认使用端口号 21。所谓套接字，就是把 IP 地址和端口号组合在一起的一个对象。

套接字类有两种：基于 TCP 的流式套接字类和基于 UDP 的数据报套接字类。基于 TCP 的流式套接字类在通信的双方之间建立可靠、双向、点对点、持续的流式连接。Java 提供了两个 TCP 套接字类：java.net.ServerSocket 和 java.net.Socket。这两个类可实现基于面向连接的通信。使用 TCP 流式套接字进行通信的两个程序 A 和 B，其中一个必须充当服务器角色来运行 ServerSocket 对象，并在一个端口上等待客户端程序来连接，客户端使用 Socket 对象向服务端的 ServerSocket 对象发出连接请求。

12.3.1 Socket 类

1. Socket 类的构造方法和其他常用方法

客户端程序使用 Socket 类来建立负责连接服务器的套接字对象。

(1) Socket 类的常用构造方法如下。

① public Socket(InetAddress remoteAddress, int remotePort)：创建一个流式套接字并连接到 IP 地址为 remoteAddress 的服务器的、端口号为 remotePort 的程序。

② public Socket(InetAddress remoteAddress, int remotePort, InetAddress localAddress, int localPort)：创建一个套接字并将其连接到远程地址 remoteAddress 上的 remotePort 端口。Socket 会通过调用 bind() 函数来绑定提供的本地地址 localAddress 及端口 localPort，如果本地有多个 IP 地址，则可以使用这个方法来指定使用哪个 IP 地址，localPort 如果指定为 0，则表示 Java 将在 1024～65535 随机选择一个未绑定的端口号。

③ public Socket(String remoteHost, int remotePort)：创建一个流套接字并将其连接到主机 remoteHost 上的 remotePort 端口。

④ public Socket(String remoteHost, int remotePort, InetAddress localAddress, int localPort)：创建一个套接字并将其连接到指定远程主机 remoteHost 上的指定远程端口 remotePort。Socket 会通过调用 bind() 函数来绑定提供的本地地址及端口。如果本地有多个 IP 地址，则可以使用这个方法来指定使用哪个 IP 地址，localPort 如果指定为 0，则表示 Java 将在 1024～65535 随机选择一个未绑定的端口号。

(2) Socket 类的其他常用方法如下。

① public InputStream getInputStream()：返回此套接字的输入流。

② public OutputStream getOutputStream()：返回此套接字的输出流。

③ public InetAddress getLocalAddress()：获取套接字绑定的本地地址。

④ public InetAddress getInetAddress()：返回套接字连接的远程地址。

⑤ public int getLocalPort()：返回此套接字绑定到的本地端口。

⑥ public int getPort()：返回此套接字连接到的远程端口。

⑦ public boolean isClosed()：返回套接字的关闭状态。

⑧ public void close()：关闭此套接字。

⑨ public boolean isConnected()：返回套接字的连接状态。

2. Socket 对象与服务器通信的步骤

客户端程序利用 Socket 对象与服务器通信，一般要经过以下 4 步。

(1) 连接服务器。

连接服务器可以通过在 Socket 的构造方法中指定服务器的地址(或主机名)和端口号来创建 Socket 对象，完成对服务器的连接。例如：

```
Socket socket = new Socket("localhost",5000);
//localhost 表示连接本机，连接到本机的 5000 端口
```

或者：

```
Socket socket = new Socket("127.0.0.1",5000);
//127.0.0.1 表示连接本机，连接到本机的 5000 端口
```

(2) 得到客户端 socket 对象的输入流和输出流。代码如下：

```
InputStream in = socket.getInputStream();
```

一般情况下我们会使用过滤流来包装得到的输入流：

```
DataInputStream din = new DataInputStream(in);
OutputStream out = socket.getOutputStream();
DataOutputStream dout = new DataOutputStream(out);
```

(3) 通过输入流和输出流读入或发送数据。代码如下：

```
String s = din.readUTF();
String sout = "你好";
dout.writeUTF(sout);
```

(4) 关闭连接。代码如下：

```
din.close();
dout.close();
socket.close();
```

【例 12-5】下面程序的功能是用 Socket 类连接到百度网，并输出百度网的地址和端口号，同时输出本地自己的地址和端口号。保存在 ConnectToBaidu.java 文件中的代码如下：

```
import java.io.*;
import java.net.*;
public class ConnectToBaidu {
    public static void main(String[] args) {
        try {
            Socket socket = new Socket("www.baidu.com",80);
            System.out.println("连接成功");
            System.out.println("服务器地址:"+socket.getInetAddress());
            System.out.println("服务器 端口号:"+socket.getPort());
            System.out.println("本机 地址:"+socket.getLocalAddress());
            System.out.println("本机 端口号:"+socket.getLocalPort());
```

```
        } catch (UnknownHostException e) {
            System.out.println("连接失败: "+e.getMessage());
        } catch (IOException e) {
            System.out.println("出现错误: "+e.getMessage());
        }
    }
}
```

执行结果为:

```
连接成功
服务器地址:www.baidu.com/115.239.210.27
服务器 端口号:80
本机 地址:/192.168.1.100
本机 端口号:55634
```

实际上，把代码"Socket socket=new Socket("www.baidu.com",80);"换成"Socket socket = new Socket("115.239.210.27",80);"也可以，只不过输出结果会变成:

```
服务器地址:/115.239.210.27
```

例12-5中的本地机的地址是192.168.1.100，在本地端口55634上与远程地址为115.239.210.27的服务器通信，远程服务器使用的端口号是80。本地端口是系统随机选择的一个没有使用的端口号55634。

Socket类不仅可以通过构造方法直接连接服务器，而且可以建立未连接的Socket对象，并通过connect方法来连接服务器。Socket类的connect方法有两个重载形式。

(1) public void connect(SocketAddress endpoint)throws IOException。

Socket类的connect方法和它的构造方法在描述服务器信息(IP和端口)上有一些差异。在connect方法中并未像构造方法一样以字符串形式的host和整数形式的port作为参数，而是直接将IP和端口封装在了SocketAddress类的子类InetSocketAddress中。可按如下形式使用这个connect方法:

```
Socket socket = new Socket();
socket.connect(new InetSocketAddress(host,port));
```

(2) public void connect(SocketAddress endpoint, int timeout)throws IOException。

这个connect方法和第一个connect类似，只是多了一个timeout参数。这个参数表示连接的超时时间，单位是毫秒。将timeout设为0，则使用默认的超时时间。

这里要注意的是，服务器已经在80端口运行了自己的服务程序，否则客户端是连接不上的。

12.3.2 ServerSocket类

12-4 ServerSocket类

使用基于TCP的流式套接字在两台机器间通信时，必须有一台作为服务器，服务器使用ServerSocket类的套接字对象监听客户端的连接，该对象在监听到客户端的Socket对象的连接请求后，会在服务器端创建一个Socket对象并与客户端Socket对象连接起来，这样两端的Socket对象才可以进行通信。

ServerSocket类的构造方法如下。

(1) ServerSocket()：创建一个没有绑定监听端口的服务器套接字。创建后不能直接使用，要先调用 bind(SocketAddress endpoint)方法将其绑定到指定的端口号上才可以。

(2) ServerSocket(int port)：创建绑定到特定端口的服务器套接字。如果 port 为 0，则服务器会随机选择一个空闲的端口号作为绑定的端口号，但客户端不知道随机选择的端口号是多少，客户端没法连接到服务端的套接字，所以一般不使用 0。

(3) ServerSocket(int port, int backlog)：创建绑定到特定端口的服务器套接字。如果 port 为 0，则服务器会随机选择一个空闲的端口号作为绑定的端口号。Backlog 表示当服务器忙时，可以有多少个客户端等待连接，等待连接的最大队列长度被设置为 backlog 参数。如果队列满时又收到连接指示，则拒绝该连接。

(4) ServerSocket(int port, int backlog, InetAddress bindAddr)：该构造方法是在(3)的基础上增加了 IP 地址的设置。这种情况适用于计算机上有多块网卡和多个 IP 的情况，可以明确规定 ServerSocket 在哪块网卡或者 IP 地址上等待客户的连接请求。

一般情况下，如果服务器只有一个 IP 地址，我们可以使用第(2)个构造方法来创建 ServerSocket 类的对象：

```
ServerSocket serverSocket = new ServerSocket(3000);
```

对象 serverSocket 在服务器的 3000 端口上监听客户端的连接。服务器对象建立后，还需要调用 accept()方法来等待客户端的连接。accept 方法的形式如下：

```
public Socket accept() throws IOException
```

accept 方法的作用是监听并接收到此套接字的连接。此方法在连接传入之前一直阻塞，直到有客户端的 Socket 对象连接到自己，才继续往下执行。accept 方法返回一个本地的 Socket 对象，该 Socket 对象封装了对方的 IP 地址、端口号，以及自己的 IP 地址和端口号。后续客户机和服务器之间的数据通信实际上是在客户端 Socket 对象和服务器端新生成的 Socket 对象之间进行的。服务器端的 ServerSocket 对象的作用只是负责监听客户端的连接，然后通过 accept 方法生成服务器端的 Socket 对象，即两端都各有一个 Socket 对象，都有自己的输入流和输出流，它们的关系如图 12-1 和图 12-2 所示。

其中，服务器的 IP 地址为 192.168.1.3，服务器上创建了 ServerSocket 类的对象 sc，sc 在 3000 端口上监听客户端的请求。

服务器第一次调用 sc 的 accept 方法，等待客户端 A 的连接，当客户端 A 执行“sA=new Socket("192.168.1.3", 3000, "192.168.1.2", 2000)”这行代码时，服务端的 accept 方法就会返回 s1 对象，此时 s1 和 sA 就是一对互相连接的 Socket 对象，它们可以互相通信。客户端 A 得到 sA 的输出流 outA 和输入流 inA，服务端得到 s1 的输入流 in1 和输出流 out1，客户端 A 写入 outA 的数据将传送到服务端的输入流 in1 中，服务端可以通过 in1 得到客户端 A 发送的数据。反之，服务端写入 out1 的数据将传送到客户端 A 的输入流 inA 中，客户端 A 可以通过输入流 inA 得到服务端发给自己的数据。

服务器第二次调用 sc 的 accept 方法，等待客户端 B 的连接，当客户端 B 执行“sB=new Socket("192.168.1.3", 3000, "192.168.1.4", 5000);”这行代码时，服务端的 accept 方法就会返回 s2 对象，此时 s2 和 sB 就是一对互相连接的 Socket 对象，它们可以互相通信。然后客户端 B 得到 sB 的输出流 outB 和输入流 inB，服务端得到 s2 的输入流 in2 和输出流 out2，客户端 B 写入 outB 的数据将传送到服务端的输入流 in2 中，服务端可以通过 in2 得到客户端 B 发送的数据。反之，服务端写入 out2 的数据将传送到客户端 B 的输入流 inB 中，客户端 B 可以通过输入流 inB 得到服务端发给自己的数据。

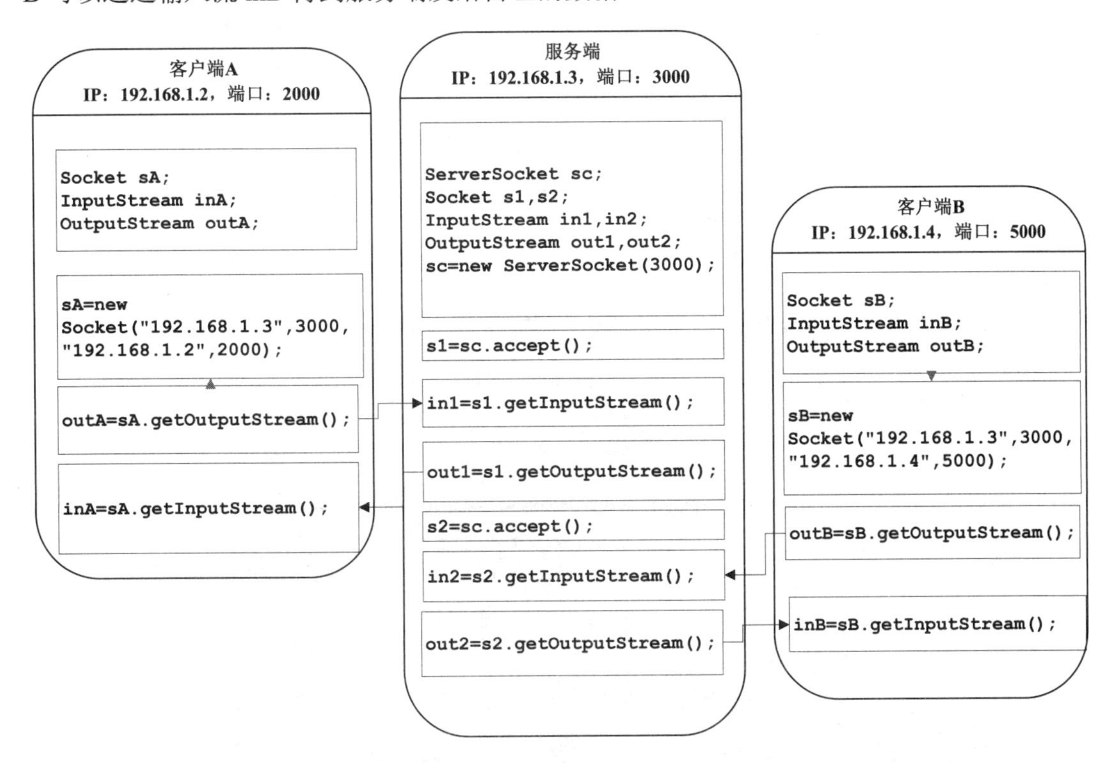

图 12-1　客户端 A、客户端 B 分别与服务端利用 Socket 和 ServerSocket 通信示意图

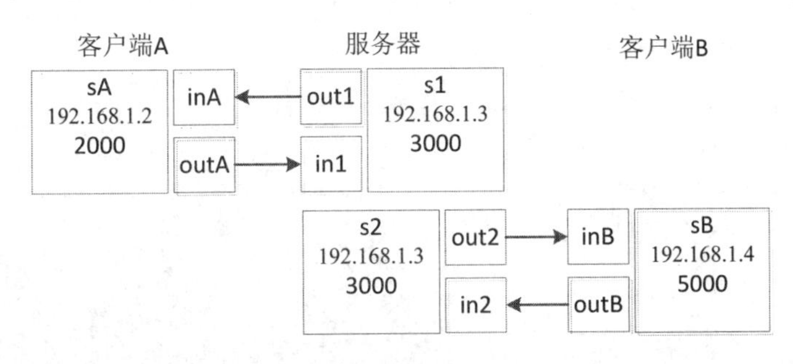

图 12-2　客户端 A、客户端 B 分别与服务端利用 Socket 和 ServerSocket 通信简图

【例 12-6】下面的程序演示了 ProgramA 和 ProgramB 聊天的情况。ProgramB 作为服务端，运行 ServerSocket，并在 3000 端口监听；ProgramA 作为客户端连接到 ProgramB 的 3000 端口上。首先 ProgramA 从键盘读入字符串，然后发送给 ProgramB，ProgramB 把接收到的数据输出到控制台，然后从键盘输入字符串并发送给 ProgramA，这样循环往复，直到任何一方输入 bye 再退出。

保存在 ProgramA.java 文件中的代码如下：

```
import java.io.*;
import java.net.*;
1 public class ProgramA {
```

```
2   public static void main(String[] args) {
3       try {
4           Socket s = new Socket("localhost",3000);
5           System.out.println("已经连接到 ProgramB");
6           InputStream in;
7           OutputStream out;
8           in=s.getInputStream();
9           out=s.getOutputStream();
10          DataOutputStream dos = new DataOutputStream(s.getOutputStream());
11          DataInputStream dis = new DataInputStream(s.getInputStream());
12          BufferedReader br =
13                  new BufferedReader(new InputStreamReader(System.in));
14          while (true) {
15              String mytmp = br.readLine();
16              dos.writeUTF(mytmp);
17              if(mytmp.trim().equals("bye")){
18                  dos.close();  dis.close();  s.close();  break;
19              }
20              String tmp = dis.readUTF();
21              System.out.println("ProgamB 说: " + tmp);
22              if(tmp.trim().equals("bye")){
23                  dos.close();  dis.close();  s.close();  break;
24              }
25          }
26      } catch (IOException e) {
27          e.printStackTrace();
28      }
29  }
30 }
```

保存在 ProgramB.java 文件中的代码如下：

```
import java.io.*;
import java.net.*;
1 public class ProgramB {
2   public static void main(String[] args) {
3       try {
4           ServerSocket sc = new ServerSocket(3000);
5           System.out.println("ProgramB 已经启动，正在等待 ProgramA 的连接...");
6           Socket s = sc.accept();
7           System.out.println("ProgramA 已经连接");
8           InputStream in;
9           OutputStream out;
10          in = s.getInputStream();
11          out = s.getOutputStream();
12          DataOutputStream dos = new DataOutputStream(s.getOutputStream());
13          DataInputStream dis = new DataInputStream(s.getInputStream());
14          BufferedReader br =
15                  new BufferedReader(new InputStreamReader(System.in));
16          while (true) {
17              String tmp = dis.readUTF();
18              System.out.println("ProgramA 说: " + tmp);
```

```
19                if(tmp.trim().equals("bye")){
20                    dos.close();  dis.close();  s.close();  break;
21                }
22                String mytmp = br.readLine();
23                dos.writeUTF(mytmp);
24                if(mytmp.trim().equals("bye")){
25                    dos.close();  dis.close();  s.close();  break;
26                }
27            }
28        } catch (IOException e) {
29            e.printStackTrace();
30        }
31    }
32 }
```

运行时要先运行 ProgramB，因为它作为服务端必须先启动起来，等待 ProgramA 的连接，然后运行 ProgramA。

ProgramA 端的输入和输出如下：

```
客户端已经连接到 ProgramB
hello ProgramB
ProgramB 说：bye
```

ProgramB 端的输出和输入如下：

```
programB 已经启动，正在等待 programA 的连接...
服务器已经收到 programA 的连接
ProgamA 说：hello ProgramB
bye
```

这两个程序由于都在本地机器运行，因而 ProgramB 的第 4 行代码默认在主机名为 localhost 的 3000 端口上监听；而 ProgramA 的第 4 行代码创建了 Socket 对象 s，连接到主机名为 localhost 的 3000 端口上。

值得注意的是，这两个程序在交流信息时只能是 ProgramA 先从键盘输入信息，然后发给 ProgramB；ProgramB 先接收信息，然后从键盘输入信息并再次发送给 ProgramA。如果 ProgramA 没有从键盘读入数据，没有发送给 ProgramB，那么 ProgramB 就不能从键盘输入数据发给 ProgramA，因为 ProgramA 的第 15 行代码在等待接收从键盘输入的数据，此时如果不输入，那么 ProgramA 就一直等待，不往下执行。同理，ProgramB 的第 17 行代码在等待接收 ProgramA 发来的数据，如果 ProgramA 没有发送，那么这行代码也一直在阻塞等待，不能往下执行。

这种情况与我们实际的聊天过程不符：对 ProgramA 来说，即使不从键盘输入数据，也可以一直接收对方发来的数据。同理，对 ProgramB 来说也是这样，而不是必须一问一答的方式。如何解决这个问题呢？

实际上，对 ProgramA 来说，发送数据给对方这种业务是可控的，自己什么时候想发数据时，就可以调用键盘读入程序，然后调用 Socket 的输出流发送出去。而接收对方的数据时，自己并不知道对方什么时间发送，对方随时可能发过来。结合多线程理论，可以想到，接收对方的数据我们可以使用一个子线程来解决，而主线程负责输入和发送数据给对方，这样发送数据和接收数据就可以独立进行了。对 ProgramA 和 ProgramB 来说，接收线程都是一样的，都是从一个 Socket 的输入流来读入数据，因而可以单独编写一个接收数据的线程，供 ProgramA 和 ProgramB 调用。

根据上述思路，我们重新编写聊天程序，把 ProgramA 和 ProgramB 分别换成 ProgramC 和 ProgramD，然后编写一个专门负责接收数据的子线程 ProgramReceive，具体代码如例 12-7 所示。

12-5 带子线程的聊天程序

【例 12-7】带子线程的聊天程序。保存在 ProgramReceive.java 文件中的代码如下：

```
import java.io.*;
import java.net.*;
1 public class ProgramReceive extends Thread {
2   Socket s;
3   DataInputStream din;
4   public ProgramReceive(Socket s){
5       this.s = s;
6       try {
7           din = new DataInputStream(s.getInputStream());
8       } catch (IOException e) {
9           e.printStackTrace();
10      }
11  }
12  public void run(){
13      while(true){
14          try {
15              String tmp = din.readUTF();
16              System.out.println("对方说："+tmp);
17              if(tmp.trim().equals("bye")){
18                  din.close();  s.close();  break;
19              }
20          } catch (IOException e) {
21              System.out.println("接收数据失败："+e.getMessage());
22              try {
23                  s.close();
24              } catch (IOException e1) {
25                  e1.printStackTrace();
26              }
27              break;
28          }
29
30      }
31  }
32 }
```

程序 ProgramReceive 是供 ProgramC 和 ProgramD 调用的，是通用的接收数据的类。其中定义了两个属性，一个是 Socket 类型的对象 s，另一个是 DataInputStream 类型的对象 din，其中 s 由构造函数传递进来，din 由对象 s 得到。构造方法部分完成了 s 和 din 的初始化。run 方法中定义了 while 循环，一直从 din 中获取数据，如果获取到的数据是字符串 bye 就退出循环，并关闭 s 和 din。至于 din 是从哪里得到的数据，取决于构造方法中传递过来的 s，s

如果是 ProgramC 端的 Socket 对象，那么 din 得到的就是 ProgramD 发送的数据；相反，s 如果是 ProgramD 端的 Socket 对象，那么 din 得到的就是 ProgramC 发送的数据。

保存在 ProgramC.java 文件中的代码如下：

```
import java.io.*;
import java.net.*;
1 public class ProgramC {
2   public static void main(String[] args) {
3       try {
4           Socket s = new Socket("localhost",3000);
5           System.out.println("已经连接到 ProgramD");
6           ProgramReceive pr = new ProgramReceive(s);
7           pr.start();
8           BufferedReader br =
9                   new BufferedReader(new InputStreamReader(System.in));
10          DataOutputStream dout = new DataOutputStream(s.getOutputStream());
11          while(true){
12              String mytmp = br.readLine();
13              if(dout!=null)  //dout 不为空，说明还能发送
14                  dout.writeUTF(mytmp);
15              else            //dout 为空，说明不能再发送数据了
16                  break;
17              if(mytmp.trim().equals("bye")){
18                  if(dout!=null) dout.close();
19                  if(s!=null) s.close();
20                  if(br!=null) br.close();
21                  break;
22              }
23          }
24      } catch (UnknownHostException e) {
25          System.out.println("连接服务器失败："+e.getMessage());
26      } catch (IOException e) {
27          System.out.println("发送数据失败："+e.getMessage());
28      }
29  }
30 }
```

以上第 4 行代码创建了 Socket 的对象 s，连接到了主机 localhost 的 3000 端口，也就是 ProgramD 中的 ServerSocket 对象 sc 监听的端口。

第 6 行代码把刚才创建的 s 当作实参传递给 ProgramReceive 类的构造方法，从而创建了一个接收线程。

第 7 行代码启动线程 pr，接收线程开始独立工作了，循环接收 ProgramD 发过来的数据。

第 12 行代码是从键盘读入数据。

第 14 行代码是把从键盘读入的字符串发送给对方。

要注意的是，第 13 行代码进行了 dout 是否为空的判断，因为现在有两个线程在运行，如果接收线程收到对方发来 bye 字符串，那么接收线程将关闭 Socket 对象 s，因而 dout 也将关闭。而主线程并不知道 dout 关闭了，所以在用 dout 发送数据之前要做判断。

保存在 ProgramD.java 文件中的代码如下：

```
import java.io.*;
import java.net.*;
1 public class ProgramD {
2  public static void main(String[] args) {
3    try {
4      ServerSocket sc = new ServerSocket(3000);
5      System.out.println("ProgramD 已经启动，正在等待 ProgramC 的连接...");
6      Socket s = sc.accept();
7      System.out.println("ProgramC 已经连接");
8      ProgramReceive pr = new ProgramReceive(s);
9      pr.start();
10     BufferedReader br = new BufferedReader(new InputStreamReader(System.in));
11       DataOutputStream dout = new DataOutputStream(s.getOutputStream());
12       while(true){
13         String mytmp = br.readLine();
14         if(dout!=null)       //dout 不为空，说明还能发送
15             dout.writeUTF(mytmp);
16           else               //dout 为空，说明不能再发送数据了
17             break;
18           if(mytmp.trim().equals("bye")){
19             if(dout!=null) dout.close();
20             if(s!=null) s.close();
21             if(br!=null) br.close();
22             break;
23           }
24         }
25       } catch (IOException e) {
26       System.out.println("发送数据失败："+e.getMessage());
27     }
28   }
29 }
```

以上第 4 行代码创建了 ServerSocket 对象 sc，并在主机为 localhost 的 3000 端口监听。

第 6 行代码调用了 accept 方法，程序将进入阻塞，直到 ProgramC 来连接，连接后则返回 Socket 对象 s。注意，程序要先运行 ProgramD，再运行 ProgramC。

第 8 行代码把刚才创建的 s 当作实参传递给 ProgramReceive 类的构造方法，从而创建了一个接收线程。

第 9 行启动线程 pr，接收线程开始独立工作，循环接收 ProgramC 发过来的数据。

第 13 行代码是从键盘读入数据。

第 15 行代码是把从键盘读入的字符串发送给对方。

要注意的是，第 14 行代码进行了 dout 是否为空的判断，与 ProgramC 中的作用一样。

上面三个程序基本完成了 ProgramC 和 ProgramD 聊天的功能。但是界面不够友好，因为是基于字符界面的，从键盘读入数据和显示聊天内容都是通过控制台进行的。实际上我们可以把它修改为图形界面，具有窗口、输入框、发送按钮这样的效果。

【例 12-8】创建图形界面的聊天程序，界面如图 12-3 所示。

客户端和服务端的界面一样，都包括“请输入”标签、输入发送内容的输入框、“发送”按钮、显示所有聊天内容的文本显示区组件，如图 12-4 所示。

图 12-3　客户端效果

图 12-4　服务端效果

实际上图形界面的聊天程序与前面程序的主要思路是一样的，只是要发送的内容是从输入框取得，而不是从控制台读入，接收到的内容和自己输入的内容显示在文本区组件中，而不是显示在控制台中。所以方法是把原来的 ProgramC 类和 ProgramD 类分别用两个窗口 ClientFrame 类和 ServerFrame 类代替，省略了从键盘读入的代码，直接从输入框中取得要发送的内容。接收线程 ProgramReceive 类中接收数据的部分与原来的代码一样，显示部分要显示在 ClientFrame 类或 ServerFrame 类中的文本显示区中。所以在 ProgramReceive 中除了要定义 Socket 类型的属性 s 外，还要定义一个 TextArea 类型的属性，当创建接收线程时，把 ClientFrame 类或 ServerFrame 类中的 Socket 对象和 TextArea 对象都传过来。

接收线程的代码如下：

```
import java.io.*;
import java.net.*;
import javax.swing.*;
public class ReceiveThread extends Thread {
    Socket s;  //将来用主程序中的 Socket 对象代替，即跟主程序中的是同一个套接字
    JTextArea jtaContent;  //将来用主程序中的 JTextArea 对象代替，即跟主程序中的是
        //同一个文本区，添加到 jtaContent 中的文字，就会显示在主聊天窗口的文本区中
    DataInputStream in;
    public ReceiveThread(Socket s, JTextArea jtaContent){
        this.s = s; this.jtaContent=jtaContent;
    }
    public void run(){
        try {
            in = new DataInputStream(s.getInputStream());
            while(true){
                String temp=in.readUTF();
                jtaContent.append("\n 对方说："+temp);
                if(temp.trim().equals("bye")){
                    in.close();
                    s.close();
                }
            }
        } catch (IOException e) {}
    }
}
```

客户端的代码如下：

```
import java.io.*;
import java.net.*;
import javax.swing.*;
import java.awt.*;
import java.awt.event.*;
```

```
public class ClientFrame extends JFrame {
    JLabel lblInput = new JLabel("请输入: ");
    JTextField txtInput = new JTextField(20);   //用于接收用户输入
    JButton btnSend = new JButton("发送");  //“发送”按钮将输入的内容发送出去
    JTextArea jtaContent = new JTextArea(10,20); //用于显示自己和对方输入的内容
    Socket s;
    Container c = this.getContentPane();
    JPanel pUp = new JPanel();
    DataOutputStream out;
    private void init(){
        pUp.setLayout(new FlowLayout());
        pUp.add(lblInput);pUp.add(txtInput);pUp.add(btnSend);
        c.add(pUp,BorderLayout.NORTH);
        c.add(jtaContent,BorderLayout.CENTER);
        btnSend.addActionListener(new ActionListener(){
        public void actionPerformed(ActionEvent ae){
            String temp = txtInput.getText();
            txtInput.setText("");
            jtaContent.setText(jtaContent.getText()+"\n 我说: "+temp);
            try {
                out.writeUTF(temp);
                if(temp.equals("bye")){
                    out.close();
                    s.close();
                }
            } catch (IOException e) {
                e.printStackTrace();
            }
        }
        });
        try {
            s = new Socket("localhost",5000);  //创建自己的 Socket 对象
            out = new DataOutputStream(s.getOutputStream());
                //得到输出流，用于发送数据给对方
        } catch (UnknownHostException e) {
            e.printStackTrace();
        } catch (IOException e) {
            e.printStackTrace();
        }
        this.setDefaultCloseOperation(EXIT_ON_CLOSE);
        this.setSize(400,300);
        this.setVisible(true);
    }
    public ClientFrame(){
        super("客户端");
        init();
        ReceiveThread rt = new ReceiveThread(s,jtaContent); //把本窗口中的 s 和
            //jtaContent 传递给接收数据的子线程，这样子线程和主程序使用的是同一套对象
        rt.start();
    }
    public static void main(String[] args) {
```

```
        ClientFrame cf = new ClientFrame();
    }
}
```

服务端的代码如下：

```
import java.io.*;
import java.net.*;
import javax.swing.*;
import java.awt.*;
import java.awt.event.*;
public class ServerFrame extends JFrame {
    JLabel lblInput = new JLabel("请输入: ");
    JTextField txtInput = new JTextField(20);  //用于接收用户输入
    JButton btnSend = new JButton("发送");   //“发送”按钮将输入的内容发送出去
    JTextArea jtaContent = new JTextArea(10,20); //用于显示自己和对方输入的内容
    Socket s;
    ServerSocket ss;
    Container c = this.getContentPane();
    JPanel pUp = new JPanel();
    DataOutputStream out;
    private void init(){
    pUp.setLayout(new FlowLayout());
    pUp.add(lblInput);pUp.add(txtInput);pUp.add(btnSend);
    c.add(pUp,BorderLayout.NORTH);
    c.add(jtaContent,BorderLayout.CENTER);
    btnSend.addActionListener(new ActionListener(){
    public void actionPerformed(ActionEvent ae){
    String temp=txtInput.getText();
    txtInput.setText("");
    jtaContent.setText(jtaContent.getText()+"\n 我说: "+temp);
    try {
        out.writeUTF(temp);
        if(temp.equals("bye")){
            out.close();
            s.close();
        }
    } catch (IOException e) {
        e.printStackTrace();
    }
    }});
    try {
        ss = new ServerSocket(5000);
        s=ss.accept();  //得到自己的 Socket 对象
        out = new DataOutputStream(s.getOutputStream()); //得到发送数据的输出流
    } catch (UnknownHostException e) {
        e.printStackTrace();
    } catch (IOException e) {
        e.printStackTrace();
    }
```

```
        this.setDefaultCloseOperation(EXIT_ON_CLOSE);
        this.setSize(400,300);
        this.setVisible(true);
    }
    public ServerFrame(){
        super("服务端");
        init();
        ReceiveThread rt = new ReceiveThread(s,jtaContent);//把本窗口中的 s 和
        //jtaContent 传递给接收数据的子线程，这样子线程和主程序使用的是同一套对象
        rt.start();
    }
    public static void main(String[] args) {
        ServerFrame cf = new ServerFrame();
    }
}
```

12.4 数据报

12-6 数据报

基于 TCP 的套接字类 ServerSocket 和 Socket 是在通信的双方之间建立可靠、双向、点对点、持续的流式连接。在通信之前要先建立连接，通信结束后要拆除连接，这样能够保证信息的准确性，但效率低，适合对信息准确性要求很高的应用场合。有时我们的应用对实时性、准确性要求不是很高，但对速度要求高，比如观看网络视频，传送数据时丢几个包并不影响观看效果，这时可以使用基于 UDP 的套接字。

UDP(user datagrams protocol)也称为用户数据报协议，是一种使用数据报的机制来传递信息的协议。数据报(datagrams)是一种在不同机器之间传递的信息包，数据以包为单位来发送和接收。它在传送时不需要提前建立连接，当信息包从某一机器发送给目标机器时，它不能保证数据的顺序和准确性，不能保证一定能够让目标机器接收到，甚至不能保证目标机器是真实存在的。反之，数据报被接收时，不保证数据没有受损，也不保证发送该数据报的机器仍在等待响应。正是由于 UDP 在传送过程中没有花费时间进行复杂的控制，不需要等到对方的回应，所以 UDP 是一种基于数据报的快速的、无连接的、不可靠的信息包传输协议。

12.4.1 DatagramPacket 和 DatagramSocket 类

在 Java 中，通过两个特定类来实现 UDP 顶层数据报，分别是 DatagramPacket 和 DatagramSocket。其中，DatagramPacket 类是一个数据容器，用来保存要传输的数据；DatagramSocket 类实现了发送和接收 DatagramPacket 的机制，即实现了数据报的通信方式。

1. DatagramPacket

(1) DatagramPacket 类的常用构造方法如下。

① public DatagramPacket(byte[] buf, int length)：构造 DatagramPacket，用来接收长度为 length 的数据包，接收数据时使用。

◎ buf：保存传入数据报的缓冲区。

◎ length：要读取的字节数，必须小于或等于 buf.length。

② public DatagramPacket(byte[] buf, int offset, int length)：构造 DatagramPacket，用来接收长度为 length 的包，接收数据时使用。在缓冲区中指定了偏移量。

◎ buf：保存传入数据报的缓冲区。

◎ offset：缓冲区的偏移量。

◎ length：读取的字节数。

③ public DatagramPacket(byte[] buf, int length, InetAddress address, int port)：构造数据报包，用来将长度为 length 的包发送到指定主机上的指定端口号，发送数据时使用。

◎ buf：要发送的包数据。

◎ length：包数据长度，必须小于或等于 buf.length。

◎ address：目的地址。

◎ port：目的端口号。

④ public DatagramPacket(byte[] buf, int offset, int length, InetAddress address, int port)：构造数据报包，用来将长度为 length、偏移量为 offset 的包发送到指定主机上的指定端口号，发送数据时使用。

◎ buf：要发送的包数据。

◎ offset：包数据偏移量。

◎ length：包数据长度，必须小于或等于 buf.length。

◎ address：目的套接字地址。

◎ port：目的端口号。

(2) DatagramPacket 类的其他常用方法如下。

① public byte[] getData()：返回数据缓冲区。

② public int getLength()：返回将要发送或接收到的数据的长度。

③ public int getOffset()：返回将要发送或接收到的数据的偏移量。

④ public InetAddress getAddress()：返回某台机器的 IP 地址，此数据报将要发往该机器或者是从该机器接收到的。

⑤ public int getPort()：返回某台远程主机的端口号，此数据报将要发往该端口号或者是从该端口号接收到的。

⑥ public void setAddress(InetAddress iaddr)：设置要将此数据报发往的那台机器的 IP 地址。

⑦ public void setPort(int iport)：设置要将此数据报发往的远程主机上的端口号。

⑧ public void setData(byte[] buf)：为此包设置数据缓冲区。

⑨ public void setData(byte[] buf, int offset, int length)：为此包设置数据缓冲区。buf 为要为此包设置的缓冲区，offset 为数据中的偏移量，length 为数据的长度或用来接收数据的缓冲区长度。

⑩ public SocketAddress getSocketAddress()：获取要将此包发送到的或发出此数据报的远程主机的 SocketAddress(通常为 IP 地址+端口号)。

⑪ public void setSocketAddress(SocketAddress address)：设置要将此数据报发往的远程

主机的 SocketAddress(通常为 IP 地址+端口号)。

2. DatagramSocket

DatagramSocket 数据报套接字是包投递服务的发送或接收点。每个在数据报套接字上发送或接收的包都是单独编址和路由的。从一台机器发送到另一台机器的多个包可能选择不同的路由，也可能按不同的顺序到达。

(1) DatagramSocket 类的常用构造方法如下。

① DatagramSocket()：构造数据报套接字，将其绑定到本地主机上任何可用的端口。

② DatagramSocket(int port)：创建数据报套接字，将其绑定到本地主机上的端口 port。

③ DatagramSocket(int port, InetAddress addr)：创建数据报套接字，将其绑定到指定的本地地址 addr 和端口 port。

(2) DatagramSocket 类的其他常用方法如下。

① public void send(DatagramPacket p)：从此套接字发送数据报包 p。

② public void receive(DatagramPacket p)：从此套接字接收数据报包 p。

③ public InetAddress getInetAddress()：返回此套接字连接的远程地址。

④ public InetAddress getLocalAddress()：获取套接字绑定的本地地址。

⑤ public int getPort()：返回此套接字连接的远程端口号。

⑥ public int getLocalPort()：返回此套接字绑定的本地主机上的端口号。

⑦ public SocketAddress getLocalSocketAddress()：返回此套接字绑定的本地地址，如果尚未绑定，则返回 null。

⑧ public void setData(byte[] buf)：为此包设置数据缓冲区 buf。

⑨ public void setData(byte[] buf, int offset, int length)：为此包设置数据缓冲区。buf 为要为此包设置的缓冲区，offset 为数据中的偏移量，length 为数据的长度或用来接收数据的缓冲区长度。

⑩ public SocketAddress getSocketAddress()：获取要将此包发送到的或发出此数据报的远程主机的 SocketAddress(通常为 IP 地址+端口号)。

⑪ public void setSocketAddress(SocketAddress address)：设置要将此数据报发往的远程主机的 SocketAddress(通常为 IP 地址+端口号)。

例如：

```
DatagramSocket s = new DatagramSocket(null);
s.bind(new InetSocketAddress(8888));
```

这等价于：

```
DatagramSocket s = new DatagramSocket(8888);
```

两种用法都可以创建能够在 8888 端口上接收广播的 DatagramSocket。

利用数据报套接字编写通信程序不需要经过连接的过程，双方处于同等地位。

【例 12-9】下面的例子演示了程序 UDPSend 和 UDPReceive 通信的过程。UDPSend 将“你好”两个字发送给程序 UDPReceive，程序 UDPReceive 接收到后，又将“您好，欢迎您”发送给 UDPSend。UDPSend 和 UDPReceive 都运行在本地机 localhost 上，UDPSend 通过端口 3000 向外发送数据和接收收据，UDPReceive 通过 5000 端口接收数据和发送数据。

保存在 UDPSend.java 文件中的代码如下：

```
import java.io.*;
import java.net.*;
public class UDPSend {
    public static void main(String[] args) {
        DatagramSocket ds;
        try {
            ds = new DatagramSocket(3000);
            String temp = "你好";
            byte[] bufSend = temp.getBytes();  //定义要发送的数据，是个字节数组
            DatagramPacket dpSend = new DatagramPacket(bufSend,
                bufSend.length, InetAddress.getByName("localhost"),5000);
                //数据包上要有对方的地址和端口号
            ds.send(dpSend);  //将数据包 dpSend 发送出去
            System.out.println("UDPSend 已发送成功，等待接收...");
            byte[] bufReceive = new byte[1024];  //用于保存要接收的数据
            DatagramPacket dpReceive = new DatagramPacket
                (bufReceive,bufReceive.length);
                //空数据包，准备接收对方发过来的数据包
            ds.receive(dpReceive);  //接收数据包，将接到的数据放到数据包 dpReceive 中
                //实际上是放到字节数组 bufReceive 中
            temp = new String(bufReceive,0,dpReceive.getLength());
            System.out.println("UDPSend 接收到的是："+temp);
        } catch (SocketException e) {
            e.printStackTrace();
        } catch (UnknownHostException e) {
            e.printStackTrace();
        } catch (IOException e) {
            e.printStackTrace();
        }
    }
}
```

保存在 UDPReceive.java 文件中的代码如下：

```
import java.io.*;
import java.net.*;
public class UDPReceive {
    public static void main(String[] args) {
        try {
            DatagramSocket ds = new DatagramSocket(5000);
            byte[] bufReceive = new byte[1024];  //用于保存要接收的数据
            DatagramPacket dpReceive = new DatagramPacket
                (bufReceive, bufReceive.length);
                //空数据包，接收对方发过来的数据包
            ds.receive(dpReceive);
                //接收数据包，将接收到的数据放到数据包 dpReceive 中
                //实际上是放到字节数组 bufReceive 中
            String temp = new String(bufReceive,0,dpReceive.getLength());
                //将收到的字节数组转换为字符串
            System.out.println("UDPReceive 接收到的是："+temp);
```

```
                System.out.println("UDPReceive 已接收成功，准备发送...");
                byte[] bufSend = "您好，欢迎您".getBytes();  //要发送的数据，是字节数组
                DatagramPacket dpSend = new DatagramPacket(bufSend,
                    bufSend.length, InetAddress.getByName("localhost"),3000);
                    //数据包上要有对方的地址和端口号
                ds.send(dpSend);  //将数据包 dpSend 发送出去
                System.out.println("UDPReceive 已发送成功");
            } catch (SocketException e) {
                e.printStackTrace();
            } catch (UnknownHostException e) {
                e.printStackTrace();
            } catch (IOException e) {
                e.printStackTrace();
            }
        }
}
```

需要注意的是，上面的两个程序虽然处于同等地位，但应该先运行 UDPReceive.java，再运行 UDPSend.java，因为 UDPReceive 的“ds.receive(dpReceive)”在接收数据时处于阻塞状态，等待对方发送数据，所以让它先运行起来等待，然后 UDPSend 开始运行并且发送数据，否则对方发了数据，自己没有运行起来，则可能丢失数据。

12.4.2 图形界面聊天案例

12-7 基于数据报套接字的图形界面聊天案例

了解了数据报套接字的通信原理后，我们可以把前面的例 12-8 修改一下，改成基于 UDP 的聊天程序。实际上，界面和程序架构都不用变化，只是修改发送数据和接收数据的一小部分代码即可，把原来用 Socket 对象的输入输出流通信的代码换成用 DatagramSocket 和 DatagramPacket 来发送和接收数据，同时去掉用 ServerSocket 监听的代码，因为不需要建立连接即可通信。另外，因为不需要区分服务端和客户端，通信双方的功能一样，所以只编写一个窗口即可，运行时创建两个窗口对象。因为本程序是在同一台机器上运行的，所以双方的通信端口不一样。

【例 12-10】用 DatagramSocket 和 DatagramPacket 编写基于图形界面的聊天程序。

用于接收数据的子线程的 DatagramReceive.java 文件中的代码如下：

```
import java.io.*;
import java.net.*;
import javax.swing.*;
public class DatagramReceive extends Thread {
    String name;
    DatagramSocket ds;       //用于接收数据包的套接字，将来从主程序中传递过来
    JTextArea jtaContent;    //显示聊天内容的文本区组件，将来从主程序中传递过来
    boolean flag = true;     //是否继续循环接收数据的变量
    public DatagramReceive(String name,DatagramSocket ds,JTextArea jtaContent){
        this.name = name;
        this.ds = ds;
        this.jtaContent = jtaContent;
    }
```

```
    public void run(){
    while(flag){
        byte[] buf = new byte[1024];    //用于保存接收数据的字节数组
        DatagramPacket dp = new DatagramPacket(buf,buf.length);//接收数据的数据包
        try {
            ds.receive(dp);   //接收数据包
            String temp = new String(buf,0,dp.getLength());
                jtaContent.append("\n对方说: "+temp);
                if(temp.trim().equals("bye")){
                    setFlag(false);
                    ds.close();
                }
            } catch (IOException e) {
                System.out.println(name+"接收数据出错");
            }
        }
    }
    public void setFlag(boolean flag){
        this.flag=flag;
    }
}
```

用于聊天的主窗口的 UDPTalk.java 文件中的代码如下：

```
import java.io.*;
import java.net.*;
import javax.swing.*;
import java.awt.*;
import java.awt.event.*;
public class UDPTalk extends JFrame{
    JLabel lblInput = new JLabel("请输入: ");
    JTextField txtInput = new JTextField(20);
    JButton btnSend = new JButton("发送");
    JTextArea jtaContent = new JTextArea(10,20);
    JPanel pUp = new JPanel();
    String name;
    DatagramSocket ds;
    int localPort = 3000;//本地端口号，将从这个端口往外发送数据和接收对方发来的数据
        //默认值是3000，将由构造方法传入真正使用的端口号
    int remotePort = 5000;//远程端口号，将往对方的这个端口号发送数据，默认值是5000
        //将由构造方法传入真正使用的端口号
    Container c;
    DatagramReceive dc; //接收数据的子线程
    private void init(){
        c = this.getContentPane();
        c.setLayout(new BorderLayout());
        pUp.setLayout(new FlowLayout());
        pUp.add(lblInput);pUp.add(txtInput);pUp.add(btnSend);
        c.add(pUp,BorderLayout.NORTH);
        c.add(jtaContent,BorderLayout.CENTER);
    }
```

```
    btnSend.addActionListener(new ActionListener(){
        public void actionPerformed(ActionEvent e){
            String temp = txtInput.getText();
            jtaContent.append("\n 我说: "+temp);
            byte[] buf = temp.getBytes();
            try {
                DatagramPacket dp = new DatagramPacket(buf,buf.length,
                    InetAddress.getByName("localhost"),remotePort);
                ds.send(dp);
                if(temp.trim().equals("bye")){
                    dc.setFlag(false);
                    ds.close();
                }
            } catch (UnknownHostException e1) {
                System.out.println("出错，原因可能是主机名不存在");
            } catch (IOException e2) {
                System.out.println("数据发送错误，可能是对方地址和端口号错误");
            }
        }
        });
        this.setDefaultCloseOperation(EXIT_ON_CLOSE);
        this.setSize(400,400);
        this.setVisible(true);
    }
    public UDPTalk(String name, int localPort, int remotePort){
        super(name);
        this.localPort = localPort;
        this.remotePort = remotePort;
        init();
        try {
            ds = new DatagramSocket(localPort);
    //创建子线程，启动接收数据线程，将本窗口的 ds 和 jtaContent 传递给接收数据的线程
            dc = new DatagramReceive(name,ds,jtaContent);
            dc.start();
        } catch (SocketException e) {
            System.out.println("出错，原因可能是端口号"+localPort+"不能使用");
        }
    }
    public static void main(String args[]){
        //talkA 的标题显示主机 A，本地端口是 3000，远程端口是 5000
        UDPTalk talkA = new UDPTalk("主机 A",3000,5000);
        //talkB 的标题显示主机 B，本地端口是 5000，远程端口是 3000
        UDPTalk talkB = new UDPTalk("主机 B",5000,3000);
    }
}
```

看起来代码很长，实际上用于发送数据的代码只占几行，定义界面属性、布置界面用了大量代码。

12.5 案例实训：编写一个简易的Web服务器

本节通过一个简易的Web服务器的案例来帮助读者加深对网络编程的理解。

1. 题目要求

编写一个简易的Web服务器程序，要求能够处理简单的html网页，网页中可以有文字和图片。用户从浏览器地址栏中输入服务器上的网页地址后，服务器能把网页内容返回给浏览器，让浏览器展示该网页。

2. 题目分析

看到这个题目，应该如何下手呢？

首先，浏览器实际上是通过 Socket 来连接 Web 服务器的，所以服务器需要有一个ServerSocket对象，通过这个ServerSocket对象的accept()方法来接收浏览器的Socket链接。循环多次调用accept()方法，就能接收多次浏览器的连接请求，从而在服务器端生成多个Socket对象，这样浏览器端的Socket对象和服务器端生成的Socket对象之间就可以互相通信了。

以浏览器请求服务器的http://localhost:8080/index.html为例，服务器Socket对象的输入流能够获得类似如下的信息：

```
GET /index.html HTTP/1.1
Host: localhost:8080
Connection: keep-alive
Cache-Control: max-age=0
sec-ch-ua:"Not)A;Brand";v="99","Google Chrome";v="127",
"Chromium";v="127"
sec-ch-ua-mobile: ?0
sec-ch-ua-platform: "Windows"
Upgrade-Insecure-Requests: 1
User-Agent: Mozilla/5.0 (Windows NT 10.0; Win64; x64) AppleWebKit/537.36
(KHTML, like Gecko) Chrome/127.0.0.0 Safari/537.36
Accept:
text/html,application/xhtml+xml,application/xml;q=0.9,image/avif,image/
webp,image/apng,*/*;q=0.8,application/signed-exchange;v=b3;q=0.7
Sec-Fetch-Site: none
Sec-Fetch-Mode: navigate
Sec-Fetch-User: ?1
Sec-Fetch-Dest: document
Accept-Encoding: gzip, deflate, br, zstd
Accept-Language: zh-CN,zh;q=0.9,zh-TW;q=0.8,en-US;q=0.7,en;q=0.6import
java.util.Date;
```

其中，第1行内容GET /index.html HTTP/1.1包含了请求的方法名、网页、协议/版本。GET表示是GET请求，还有POST、PUT等请求方法。/index.html表示请求网站根目录下的index.html网页。如果是/images/taishan1.jpg，则表示请求网站根目录下的images目录下的taishan1.jpg。HTTP/1.1表示采用的协议是HTTP，版本为1.1。

对于我们要做的简易 Web 服务器来说，最重要的是，要得到用户要访问的是哪个网页或图片，从而找到这个网页或图片文件，并读出该文件的内容，再通过服务器端 Socket 对象的输出流发送给浏览器，浏览器就可以显示出内容来。

服务器要能够让多个浏览器同时访问，因而服务器端要使用多线程技术。每个线程来处理浏览器的一次请求，所以每个线程都要有一个服务器端的 Socket 对象来跟浏览器的 Socket 对象通信。如果一个网页中包含 2 张图片，那么浏览器在请求这个网页的时候，至少会发送 3 次请求，分别请求网页和 2 张图片，有的浏览器还会自动请求 favicon.ico 文件来作为网站的商标图片。

3. 程序实现

根据上面的分析，程序的实现步骤如下。

(1) 设计服务端用来处理浏览器请求的线程类 ServerThread。

ServerThread.java 的代码如下：

```
package ch12;
import java.io.BufferedOutputStream;
import java.io.BufferedReader;
import java.io.File;
import java.io.FileInputStream;
import java.io.FileReader;
import java.io.IOException;
import java.io.InputStreamReader;
import java.io.OutputStream;
import java.io.PrintWriter;
import java.net.Socket;
public class ServerThread extends Thread {
    //socket 用来跟浏览器端的 Socket 对象进行通信，将来把主程序中 ServerSocket 对象
    //的 accept()方法获得的 Socket 对象传过来
    Socket socket;
    public ServerThread(Socket socket) {
        this.socket = socket;
    }
    public void run() {
        try {
            BufferedReader in = new BufferedReader
            (new InputStreamReader(socket.getInputStream()));
            OutputStream out=socket.getOutputStream();
            //开始读入客户端(如浏览器)通过 http 协议发送过来的请求信息
            String line = in.readLine();//读取客户端请求时发送过来的第 1 行数据
            String method = line.substring(0, line.indexOf("/")).trim();
            String path = line.substring(line.indexOf("/"),
            line.indexOf("HTTP")).trim();
            //System.out.println("method=" + method);
            //System.out.println("path=" + path);
            if (path.equals("/"))//如果请求的是“/”，则让 path="/index.html"
                path = "/index.html";
            path = path.substring(1);//去掉 path 中的第一个“/”
            File file = new File(path);
            String fileExtName = path.substring(path.indexOf(".") + 1);
            //文件扩展名
```

```
        System.out.println("path的扩展名=" + fileExtName);
        String contentType = "application/json;charset=utf-8";
//默认值先设为application/json;charset=utf-8，下面根据请求的文件扩展名来修改
        if ("htmlhtm".indexOf(fileExtName) > -1) {
            contentType = "text/html;charset=utf-8";
        } else if ("jpgjpeggifpngico".indexOf(fileExtName) > -1) {
            contentType = "image/jpeg";
        }
        //下面开始给客户端浏览器返回信息
        PrintWriter pout = new PrintWriter(out, true);
        pout.println("HTTP/1.0 200 OK");//输出响应状态
        pout.println("Content-Type:" + contentType);//输出响应类型
        pout.println("Content-Length:" + file.length());
        pout.println();     //根据 HTTP 协议，空行将结束头信息
        //下面开始输出文件内容
        if (contentType.equals("text/html;charset=utf-8")) {
        //请求的是网页
            FileReader reader = new FileReader(path);
            //reader用来读入文件内容
            char[] buffer = new char[1024];   //用来保存读入的字符数据
            int count = 0;        //一次读入时读到的实际字符个数
            while ((count = reader.read(buffer)) > 0) {
                pout.println(new String(buffer, 0, count));
                //将读入的字符数组变成字符串输出到浏览器
            }
            pout.flush();
            pout.close();
            reader.close();       //关闭文件输入流
        } else {                  //请求的是图片
            //bout是用来把图片内容输出到浏览器的缓冲输出流
            BufferedOutputStream bout = new BufferedOutputStream(out);
            FileInputStream fin = new FileInputStream(file);
            //从图片文件中读数据的输入流
         byte[] buffer = new byte[1024]; //用来保存从图片文件中读入的字节数组
            int count = 0;        //一次读入时读到的实际字节个数
            while ((count = fin.read(buffer)) > 0) {
              bout.write(buffer, 0, count); //将读入的字节数组输出到浏览器
            }
            fin.close();          //关闭文件读入流
            bout.close();         //关闭向客户端写的缓冲输出流
        }
        in.close();               //关闭读客户端请求的输入流
        out.close();              //关闭向客户端写数据的输出流
        socket.close();           //关闭socket
    } catch (IOException e) {
        System.out.println("出现错误: " + e.getMessage());
    }
  }
}
```

上面的代码完成了处理单个请求的线程类。在 run 方法中主要包括两部分功能：接收客户端请求的数据和往客户端发送数据。这里为了代码易读易懂，所以把代码都放到了 run 方法里，实际开发中，往往会单独把接收请求数据的部分封装成一个类，如定义为 Request;

把往客户端发送数据的代码封装成一个类，如定义成 Response，这样就实现了模块化封装。

(2) 设计主程序类 HttpServerTest。

主程序类只有 main 方法，在 main 方法中创建 ServerSocket 对象，并调用 accept()方法来接收客户端的请求，从而生成一个服务端的 Socket 对象，然后用这个 Socket 对象来创建一个处理客户端浏览器请求的子线程对象，并启动子线程来处理请求。

HttpServerTest.java 的代码如下：

```
package ch12;
import java.io.IOException;
import java.net.ServerSocket;
import java.net.Socket;
public class HttpServerTest {
    public static void main(String[] args) {
        try {
            ServerSocket server=new ServerSocket(8080);//可以是别的空闲端口号
            System.out.println("http 服务器已经启动，端口号为：8080");
            while(true){
                Socket socket=server.accept();
                System.out.println("客户端已连接，端口号为：
                "+socket.getPort());
                new ServerThread(socket).start();
                //启动服务端线程来处理客户端的请求
            }
        } catch (IOException e) {
            System.out.println("服务器启动出现错误："+e.getMessage());
        }
    }
}
```

为了测试这个简易的 Web 服务器，可以在项目工程根目录下放一个 html 网页，这里给出一个 index.html 网页的例子，网页内容如下：

```
<!DOCTYPE html PUBLIC "-//W3C//DTD HTML 4.01 Transitional//EN"
 "http://www.w3.org/TR/html4/loose.dtd">
<html>
   <head>
     <meta  http-equiv="Content-Type" content="text/html; charset=utf-8">
     <title>index.html</title>
  </head>
   <body>
      欢迎访问我的简易 Web 服务器。<br/>
      本 Web 服务器只支持普通 html 网页和图片<br/>
      下面请欣赏图片<br>
      <img alt="" src="images/taishan1.jpg"
        style="width:200px;height:160px"><br>

      <img alt="" src="images/sdjzu1.png"
        style="width:160px;height:160px"><br>
   </body>
</html>
```

同时，在 index.html 文件的相同目录下再放一个 favicon.ico 图片文件，当然这个文件没有也可以。

因为 index.html 文件里用到了两张图片，所以需要在项目工程根目录下创建一个子目录 images，然后在 images 目录下放两个图片文件，分别为 taishan1.jpg 和 sdjzu1.png。

最后运行 HttpServerTest，从浏览器地址栏中输入 http://localhost:8080/index.html 即可。

本案例只能处理简单的网页和图片，这只是 Web 服务器的一个最基础的功能，真正的 Web 服务器能处理各种资源，也能处理请求参数和表单数据等，感兴趣的读者可以在此基础上扩充功能。

本章小结

本章介绍了 Java 在网络编程方面的技术。URL 类封装了网址信息，URLConnection 类用于连接到一个具体的 URL 对象，并且可以读写网址的内容。InetAddress 类封装了 IP 地址信息，通过它可以操作 IP 地址或主机名。ServerSocket 和 Socket 类是基于 TCP 协议的流式套接字类，通过这两个类，可以建立客户机-服务器模式的通信程序，它们建立的连接是可靠和稳定的。DatagramSocket 和 DatagramPacket 类是基于 UDP 的套接字，它们也可以进行网络通信，通信时不需要预先建立连接。

本章中容易出错的地方有以下几点。

(1) Socket 和 DatagramSocket 没有创建对象就使用它们发送和接收数据。

(2) 分不清接收数据报和发送的数据报的创建方法，发送数据报需要有对方的地址和端口号，接收的数据报不需要。

(3) 使用 ServerSocket 和 Socket 进行通信时，对双方关系的理解不够清楚。ServerSocket 端实际上也要生成一个 Socket 与客户端的 Socket 进行通信。

习题

一、问答题

1. URL 类的作用是什么？如何通过 URL 类来读取某个网络资源的内容？

2. URL 和 URLConnection 类的区别是什么？

3. 利用 ServerSocket 和 Socket 类编写基于 TCP 协议的网络通信程序的步骤是什么？通信双方是否必须使用一样的端口号？

4. 利用 DatagramSocket 和 DatagramPacket 类编写基于 UDP 的通信程序的步骤是什么？

二、编程题

1. 使用 ServerSocket 和 Socket 类编写一个两人聊天的程序。

2. 使用 DatagramSocket 和 DatagramPacket 类编写一个两人聊天的程序。

第13章 JDBC

本章要点

(1) JDBC 的概念；
(2) JDBC API 中基本的类和接口；
(3) JDBC 驱动程序类型；
(4) JDBC 使用步骤；
(5) JDBC 事务管理；
(6) JDBC 4.x。

学习目标

(1) 理解 JDBC 的概念；
(2) 了解 JDBC 驱动程序类型；
(3) 掌握 DriverManager、Connection、Statement、ResultSet 等接口的主要方法；
(4) 掌握 JDBC 使用的一般步骤；
(5) 理解数据库帮助类 DBConnection；
(6) 掌握 PreparedStatement 的使用和 JDBC 调用存储过程；
(7) 掌握 JDBC 事务管理；
(8) 了解 JDBC 4.x。

13.1 JDBC 简介

应用程序通常需要与数据库交互，如将数据保存到数据库、从数据库取出数据等。应用程序对数据库的操作主要有 4 种：插入记录、查询符合条件的记录、更新记录、删除记录。这 4 种操作常称为 CRUD(create、read、update、delete，创建、读取、更新、删除)。现在主流的数据库是关系数据库。常见的关系数据库有 Oracle、DB2、Microsoft SQL Server、MySQL 等。在 Java 应用中访问数据库需要使用 JDBC。

13-1 JDBC 简介

13.1.1 JDBC 的概念

JDBC(Java Database Connectivity，Java 数据库连接)是 Java 程序操作数据库的规范。在 Java 程序中，程序员通过使用 JDBC API，可以用标准 SQL 语句访问几乎任何一种数据库；特定数据库厂商通过实现 JDBC API 生产的 JDBC 驱动程序完成某个具体数据库的实际操作。

JDBC 分为面向程序开发人员的 JDBC API 和面向底层 JDBC 驱动的 API。面向程序开发人员的 JDBC API 是学习的重点，面向底层 JDBC 驱动的 API 是数据库厂商实现驱动程序的规范，在此不予介绍。JDBC 的体系结构如图 13-1 所示。

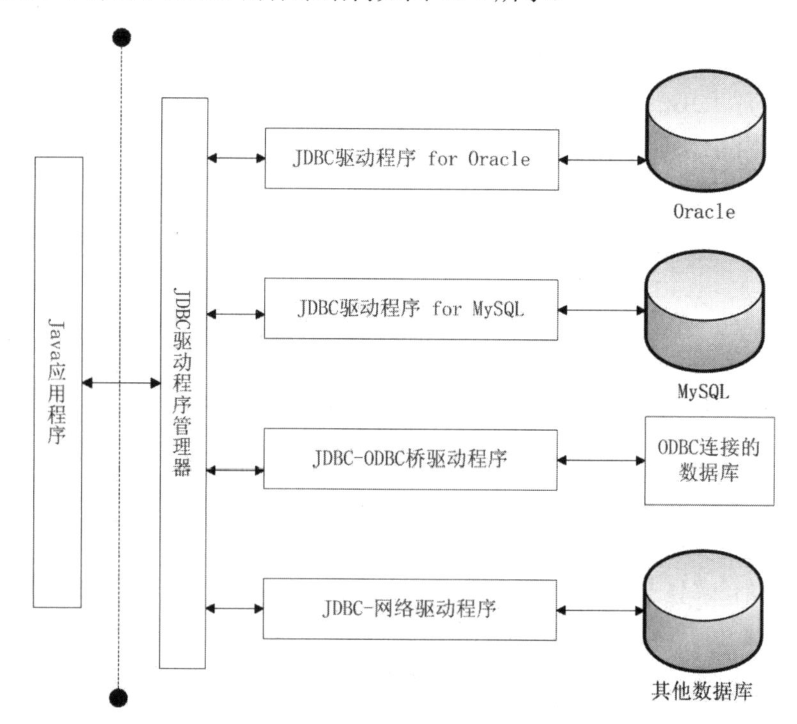

图 13-1 JDBC 的体系结构

在 Java 应用程序中使用 JDBC API 来访问数据库时，要在 classpath 中加载某个具体数据库的 JDBC 驱动，这样不管是访问什么数据库，只要有对应的数据库 JDBC 驱动，在 Java

程序中使用统一的类和接口就能完成对数据库的操作。

13.1.2 JDBC 3.0 API 简介

JDBC 3.0 版本中，JDBC API 由 java.sql 和 javax.sql 包中的接口和类组成。

(1) java.sql 包中的接口和类主要完成基本数据库操作，如创建数据库连接对象、创建执行 SQL 语句的 Statement 对象或 PreparedStatement 对象、创建结果集对象等；同时也有一些高级数据库操作的处理，如批处理更新、事务隔离、可滚动结果集等。

(2) javax.sql 包中的类和接口主要完成高级数据库操作，如为连接管理、分布式事务和旧有的连接提供更好的抽象，它引入了容器管理的连接池、分布式事务和行集等。

JDBC API 中常用的类和接口如图 13-2 所示。

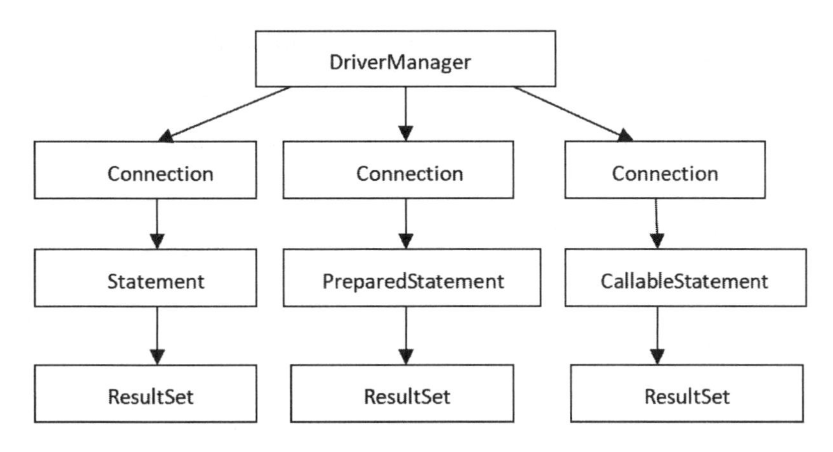

图 13-2 JDBC 常用的类和接口

1. java.sql.DriverManager 类

该类管理注册的驱动程序，获得从应用程序到数据库的连接对象。DriverManager 类的常用方法及说明见表 13-1。

表 13-1 DriverManager 类的常用方法及说明

方 法	说 明
getConnection(String url, Sting user, String pwd)	返回 Connection 对象

2. java.sql.Connection 接口

其实例代表从应用程序到数据库的连接对象。通过该接口的方法可以获得执行 SQL 语句的对象。Connection 接口的常用方法及说明见表 13-2。

3. java.sql.Statement 接口

其实例用于执行静态 SQL 语句。Statement 接口的常用方法及说明见表 13-3。

4. java.sql.PreparedStatement 接口

PreparedStatement 是 Statement 的子接口，用于执行动态的 SQL 语句。PreparedStatement

接口的使用见 13.3.2 小节。

表 13-2　Connection 接口的常用方法及说明

方　法	说　明
MetaData getMetaData()	返回数据库元数据。元数据包含数据库的相关信息，如当前数据库连接的用户名、使用的 JDBC 驱动程序、数据库的版本、数据库允许的最大连接数等
Statement createStatement()	创建一个能执行 SQL 语句的 Statement 对象
PreparedStatement prepareStatement()	创建一个能执行 SQL 语句的 PreparedStatement 对象
CallableStatement prepareCall(String sql)	创建一个能调用数据库存储过程的 CallableStatement 对象

表 13-3　Statement 接口的常用方法及说明

方　法	说　明
boolean execute(String sql) throws SQLException	用于执行返回多个结果集、多个更新计数或二者组合的语句；也可用于执行 INSERT、UPDATE 或 DELETE 语句
ResultSet executeQuery(String sql) throws SQLException	执行 SELECT 语句，该语句返回单个 ResultSet 对象
int executeUpdate(String sql) throws SQLException	执行 INSERT、UPDATE 或 DELETE 语句或者 SQL DDL 语句，如 CREATE TABLE 和 DROP TABLE。该方法返回值是一个整数，表示更新计数(即受影响的记录行数)。对于 CREATE TABLE 或 DROP TABLE 等不操作行的语句，executeUpdate 的返回值为 0

5. java.sql.CallableStatement 接口

CallableStatement 是 PreparedStatement 的子接口，用于调用数据库存储过程。CallableStatement 的使用见 13.3.3 小节。

6. java.sql.ResultSet 接口

其实例表示执行 SQL 查询后的结果集对象。ResultSet 接口的常用方法及说明见表 13-4。

表 13-4　ResultSet 接口的常用方法及说明

方　法	说　明
boolean next() throws SQLException	将光标从结果集的当前位置下移一行。ResultSet 光标最初位于第一行之前。第一次调用 next()方法光标指向第一行；第二次调用 next()方法光标指向第二行，以此类推。当光标指向的行有记录存在，该方法返回 true，否则返回 false
int getInt(int columnIndex) throws SQLException	返回结果集中 columnIndex 位置的字段的值，该字段对应的 Java 类型是 int

续表

方 法	说 明
int getInt(String columnName) throws SQLException	返回结果集中字段 columnName 的值，该字段对应的 Java 类型是 int
String getString(int columnIndex) throws SQLException	返回结果集中 columnIndex 位置的字段的值，该字段对应的 Java 类型是 String
String getString(String columnName) throws SQLException	返回结果集中字段 columnName 的值，该字段对应的 Java 类型是 String

ResultSet 的其他 getXxx()方法还有 getFloat()、getDouble()、getBytes()、getLong()、getBoolean()、getClob()、getBlob()等。

13.1.3 JDBC 驱动程序类型

JDBC 驱动程序有下列 4 种类型。

1. JDBC-ODBC 桥驱动程序

早期 Java 刚出现的时候，许多数据库没有 JDBC 驱动，但是有 ODBC 驱动。为了实现 Java 程序使用标准 SQL 语句访问数据库，必须借助 JDBC-ODBC 桥这种驱动程序将 JDBC 调用转换为 ODBC 调用，再通过 ODBC 访问数据库。因此，在访问数据库的每个客户端都必须安装 ODBC 驱动程序。JDBC-ODBC 桥驱动程序的缺点是增加了 ODBC 层后导致效率低。现在主流数据库都有 JDBC 驱动，该方式很少使用，除非是访问没有 JDBC 驱动的数据库，如 Microsoft 的 Access。使用该驱动程序访问数据库的过程如图 13-3 所示。

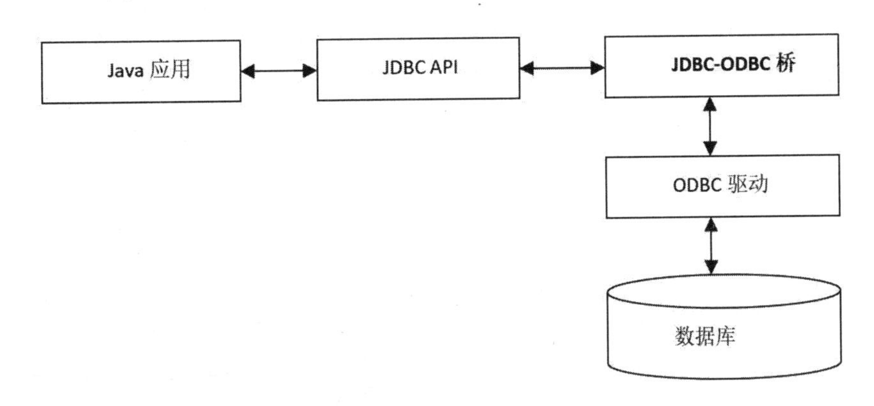

图 13-3 使用 JDBC-ODBC 桥访问数据库

2. 部分 Java 驱动程序

大部分数据库厂商提供的访问数据库的 API 是用 C 或其他语言编写的，依赖具体的平台。部分 Java 驱动程序由 Java 编写，它调用数据库厂商提供的本地 API。在应用程序中使用 JDBC API 访问数据库时，JDBC 驱动程序将 JDBC 调用转换成本地 API 调用；数据库处理完请求，将结果通过本地 API 返回，进而返回给 JDBC 驱动程序，JDBC 驱动程序将结果转换成 JDBC 标准形式，再返回给应用程序。部分 Java 驱动程序直接将 JDBC API 翻译成具体数据库的 API，因此效率比第一种驱动高。它的缺点是客户端需要安装特定数据库的驱动。使用部分 Java 驱动程序访问数据库的过程如图 13-4 所示。

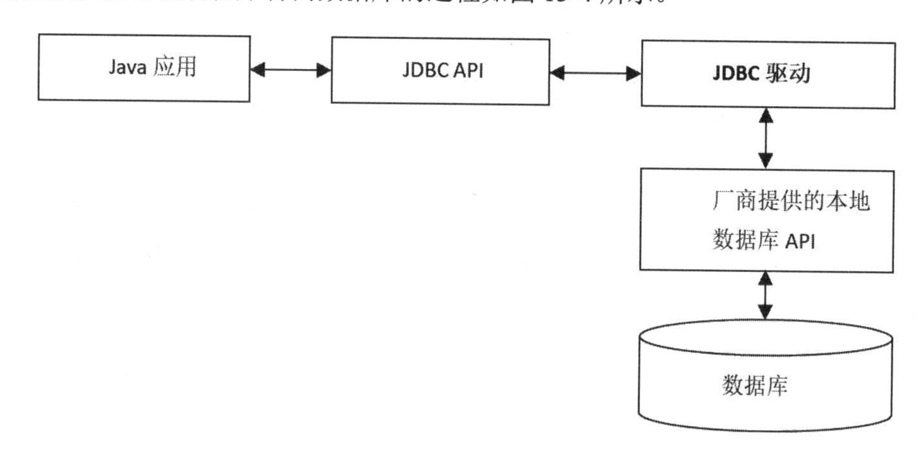

图 13-4　使用部分 Java 驱动程序访问数据库

3. 中间件驱动程序

这种中间件驱动程序属于纯 Java 驱动程序，它将 JDBC API 转换成独立于数据库的协议。中间件驱动程序并不是直接与数据库进行通信，而是与一个中间件服务器通信，然后这个中间件服务器与数据库进行通信。这种额外的中间层次提供了灵活性：可以用相同的代码访问不同的数据库。另外，中间件服务器可以安装在专门的硬件平台上进行优化。BEA Weblogic Server 就是使用该方式进行数据库访问的。这种驱动程序的缺点是额外的中间件可能降低整体系统性能。使用中间件驱动程序访问数据库的过程如图 13-5 所示。

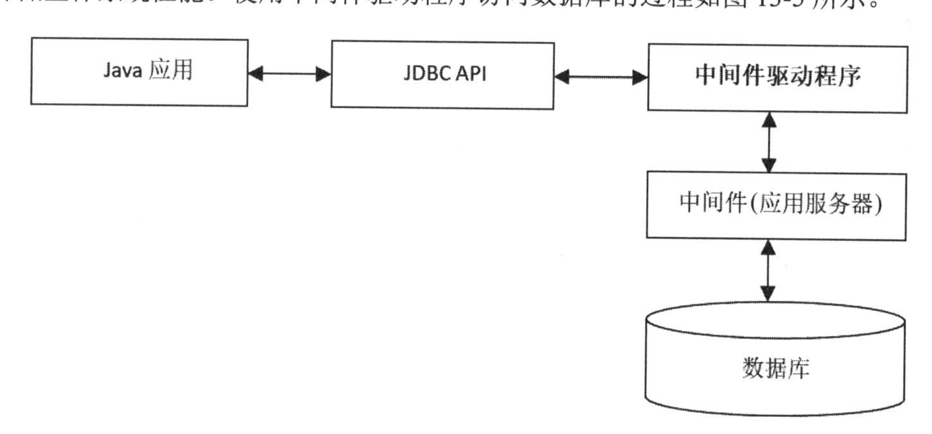

图 13-5　使用中间件驱动程序访问数据库

4. 纯 Java 驱动程序

这种驱动程序直接与数据库进行通信，因此性能最好。另外，可以利用数据库提供的特殊功能。这种驱动程序本质是使用 Socket 编程。目前，几乎所有的数据库都提供纯 Java 驱动程序，本书使用 JDBC 访问数据库 MySQL 的案例都是使用该类型的驱动程序。使用纯 Java 驱动程序访问数据库的过程如图 13-6 所示。

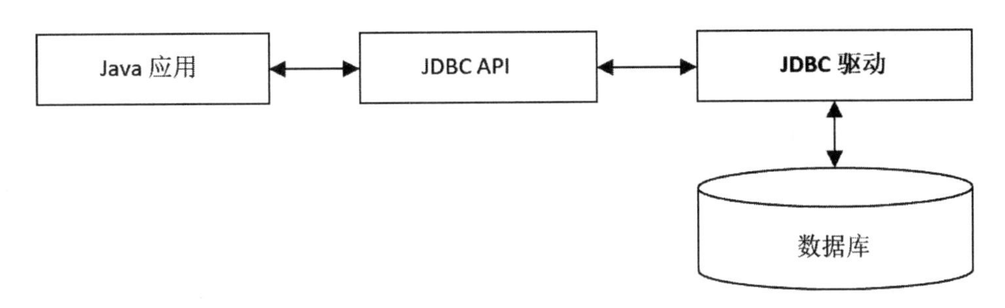

图 13-6 使用纯 Java 驱动程序访问数据库

13.2 使用 JDBC

13.2.1 准备工作

在 Java 程序中使用 JDBC 访问数据库之前，需要做一些准备工作，包括创建数据库和表，创建 Eclipse Java 项目，配置项目构建路径添加 JDBC 驱动程序。

1. 创建数据库和表

安装 MySQL 数据库服务器后，新建一个数据库 testDB 和表 user。表 user 对应的 DDL 如下：

```
CREATE TABLE 'user' (
'id' int(11) NOT NULL AUTO_INCREMENT,
'name' varchar(50) DEFAULT NULL,
'password' varchar(50) DEFAULT NULL,
'sex' varchar(10) DEFAULT NULL,
'birthday' datetime DEFAULT NULL,
PRIMARY KEY ('id')
) ENGINE=InnoDB AUTO_INCREMENT=1 DEFAULT CHARSET=utf8;
```

2. 创建 Eclipse Java 项目

在 Eclipse 中创建 Java 项目 ch02。

3. 配置项目构建路径添加 JDBC 驱动程序

在 Eclipse 中，右击项目 ch02，在弹出的快捷菜单中选择 Build Path→Configure Build Path 命令，打开构建路径配置对话框，单击右方窗口 Java Build Path 下的 Libraries 标签，单击 Add External JARs 按钮，浏览到 MySQL 的 JDBC 驱动程序 mysql-connector-java-5.0.6-bin.jar 所在目录，并选择 mysql-connector-java-5.0.6-bin.jar，如图 13-7 所示。

单击图 13-7 所示界面中的“打开”按钮。最后单击 Java Build Path 窗口下方的 OK 按钮，结束配置项目构建路径添加 JDBC 驱动程序的工作。

添加 mysql-connector-java-5.0.6-bin.jar 后，项目 ch02 的结构如图 13-8 所示。

图 13-7　定位和选择 mysql-connector-java-5.0.6-bin.jar

ch02
  src
  JRE System Library [JavaSE-1.7]
  mysql-connector-java-5.0.6-bin.jar

图 13-8　添加 mysql-connector-java-5.0.6-bin.jar 后项目 ch02 的结构

13.2.2　使用 JDBC 的一般步骤

1. 加载驱动程序

使用 Class.forName()方法可以显式地加载数据库 MySQL 5 的 JDBC 驱动程序，该方法的定义如下：

```
public static Class forName(String className) throws ClassNotFoundException
```

该方法加载参数 className 指定的类文件；如果找不到 className 指定的类文件，该方法会抛出 ClassNotFoundException 异常。

2. 创建连接对象

加载后的驱动程序由 java.sql.DriverManager 类的实例管理。该类有重载的 getConnection()方法，能得到从应用程序到数据库的连接对象，即 Connection 类型的对象。

创建 MySQL 5 数据库连接的关键代码如下：

```
Connection conn = DriverManger.getConnection
    ("jdbc:mysql://localhost:3306/testDB","root","root");
```

DriverManger 的 getConnection 方法定义如下：

```
Connection getConnection(url,user,password)
```

其中，url 是数据库的网络位置，user 和 password 是访问数据库的用户名和密码。

URL 一般形式如下：

```
jdbc:<subprotocol>://<datasourcename>
```

其中，jdbc 表示 Java 程序连接数据库的协议是 jdbc，目前只能是 jdbc 协议。subprotocol(子协议)主要用于识别数据库驱动程序，即不同数据库驱动程序的子协议不同。datasourcename(数据源名)包括数据库的 IP 地址、端口号、名称。

访问本机上的 MySQL 5 数据库 testDB 的 URL 为：

```
jdbc:mysql://localhost:3306/testDB
```

3. 创建 Statement 对象执行 SQL 语句

Connection 定义了创建 Statement 对象或 PreparedStatement 对象的方法。下面以创建 Statement 对象为例进行说明。

(1) 首先定义 String 类型的 SQL 语句：

```
String sql = "select id,name,password,sex,birthday from user";
```

(2) 调用 Connection 对象 conn 的 createStatement()方法获得 Statement 类型的对象 stmt：

```
Statement stmt = conn.createStatement();
```

(3) 使用 Statement 的 executeQuery(String sql)方法进行查询，得到查询数据库返回的结果集 ResultSet 对象：

```
ResultSet rs = stmt.executeQuery(sql);
```

如果 SQL 语句是 insert、delete、update，那么应该调用 executeUpdate(sql)。例如，如下代码会在 user 表中插入一条记录：

```
String sql = "insert into user(name,password,sex) values('zhangsan', '123',
'man')";
Statement stmt = conn.createStatement();
stmt.executeUpdate(sql);
```

4. 遍历结果集对象(可选)

在使用 JDBC 访问数据库的第 3 步，如果是执行 SQL 查询，该步骤对查询后的结果集对象进行遍历，通常可以用如下 while 循环来实现：

```
String sql = "select * from user";
Statement stmt = conn.createStatement();
ResultSet rs = stmt.executeQuery(sql);
while (rs.next()) {
    int id = rs.getInt("id");
    String name = rs.getString("name");
    String password = rs.getString("password");
    String sex = rs.getString("sex");
    int age = rs.getInt("age");
    Date birthday = rs.getDate("birthday");
    System.out.println("id=" + id + ";name=" + name + ";password="
        + password + ";sex=" + sex + ";age=" + age + ";birthday="
        + birthday);
}
```

ResultSet 表示从数据库进行 SQL 查询后得到的结果集。例如，数据库 testDB 中表 user 的记录如表 13-5 所示。

表 13-5 数据库 testDB 中表 user 的记录

id	name	password	sex	birthday
1	zhangsan	123	man	1990-12-31
2	lisi	456	man	1989-12-1

执行如下 SQL 查询后：

```
String sql = "select id,name,password,sex,birthday from user";
Statement stmt = conn.createStatement();
ResultSet rs = stmt.executeQuery(sql);
```

结果集对象 rs 如表 13-6 所示。

表 13-6 执行查询后的结果集对象 rs

→	id	name	password	sex	birthday
	1	zhangsan	123	man	1990-12-31
	2	lisi	456	man	1989-12-1

其中，最左侧的“→”表示在 rs 中有个光标，每次调用 next()方法，光标会下移一行。

ResultSet.next()方法的返回值是 boolean 型，表示调用 next()方法后，如果光标指向的当前行记录存在，则 next()方法返回 true；否则返回 false。

注意

执行“ResultSet rs = stmt.executeQuery(sql);”后，指针“→”指向查询结果集中第一条记录的前一行。

此时，第一次调用“rs.next()”后，指针“→”指向第一条记录所在的行，如表 13-7 所示。

表 13-7 第一次调用“rs.next()”后光标指向第一行

	id	name	password	sex	birthday
→	1	zhangsan	123	man	1990-12-31
	2	lisi	456	man	1989-12-1

第二次调用“rs.next()”方法后，光标指向第二行，如表 13-8 所示。

表 13-8 第二次调用“rs.next()”后光标指向第二行

	id	name	password	sex	birthday
	1	zhangsan	123	man	1990-12-31
→	2	lisi	456	man	1989-12-1

第三次调用“rs.next()”方法后，光标指向 rs 的最后，此行没有记录，因此 rs.next()方法返回 false，如表 13-9 所示。

表 13-9　第三次调用“rs.next()”后光标指向 rs 的最后

	id	name	password	sex	birthday
	1	zhangsan	123	man	1990-12-31
	2	lisi	456	man	1989-12-1
→					

调用“rs.next()”方法后，如果光标指向的行有记录存在，可以通过 getXxx()方法得到记录的某个字段的值。getXxx()方法可以是 getString()、getInt()、getFloat()、getDate()等。

使用 getXxx()方法获取记录的字段值有两种用法：查询 SQL 语句中的字段名或查询 SQL 语句中字段的索引。

对于 SQL 语句：

```
String sql = "select id,name,password,sex,birthday from user";
```

可以使用：

```
int id = rs.getInt("id");    //通过 SQL 语句中的字段名来获取 id 字段的值
```

或者使用：

```
int id = rs.getInt(1);         //通过 SQL 语句中的字段索引来获取 id 字段的值
```

第一种用法较为常见，可以避免根据索引获取字段值容易出错的问题。

使用“rs.getInt("id")”是因为 id 字段在数据库中是 int(整型)类型，对应的 Java 类型是 int 或 Integer。

又如：

```
String name = rs.getString("name");
```

使用“rs.getString("name")”是因为 name 字段在数据库中是 varchar(可变字符串)类型，对应的 Java 类型是 String。

MySQL 的常用数据类型与 Java 类型的对应情况见表 13-10。

表 13-10　MySQL 的常用数据类型与 Java 类型的对应情况

MySQL 数据类型	Java 类型
int	java.lang.Integer 或 int
float	java.lang.Float 或 float
double	java.lang.Double 或 double
char	java.lang.String
varchar	java.lang.String
date	java.sql.Date
time	java.sql.Time
datetime	java.sql.TimeStamp
timestamp	java.sql.TimeStamp

5. 依次关闭资源对象

Connection 对象、Statement(或 PreparedStatement)对象、ResultSet 对象均是占用资源的对象，使用完毕后需要关闭这些资源对象。这些资源对象都有 close()方法，表示关闭资源对象本身。资源对象的关闭顺序与创建顺序相反。例如，如下代码表示依次关闭 rs、stmt、conn 对象：

```
rs.close();
stmt.close();
conn.close();
```

13.3 JDBC 进阶

13.3.1 数据库帮助类 DBConnection

13-2 JDBC 进阶

在编写实现数据库插入、查询、更新、删除记录功能的代码时，都要写一遍加载驱动程序、获得连接对象、关闭资源对象等代码，且要重复多次。

在实际程序开发中，常常创建一个获得数据库连接的帮助类 DBConnection，这样就避免了代码重复，实现了代码重用和面向对象中的类设计的高内聚。DBConnection 类的关键代码如下：

```
package util;
import java.sql.*;
public class DBConnection {
private static final String driverName = "com.mysql.jdbc.Driver";
private static final String url = "jdbc:mysql://localhost:3306/testDB";
private static final String user = "root";
private static final String password = "root";
private DBConnection() { }
static {
    try {
        Class.forName(driverName);
    } catch (ClassNotFoundException e) {
        e.printStackTrace();
    }
}
public static Connection getConnection() throws SQLException {
    return DriverManager.getConnection(url, user, password);
}
public static void close(ResultSet rs, Statement st, Connection conn) {
    try {
        if (rs != null) { rs.close(); }
    } catch (SQLException e) {
        e.printStackTrace();
    } finally {
        try {
            if (st != null) { st.close(); }
```

```
        } catch (SQLException e) {
            e.printStackTrace();
        } finally {
            if (conn != null) {
                try {
                    conn.close();
                } catch (SQLException e) {
                    e.printStackTrace();
                }
            }
        }
    }
}
}
```

使用 DBConnection 类后，插入记录的 add()方法的关键代码如下：

```
...
public class CRUDTestByDBConnection {
public static void main(String[] args)
throws ClassNotFoundException, SQLException {
    add();
    //get();
    //update();
    //delete();
}
public static void add() throws SQLException {
    Connection conn = null;
    Statement st = null;
    ResultSet rs = null;
    try {
        //获得连接对象
        conn = DBConnection.getConnection();
        //定义 SQL 语句
            String sql = "insert into user(id,name,password,sex,age,birthday)"
                +"values(1,'zhangsan','123','man',22,'1990-12-31')";
        //创建语句对象
        st = conn.createStatement();
        st.executeUpdate(sql);
        //遍历结果集(此处不需要)
    } finally {
        //关闭资源对象
       DBConnection.close(rs, st, conn);
    }
}
}
```

13.3.2 使用 PreparedStatement

java.sql.PreparedStatement 支持预编译的 SQL 语句。如果多次访问数据库的 SQL 语句只是参数不同，那么使用该对象比使用 Statement 对象的效率高。另外，使用 PreparedStatement

对象可以避免 SQL 注入问题。

PreparedStatement 接口是 Statement 接口的子接口，它的 execute()方法、executeQuery()方法、executeUpdate()方法的含义与 Statement 接口的几个同名方法一样。

使用 PreparedStatement 时，与 Statement 的不同有三点。

(1) 创建 PreparedStatement 对象时需要 SQL 语句。

(2) SQL 语句中含有参数，因此，需要使用 PreparedStatement 的 setXxx 方法为参数赋值。

(3) 执行 SQL 语句的 execute()方法、executeQuery()方法、executeUpdate()方法时不需要 SQL 语句。

下面以插入记录为例，介绍 PreparedStatement 的使用方法。

```
//1.加载驱动(代码略)
//2.创建连接对象(略)
//定义 SQL 语句
String sql="insert into user(name,password,sex,birthday) values(?,?,?,?)";
//3.创建 PreparedStatement 的对象 ps(需要 SQL 语句)
PreparedStatemen ps = conn.PrepareStatement(sql);
//需要调用 setXxx()方法设置参数
ps.setString(1, "zhangsan");
ps.setString(2, "123");
ps.setString(3, "man");
ps.setDate(4, "1990-12-31");
//执行 SQL 语句时的方法不带参数
ps.executeUpdate();
//4.遍历结果集(此处不需要)
//5.关闭资源对象
ps.close();
conn.close();
```

在向 user 表插入一条记录的 SQL 语句中的字段的值是动态的，用参数“?”表示。setXxx()方法为参数“?”赋值。为“?”赋值时，如果“?”对应的字段在数据库中是 varchar 或 char 等字符类型，就使用 ps.setString()；该方法的第一个参数表示在当前的 SQL 语句中参数“?”的索引(从 1 开始)，第二个参数表示替代参数“?”的实际值。例如“ps.setString(2, "123");”表示将用实际值 123 作为该用户的密码替代 SQL 语句中的第二个“?”，因为在 SQL 语句中第二个“?”对应 password 字段。其他的类推即可。

“ps.executeUpdate();”表示执行 SQL 语句。“PreparedStatement.executeUpdate()”与“Statement.executeUpdate(sql)”不同，不能是带参数 SQL 语句，否则程序会出错。

PreparedStatement 接口的其他常用方法及说明见表 13-11。

表 13-11 PreparedStatement 接口的其他常用方法及说明

方 法	说 明
void setInt(int parameterIndex, int x) throws SQLException	这些方法称为 setter 方法，给 parameterIndex 位置的参数赋值。参数类型可以是 int、float、double、long、boolean、String
void setString(int parameterIndex, String x) throws SQLException	
void setFloat(int parameterIndex, Float x) throws SQLException	

13.3.3 调用存储过程

1. 存储过程的概念

存储过程是一个 SQL 语句和可选控制流语句的预编译集合。存储过程编译完成后存放在数据库中，这样就省去了执行 SQL 语句时对 SQL 语句进行编译所花费的时间。在执行存储过程时，只需要将参数传递到数据库中，而不需要将整条 SQL 语句都提交给数据库，从而减小了网络传输的流量，提高了程序的运行速度。

2. 创建存储过程的语法格式

语法格式如下：

```
create procedure 存储过程名([[IN |OUT |INOUT ] 参数名 数据类型…])
begin
    //存储过程体
end
```

3. JDBC 调用存储过程的一般步骤

JDBC API 通过 java.sql.CallableStatement 接口的对象调用存储过程。CallableStatement 继承自 PreparedStatement 接口。

JDBC 调用存储过程的一般步骤如下。

(1) 定义调用存储过程的 SQL 语句“String sql = "{call <procedure-name> (?,?,...)}";”，其中，“?,?,...”表示存储过程的参数列表。

(2) 获取 CallableStatement 对象：

```
CallableStatement cs = conn.prepareCall(sql); //conn 是 Connection 类型的对象
```

(3) 设置参数(可选)。

如果存储过程带有输入参数，那么需要使用 CallableStatement 对象的 setter()方法对参数赋值。例如，“cs.setString(1, "callableStatement");”表示对存储过程语句中的第一个“?”赋值为 String 类型的 callableStatement。

如果存储过程带有输出参数，则需要用 CallableStatement 对象的 registerOutParameter()方法将输出参数注册为 JDBC 类型。例如，“cs.registerOutParameter(1, Types.VARCHAR);”表示将存储过程输出参数注册为 VARCHAR 类型。java.sql.Types 定义了 JDBC 类型。

如果存储过程带有输入输出参数，那么需要使用 CallableStatement 对象的 setter()方法对参数赋值，再使用 CallableStatement 对象的 registerOutParameter()方法将输出参数注册为 JDBC 类型。例如，以下语句首先使用 setInt()方法将存储过程输入输出参数赋值为 1，再使用 registerOutParameter()将输入输出参数注册为 JDBC 类型的 INTEGER：

```
cs.setInt(1, 1);
cs.registerOutParameter(1, Types.INTEGER);
```

(4) 执行存储过程。执行存储过程时调用 CallableStatement 对象的 execute()方法来完成。例如，使用 CallableStatement 对象 cs 完成存储过程的调用语句为“cs.execute();”。

(5) 获得输出参数值(可选)。如果调用的存储过程有输出参数，那么需要使用 CallableStatement 对象的 getter()方法获得输出参数值。

下面举例说明 JDBC 调用 MySQL 的存储过程。在 MySQL 数据库 testDB 中，表 user 的 DDL 语句如下：

```
CREATE TABLE 'user' (
  'id' int(11) NOT NULL AUTO_INCREMENT,
  'name' varchar(50) NOT NULL,
  'password' varchar(255) DEFAULT NULL,
  'sex' char(10) DEFAULT NULL,
  'age' int(11) DEFAULT NULL,
  'birthday' datetime DEFAULT NULL,
  PRIMARY KEY ('id')
) ENGINE=InnoDB AUTO_INCREMENT=1 DEFAULT CHARSET=utf8;
```

存储过程 getUserNameAndAgeById_2 用于查询 user 表的 name 和 password 字段值，输出参数为 userName 和 userAge，输入参数为 userId。存储过程 getUserNameAndAgeById_2 的代码如下：

```
CREATE DEFINER='root'@'localhost' PROCEDURE 'getUserNameAndAgeById_2' (
IN 'userId' int,OUT 'userName' varchar(50),OUT 'userAge' int)
BEGIN
  SELECT 'name' INTO userName FROM 'user' WHERE id = userId;
  SELECT age INTO userAge FROM 'user' WHERE id = userId;
END
```

CallableStatementTest 类调用存储过程的方法是 getUserNameAndAgeById_2()，其关键代码如下：

```
...
public class CallableStatementTest {
    public static void main(String[] args) {
        getUserNameAndAgeById_2();
    }
    public static void getUserNameAndAgeById_2() {
        Connection conn = null;
        CallableStatement cs = null;
        ResultSet rs = null;
        try {
            // 存储过程函数格式：{call getUserNameAndAgeById_2(?,?,?)}
            conn = DBConnection.getConnection();
            // ① 定义调用存储过程的 SQL 语句
            String sql = "{call getUserNameAndAgeById_2(?,?,?)}";
            // ② 获取 CallableStatement 对象
            cs = conn.prepareCall(sql);
            // ③ 设置参数(可选)
            cs.setInt(1, 1);
            cs.registerOutParameter(2, Types.VARCHAR);
            cs.registerOutParameter(3, Types.INTEGER);
            // ④ 执行存储过程
            cs.execute();
```

```
            // ⑤ 获得输出参数值(可选)
            String userName = cs.getString(2);
            int userAge = cs.getInt("userAge");
            System.out.println(userName + "-" + userAge);
        } catch (SQLException e) {
            e.printStackTrace();
        } finally {
            DBConnection.close(rs, cs, conn);
        }
    }
}
```

13.4 JDBC 事务

13.4.1 事务的概念

13-3 JDBC 事务

事务(transaction)是一个包含一系列操作的不可分割的工作逻辑单元。这些操作作为一个整体一起向系统提交，要么都执行，要么都不执行。

事务具有 ACID 属性。ACID 是原子性(atomicity)、一致性(consistency)、隔离性(isolation)、持续性(durability)的缩写。

(1) 原子性是指事务是一个完整的操作。事务的各步操作是不可分的(原子的)：要么都执行，要么都不执行。

(2) 一致性是指当事务完成时，数据必须处于一致的状态。

(3) 隔离性是指对数据进行修改的所有并发事务是彼此隔离的，这表明事务必须是独立的，它不应以任何方式依赖或影响其他事务。

(4) 持续性又称为持久性，指事务完成后对数据库的修改被永久保存。

13.4.2 JDBC 事务管理

JDBC 事务是指对数据库操作中，一项事务由一条或多条对数据库更新的 SQL 语句所组成的一个不可分割的工作单元；事务具有原子性，要么全部成功执行完毕；要么执行失败，撤销事务。

例如，在银行转账时，张三把 1000 元转到李四账户上，使用 SQL 语句模拟如下：

```
update account set money=money-1000 where name='张三';
update account set money=money+1000 where name='李四';
```

这两条 SQL 语句组成一项事务。或者两条 SQL 语句都成功执行，才能提交该事务；或者虽然执行了一条，但整个事务必须全部撤销。否则，假设第一条执行成功，第二条执行失败：这时张三账号上少了 1000 元，但是李四账号上却没有增加 1000 元。

Java 事务分为本地事务和全局事务两种类型。本地事务是指对单个数据源进行操作的事务。全局事务是指对多个数据源进行操作的事务。JDBC 事务属于本地事务。Java 程序如果需要全局事务，应该使用 JTA。

1. 控制事务的方法和设置事务提交方式

对于事务的原子性要求，java.sql.Connection 类提供了如下控制事务的三个方法。

(1) setAutoCommit(boolean autoCommit)：设置事务提交方式，该方法参数为 true 时表示事务是自动提交的。默认是自动提交事务。该方法参数为 false 时表示手动提交事务，需要提交事务时应调用 commit()方法。

(2) commit()：设置了 setAutoCommit(false)方法后，必须调用该 commit()方法提交事务。

(3) rollback()：如果执行事务时出错，必须调用该方法进行数据库回滚，即将已经执行的事务中的部分操作撤销，使数据库回到事务执行前的状态。

事务提交方式有如下三种。

(1) 自动提交事务。前面使用 JDBC 访问数据库的例子都属于自动提交事务。如下代码也属于自动提交事务：

```
public static void add() throws SQLException {
    Connection conn = null;
    PreparedStatement ps = null;
    ResultSet rs = null;
    try {
        conn = DBConnection.getConnection();
    //事务开始，默认自动提交事务相当于使用了 conn.setAutoCommit(true);
        String sql = "insert into user"
            + "(id,name,password,sex,age,birthday)" + " values(?,?,?,?,?,?)";
        ps = conn.prepareStatement(sql);
        ps.setInt(1, 1);
        ps.setString(2, "zhangsan");
        ...
        int lines = ps.executeUpdate();
        //每执行一条 SQL 语句事务自动提交，相当于使用了 conn.commit();
    } finally {
        DBConnection.close(rs, ps, conn);
    }
}
```

(2) 手动提交事务。如下代码模拟银行转账业务，实现手动提交事务：

```
try {
    conn = DBConnection.getConnection();
    conn.setAutoCommit(false);      //事务开始，设置手动提交事务
    String sql = "update user set money=money-? where id=?";
    ps = conn.prepareStatement(sql);
    ps.setFloat(1, m1);
    ps.setInt(2, id1);
    ps.executeUpdate();
    String sql2 = "update user set money=money+? where id=?";
    ps = conn.prepareStatement(sql2);
    ps.setFloat(1, m1);
    ps.setFloat(2, id2);
    ps.executeUpdate();
    conn.commit();                  //事务提交
    } catch(SQLException e){
        conn.rollback();            //事务中某项操作不成功，事务回滚
```

```
    }finally {
        DBConnection.close(rs, ps, conn);
    }
}
```

(3) 存储点。如果在事务管理时仅仅需要撤回到某个SQL执行点，那么可以设置存储点(Save Point)。例如，如下代码设置存储点后，如果事务失败，将撤回到存储点。

```
SavePoint point = null;
try {
    conn.setAutoCommit(false);
    Statement stmt = conn.createStatement();
    stmt.executeUpdate("insert  into …");
    ...
    point = conn.savePoint();                    //设置存储点
    stmt.executeUpdate("insert  into …");
    ...
    conn.commit();
} catch(SQLException e) {
    e.printStackTrace();
    if(conn != null) {
    try {
        if(point == null) {  conn.rollback();  }
        else {
            conn.rollback(point);                //撤回到存储点
            conn.releaseSavePoint(point);        //释放存储点
        }
    }
}
```

2. 设置事务隔离级别

针对事务隔离性的要求，java.sql.Connection 接口中的 getTransactionIslation()方法和setTransactionIsolation()方法分别用于获取和设置隔离级别。Connection 接口定义的5个隔离级别说明见表13-12。

表13-12 Connection 接口定义的5个隔离级别说明

隔离级别	说　明
TRANSACTION_NONE	不支持事务
TRANSACTION_READ_UNCOMMITED	读未提交，指一个事务可以读取另一个未提交事务操作的数据。可能发生脏读、不可重复读和幻读
TRANSACTION_READ_COMMITED	读已提交，指一个事务只允许读另一个事务已经提交的数据。避免了脏读，但可能发生不可重复读和幻读
TRANSACTION_REPEATABLE_READ	可重复读，避免了脏读和不可重复读，但可能发生幻读
TRANSACTION_ SERIALIZABLE	可串行化，避免了脏读、不可重复读和幻读

13.5 JDBC 4.x

JDBC 4.0 随 JDK 1.6 发布，与 JDBC 3.0 相比，它主要增加了 JDBC 驱动类的自动加载，连接管理的增强，对 RowId SQL 类型的支持，SQL 的 DataSet 实现使用了 Annotations，SQL 异常处理的增强，对 SQL XML 的支持。

JDBC 4.1 随 JDK 1.7 发布。与 JDBC 4.0 相比，主要更新了两个新特性。

1. 使用 try 语句自动关闭资源对象

Connection、ResultSet 和 Statement 都实现了 Closeable 接口。在 try 语句中调用这些接口的实例时，会自动调用其 close()方法实现自动关闭相关资源。例如，用于判断能否获取数据库连接的代码如下：

```
public class JDBC41Test {
    public static void main(String[] args) throws ClassNotFoundException,
    SQLException {
        //定义访问数据库相关参数如下
        String driverName = "com.mysql.jdbc.Driver";
        String url = "jdbc:mysql://localhost:3306/testDB";
        String dbUser= "root",  dbPassword = "root";
        Class.forName(driverName);
        //获取数据库连接并进行操作
        try(Connection conn = DriverManager.getConnection(url, dbUser,
          dbPassword)){
            System.out.printf("数据库已经%s%n" ,conn.isClosed() ? "关闭" : "打开");
        }
    }
}
```

2. 创建 JDBC 驱动支持的各种 ROWSets

RowSet 1.1 引入 RowSetFactory 接口和 RowSetProvider 类，可以创建 JDBC 驱动支持的各种 ROWSets。例如，使用默认的 RowSetFactory 创建一个 JdbcRowSet 对象的代码如下：

```
RowSetFactory myRowSetFactory = null;
JdbcRowSet jdbcRs = null;
ResultSet rs = null;
Statement stmt = null;
try {
  myRowSetFactory = RowSetProvider.newFactory();//用默认的 RowSetFactory 实现
  jdbcRs = myRowSetFactory.createJdbcRowSet();

  //创建一个 JdbcRowSet 对象，配置数据库连接属性
  jdbcRs.setUrl("jdbc:myDriver:myAttribute");
  jdbcRs.setUsername(username);
  jdbcRs.setPassword(password);
  jdbcRs.setCommand("select ID from TEST");
  jdbcRs.execute();
}
```

13.6 案例实训：基于 Eclipse 项目实现增、删、改、查

本节通过一个综合案例来加深对 JDBC 的理解，掌握 JDBC 的使用方法。

1. 题目要求

在 Eclipse 项目中创建 Java 类 CRUDTest，实现数据库常见的 4 种操作，即实现插入记录、查询记录、更新记录和删除记录。

2. 题目分析

CRUDTest 类需要实现增、删、改、查 4 种操作，所以可以考虑为该类创建 4 个方法：add()、listAll()、update()、delete()方法，分别实现数据库 testDB 中表 user 插入、查询、更新和删除记录的操作。

在该类的 main()方法中，分别调用 add()、listAll()、update()、delete()方法。

3. 程序实现

(1) 创建 Eclipse 项目和类。

首先，创建 Eclipse 的 Java 项目 ch02，并配置项目构建路径，添加 MySQL 的 JDBC 驱动程序。

接着，在项目 ch02 的 src 下创建 CRUDTest 类。该类带有 main()方法，在 Java 中属于 Application。

(2) 在 CRUDTest 类中创建 add()方法。

编写实现数据库插入记录的 add()方法的关键代码如下：

```
...
public class CRUDTest {
public static void add() throws ClassNotFoundException, SQLException {
    //定义创建数据库连接所需的参数
    String url = "jdbc:mysql://localhost:3306/testDB";
    String dbUser = "root";
    String dbPassword = "root";
    String driverName = "com.mysql.jdbc.Driver";
    // 1.加载驱动程序
    Class.forName(driverName);
    // 2.创建连接对象
    Connection conn = DriverManager.getConnection(url, dbUser, dbPassword);
    // 3.创建 Statement 对象并执行 SQL 语句
    // id 为数据库自增型，因此不需要显示插入 id
    String sql = "insert into user(name,password,sex,,birthday) "
        + "values('zhangsan','123','man', '1990-12-31')";
    Statement stmt = conn.createStatement();
    int lines = stmt.executeUpdate(sql);
    // 4.遍历结果集(此处不需要)
    System.out.println("lines=" + lines);  //输出受影响的记录行数
    // 5.关闭资源对象
    stmt.close();
```

```
        conn.close();
    }
}
```

以上代码加载驱动程序 Class.forName(driverName)时可能抛出 ClassNotFoundException 异常；创建连接对象、创建语句对象、执行 SQL 语句等方法时可能会抛出 SQLException 异常。此处采用了 Java 异常处理机制中向上抛出异常的方法，即在 add()方法内部不捕获和处理异常，而是谁调用 add()方法，谁负责捕获和处理异常。

```
int lines = stmt.executeUpdate(sql);
System.out.println("lines=" + lines);
```

以上两行代码将执行 SQL 后的数据库受影响的记录行数赋值给 lines，并打印输出 lines。

最后，在 CRUDTest 类中增加 main()方法，在 main()方法中调用 add()方法。CRUDTest 类的关键代码如下：

```
...
public class CRUDTest {
    public static void main(String[] args) throws ClassNotFoundException,
        SQLException {
            add();
    }
    public static void add() throws ClassNotFoundException, SQLException {
        //... add()方法代码同上，此处略
    }
}
```

在 main()方法中也没有捕获和处理异常，仍旧向上抛出异常；异常会由调用 main()方法的 Java 虚拟机捕获。

调用 add()方法后，Eclipse Console 控制台的输出效果如图 13-9 所示。

```
Markers  Properties  Servers  Data Source Explorer  Snippets  Problems  Console ☒  Search

<terminated> CRUDTest [Java Application] C:\Program Files\Java\jdk1.7.0_75\bin\javaw.exe (2017年7月9日 上午11:22:07)
lines=1
```

图 13-9　调用 add()方法后 Eclipse 控制台的输出效果

可以使用 MySQL 客户端工具查看 testDB 数据库的 user 表，确保记录插入成功。

(3)　在 CRUDTest 类中创建 listAll()方法。

listAll()方法实现查询 user 表的全部记录，其关键代码如下：

```
public static void listAll() throws ClassNotFoundException, SQLException {
    ...
    Class.forName(driverName);
    Connection conn = DriverManager.getConnection(url, dbUser, dbPassword);
    String sql = "select * from user";
    Statement stmt = conn.createStatement();
    ResultSet rs = stmt.executeQuery(sql);
    while (rs.next()) {
        int id = rs.getInt("id");
        String name = rs.getString("name");
```

```
        String password = rs.getString("password");
        String sex = rs.getString("sex");
        Date birthday = rs.getDate("birthday");
        System.out.println("id=" + id + ";name=" + name + ";password="
                    + password + ";sex=" + sex + ";birthday="+ birthday);
    }
    rs.close();
    stmt.close();
    conn.close();
}
```

遍历结果集时，使用输出语句“System.out.println()”将每条记录输出到控制台。

在 CRUDTest 类的 main()方法中，将 add()方法注释掉，并增加对 listAll()方法的调用，关键代码如下：

```
...
public class CRUDTest {
    public static void main(String[] args) throws ClassNotFoundException,
        SQLException {
        //add();
        istAll();
    }
    public static void add() throws ClassNotFoundException, SQLException {
    ...
    }
    public static void listAll() throws ClassNotFoundException,
        SQLException {
        ...
    }
}
```

(4) 在 CRUDTest 类中创建 update()方法。

update()方法实现将 user 表中 id=1 的记录的 password 字段值更新为 666，其关键代码如下：

```
public static void update() throws ClassNotFoundException, SQLException {
    ...
    Class.forName(driverName);
    Connection conn = DriverManager.getConnection(url, dbUser, dbPassword);
    String sql = "update user set password= '666' where id=1";
    Statement stmt = conn.createStatement();
    int lines = stmt.executeUpdate(sql);
    System.out.println("lines = " + lines);
    stmt.close();
    conn.close();
}
```

在 CRUDTest 类的 main()方法中，将 listAll()等方法注释掉，并增加对 update()方法的调用，关键代码如下：

```
...
public class CRUDTest {
```

```
    public static void main(String[] args) throws ClassNotFoundException,
        SQLException {
        //add();
        //listAll();
        update();
    }
    ...
    public static void update() throws ClassNotFoundException,
        SQLException {
    //update()方法代码略
    }
}
```

(5) 在 CRUDTest 类中创建 delete()方法。

delete()方法实现删除 id=1 的记录，其关键代码如下：

```
public static void delete() throws ClassNotFoundException, SQLException {
    ...
    Class.forName(driverName);
    Connection conn = DriverManager.getConnection(url, dbUser, dbPassword);
    String sql = "delete from user where id=1";
    Statement stmt = conn.createStatement();
    int lines = stmt.executeUpdate(sql);
    System.out.println("lines=" + lines);
    stmt.close();
    conn.close();
}
```

在 CRUDTest 类的 main()方法中，将 update()等方法注释掉，并增加对 delete()方法的调用，代码如下：

```
public class CRUDTest {
    public static void main(String[] args) throws ClassNotFoundException,
        SQLException {
    //add();
    //listAll();
    //update();
    delete();
    }
    ...
    public static void delete() throws ClassNotFoundException,
        SQLException {
    //delete()方法代码略
    }
}
```

本章小结

本章介绍了 JDBC 的概念，JDBC 3.0 API 中的主要类和接口，以及使用 JDBC 3.0 API 访问数据库从逻辑上通常需要的 5 个步骤。除了使用 Statement 进行数据库表的操作，JDBC

还提供了调用存储过程、使用预编译的 PreparedStatement 进行数据库操作的方法。JDBC 事务管理是基于本地事务的，不支持跨越多个数据库或资源的分布式事务管理。对于分布式事务管理，需要使用 JTA。JDBC 4.0 是对 JDBC 3.0 的进一步完善。最后通过一个基于 Eclipse 项目的综合案例实现对数据库的增、删、改、查操作。

本章中容易出错的地方有以下几点。

(1) 在项目中没有配置 JDBC 驱动程序时访问数据库。

(2) 创建 PreparedStatement 对象时需要 SQL 语句。

(3) 执行 SQL 语句的 execute()方法、executeQuery()方法、executeUpdate()方法时不需要 SQL 语句。

(4) SQL 语句中的参数类型与 Java 类型不一致。

习题

一、问答题

1. 什么是 JDBC?
2. JDBC 驱动程序分为几种？现在常用的是哪一种?
3. 请写出使用 JDBC 3.0 访问数据库的 5 个步骤的文字描述。

二、编程题

1. 根据本章 MySQL 数据库 testDB 中的表 user 设计，写出 Java 代码，实现使用 Statement 查询 user 表 id 为 1 的记录。

2. 根据本章 MySQL 数据库 testDB 中的表 user 设计，写出 Java 代码，实现使用 PreparedStatement 查询 user 表 id 为 1 的记录。

3. 编写存储过程 getAgeById，要求存储过程只有一个参数 inIdOutAge 且该参数为输入输出(INOUT)类型。作为输入参数时，inIdOutAge 表示用户 id; 作为输出参数时，inIdOutAge 表示查询结果 age。

4. 使用 JDBC 完成对存储过程 getAgeById 的调用，要求将输出参数值打印到控制台。

5. 编写一个类 CRUDTestByPSAndDBConnection，使用数据库帮助类 DBConnection，完成使用 PreparedStatement 实现增、删、改、查。

6. 使用 JDBC 事务管理，向数据库 user 表插入一条记录并更新该记录的 age 字段值。

参 考 文 献

[1] Y Daniel Liang. Java 语言程序设计进阶篇[M]. 8 版. 李娜，译. 北京：机械工业出版社，2011.
[2] 杨树林，胡洁萍. Java 程序设计案例教程[M]. 3 版. 北京：清华大学出版社，2016.
[3] 耿祥义，张跃平. Java 2 实用教程[M]. 4 版. 北京：清华大学出版社，2012.
[4] 龚炳江，文志诚，高建国. Java 程序设计(慕课版)[M]. 北京：人民邮电出版社，2016.
[5] 雍俊海. Java 程序设计教程[M]. 3 版. 北京：清华大学出版社，2014.
[6] 王爱国，关春喜. Java 面向对象程序设计[M]. 北京：机械工业出版社，2014.
[7] 郭庆，田甜，王向辉等. Java Web 应用开发基础教程[M]. 北京：清华大学出版社，2018.